Werner Bätzing

Das Landleben

WERNER BÄTZING

Das Landleben

Geschichte und Zukunft einer gefährdeten Lebensform

C.H.BECK

Mit 27 überwiegend farbigen Abbildungen,
3 Karten und 3 Tabellen

www.chbeck.de
Satz: Fotosatz Amann, Memmingen
Druck und Bindung: GGP Media GmbH, Pößneck
Umschlaggestaltung: Rothfos & Gabler, Hamburg
Umschlagabbildung: San Quirico d'Orcia,
Toskana © plainpicture / Roberto Pastrovicchio
Gedruckt auf säurefreiem, alterungsbeständigem Papier
(hergestellt aus chlorfrei gebleichtem Zellstoff)
Printed in Germany
ISBN 978 3 406 74825 7

myclimate
klimaneutral produziert
www.chbeck.de/nachhaltig

Inhalt

1. Einführung: Landleben – was bedeutet das?

1.1 Aufgabe und Zielsetzung

Das Leben auf dem Land galt noch bis vor kurzer Zeit als beschränkt, borniert und rückständig. Seit dem Jahr 2005 jedoch – als die Zeitschrift «Landlust» auf den Markt kam und in kurzer Zeit sehr erfolgreich wurde – sind alle Zeitschriften voll von diesem Thema: Das Landleben wird auf einmal schick und modern und steht für eine neue und naturnahe Zukunft. Und die jüngsten Diskussionen über die Mieten in den Großstädten, die für immer mehr Menschen unbezahlbar werden, führen dazu, dass nicht nur in der Öffentlichkeit, sondern auch in der Politik intensiv darüber nachgedacht wird, auf welche Weise das Landleben wieder attraktiver gemacht werden könnte.

Sieht man sich jedoch die Situation auf dem Land oder im ländlichen Raum näher an, stellt man fest, dass die Diskussionen über das neue Landleben das Land bislang nicht wirklich verändert haben. Ist es dafür noch zu früh, oder haben diese Diskussionen vielleicht mit dem realen Landleben gar nichts zu tun?

Auffällig ist auch noch ein Zweites: Viele Jahre lang wurde immer wieder davon gesprochen, dass die Verstädterung via Straßenausbau, Zuwanderung und Massenmedien inzwischen auch die abgelegensten Dörfer und Weiler erreicht habe, so dass der alte Unterschied zwischen Stadt und Land längst verschwunden sei.

Wie aber passt diese Sichtweise mit der aktuellen Begeisterung für das Landleben zusammen? Gibt es heute überhaupt noch ein Leben auf dem Land, das nicht städtisch geprägt ist? Und brauchen wir in der modernen Welt noch ein Landleben? Ist es nur noch ein romantisches Relikt aus vergangenen Zeiten oder vielleicht im Gegenteil sogar eine ganz besonders moderne Lebensform?

Alle diese Fragen sind derzeit sehr umstritten. Es handelt sich dabei um Fragen, die das Alltagsleben vieler Menschen direkt betreffen: Stellt das Landleben eine heimatverbundene Alternative zur rasant fortschreitenden Globalisierung dar, und ist ein «gutes Leben» heute vielleicht nur noch auf dem Land und nicht mehr in der Großstadt zu finden? Aber bedeutet denn Landleben nicht gleichzeitig auch geistige Enge und soziale Kontrolle? Kann man heute im Zeitalter globaler Arbeitsteilungen auf dem Land überhaupt noch sinnvoll wirtschaften, oder brauchen wir dafür nicht die Vernetzungspotenziale der Großstadt? Was passiert, wenn man auf dem Land krank wird und das nächste Krankenhaus weit entfernt ist? Was geschieht mit den traditionellen kleinräumigen Kulturlandschaften, wenn die Landwirtschaft nicht mehr aus bäuerlichen Familienbetrieben, sondern aus agroindustriellen Betrieben besteht oder wenn die Bewirtschaftung größerer Flächen vollständig eingestellt wird?

Alle diese Fragen lassen sich zu folgender Grundsatzfrage zusammenfassen: Kann das Landleben unter den heutigen Rahmenbedingungen wirtschaftlich tragfähig, kulturell bereichernd, sozial vielfältig sein, und kann es eine qualitativ gute Versorgung und eine vielfältige und gesunde Umwelt bieten?

Dieses Buch möchte auf diese Fragen konkrete Antworten geben, indem es sich damit beschäftigt, was Landleben eigentlich bedeutet, wodurch es sich vom Leben in der Stadt unterscheidet, und ob es in der heutigen globalisierten Welt überhaupt noch eine Zukunft besitzt. Dazu muss man sich natürlich mit den Bereichen bäuerliche Kulturlandschaften, Landwirtschaft, Handwerk, Dorfleben, Traditionen sowie mit den engen Verflechtungen zwischen ihnen beschäftigen. Da das Land aber stets in einem engen Austausch mit der Stadt steht, muss man auch verstehen, warum überhaupt Städte entstanden sind und welche Auswirkungen die Industrielle Revolution, die Entdeckung des Landes als «schöner Landschaft», der wirtschaftliche, demographische und ökologische Wandel, die Gebietsreform, die Zentrale-Orte-Politik, die Entstehung der Konsumgesellschaft und das Erstarken des Neoliberalismus auf das Landleben besitzen – andernfalls bestünde die Gefahr, das Land in zu hohen Ausmaß als Idylle wahrzunehmen.

Aus diesem Grund entwirft dieses Buch ein umfassendes Bild des Landlebens, das mit der Entstehung der Landwirtschaft vor 12 000 Jahren beginnt, seine Veränderungen in Altertum, Mittelalter und Neuzeit kurz skizziert und dann den Schwerpunkt auf die heutige Situation legt. Da das Landleben trotz gewisser Aufwertungen derzeit stark entwertet wird, es aber zugleich für die zukünftige Entwicklung unverzichtbar ist, endet dieses Buch mit Leitideen für seine gezielte Aufwertung.

Eine solche breite Darstellung des Landlebens ermöglicht einen völlig neuen Blick auf das Landleben, der quer zu den üblichen Sichtweisen steht und der das Land in einem neuen Licht erscheinen lässt. Ein solcher neuer Blick ist aber heute auch dringend erforderlich, da die bisherigen Sichtweisen meines Erachtens wenig geeignet sind, um das Phänomen Landleben angemessen zu verstehen.

Dieser neue Blick ist das Ergebnis einer jahrzehntelangen Auseinandersetzung mit dem Landleben: Zum einen beschäftige ich mich seit über vierzig Jahren mit den Veränderungen und Problemen im Alpenraum, wobei ich mich auf der Grundlage wissenschaftlicher Analysen immer auch für konkrete, umsetzbare Problemlösungen engagiere;[1] und da die Alpen eine ländliche Großregion in Europa sind, habe ich dadurch sehr direkt erfahren, wie man in den sieben Staaten mit Alpenanteil – also in einem relevanten Teil Europas – mit dem ländlichen Raum jeweils unterschiedlich umgeht.

Zum anderen habe ich mich seit 1995 intensiv mit dem ländlichen Raum in Franken (Nordbayern) auseinandergesetzt: Als Professor für Kulturgeographie an der Universität Erlangen-Nürnberg bin ich stets davon ausgegangen, dass die Universität eine Verantwortung für «ihre» Standortregion besitzt. Deshalb habe ich mich systematisch mit dem ländlichen Raum innerhalb der «(Metropol-)Region Nürnberg» – sie umfasst große Teile Frankens – beschäftigt und hier neben wissenschaftlichen Untersuchungen gezielt solche Entwicklungen unterstützt, die ländliche Regionen auf dezentrale Weise kulturell und ökonomisch stärken und zugleich ökologisch aufwerten. Daran waren im Rahmen von Projektseminaren, Examensarbeiten und Dissertationen viele Studenten beteiligt, die häufig aus diesem Raum stammten und dabei ihre persönlichen Erfahrungen einbrachten, wodurch ich selbst viel gelernt habe.[2]

Zusammen mit den Erfahrungen meiner Kindheit und Jugend – ich bin im ländlichen Raum Nordhessens aufgewachsen, zuerst im Dorf Istha, später in der Kleinstadt Fritzlar – prägen die Auseinandersetzungen mit den Alpen und dem ländlichen Raum in Franken meine Sichtweise des Landlebens, und ich greife gern auf diese Räume zurück, wenn ich grundsätzliche Aussagen zum Landleben anhand konkreter Beispiele anschaulich mache.

Weil der neue Blick auf das Landleben, der in diesem Buch entwickelt wird, quer zu den üblichen Sichtweisen steht, fällt das Kapitel «Einführung» in diesem Buch etwas umfangreicher aus, denn es will die verschiedenen Voraussetzungen, die mit dem Thema Landleben verbunden sind, ansprechen und nachvollziehbar machen. Die Leser werden dabei gebeten, bei der Lektüre stets ihre eigenen Erfahrungen mit dem Landleben zu reflektieren und jeweils genau zu überlegen, an welchen Stellen sie dem Autor folgen und an welchen Stellen sie andere Bewertungen vornehmen.

1.2 Der doppelte Blick auf das Landleben

Ausgangspunkt dieses Buches ist das heute verbreitete Bild des Landes. Um dieses zu erfassen, habe ich jeweils zu Beginn meiner Vorlesung «Der ländliche Raum» (Pflichtvorlesung für alle Studienanfänger im Fach Geographie) die Teilnehmer gebeten, spontan und ohne großes Nachdenken die drei Begriffe aufzuschreiben, die ihnen beim Thema Land oder ländlicher Raum einfallen. Zusätzlich sollten sie die drei Begriffe mit Symbolen bewerten (+ für positiv, – für negativ, o für neutral), und sie sollten angeben, wo sie aufgewachsen sind (L = Land, S = Stadt, ? = unklar).

Natürlich ist diese Umfrage in keiner Weise repräsentativ, aber da gut eintausend Studenten in sechs Vorlesungen zwischen 2003 und 2014 diese Fragen beantworteten und die Ergebnisse fast immer sehr ähnlich waren und eindeutig ausfielen, kann man sie als Einstieg sehr gut benutzen.

Obwohl es keinerlei Vorgaben gab und alle Begriffe völlig frei gewählt werden konnten, gab es doch stets drei Begriffe, die immer mit einem erheblichen Abstand vor allen anderen genannt wurden, nämlich Landwirtschaft, Landschaft/Natur und Dorf(leben). Gut die Hälfte derjenigen, die auf dem Land aufgewachsen waren, bewerteten ihre drei Begriffe positiv, und 20 % von ihnen negativ (Rest neutral oder diffus). 45 % derjenigen, die in der Stadt aufgewachsen waren, bewerteten ihre drei Begriffe positiv und knapp 30 % von ihnen negativ (Rest neutral oder diffus).

Daraus ergibt sich ein ziemlich klares Bild, wie das Land gesehen wird: Es wird bestimmt von großen grünen Landschaften (Natur- und Kulturlandschaften) mit kleinen Siedlungen, wobei Orte und Landschaften stark durch die Landwirtschaft geprägt werden (Abbildung 1). Dieses Bild kann positiv geprägt sein (Ruhe, saubere Umwelt, soziale Nähe als Vertrauen, regional geprägtes Wirtschaften) oder negativ (schlecht erreichbar, langweilig, soziale Nähe als Kontrolle, wirtschaftliche Probleme), wobei auffällt, dass zwar Menschen vom Land das Land etwas positiver bewerten als Städter, dass aber bei beiden Gruppen positive *und* negative Bilder vorhanden sind, während neutrale Bewertungen eher zurücktreten.

Dieses Bild des Landes gründet zwar auf den persönlichen Erfahrungen der befragten Personen, aber es ist kein individuelles Bild, sondern ein Bild, in dem sich gesellschaftliche Erfahrungen niedergeschlagen haben, die das individuelle Erleben mitprägen. Und ein Blick in die Kulturgeschichte zeigt, dass es jeweils gesellschaftliche Umbruchsituationen waren, in denen das Land *entweder* deutlich positiv *oder* deutlich negativ gesehen wurde.

Dies betrifft einmal die Zeit zwischen 1880 und 1914, als die Auswirkungen der Industriellen Revolution die gesamte vertraute europäische Welt zerstören und eine andere, völlig neue Welt entstehen lassen. Wenn man in dieser Situation das Neue positiv, als «Fortschritt» sieht und sich davon bessere Lebensmöglichkeiten erhofft, dann bewertet man die Stadt positiv und das Land negativ. Wenn man in dieser Situation aber das Neue negativ, also als Rückschritt sieht, damit schlechtere Lebensmöglichkeiten verbindet und die Zerstörung von Traditionen als Verlust bewertet, dann sieht man die Stadt negativ und das Land positiv.

Diese zugespitzte Bewertung wiederholt sich in unserer Gegenwart: Mit der Epochenwende der Jahre 1989/90 erhalten die globale Marktwirtschaft und der Neoliberalismus eine völlig neue Dynamik, und etwa ab dem Jahr 2000 werden die Auswirkungen der forcierten Globalisierung für alle Menschen sehr deutlich spürbar. Der große Boom der «Land»-Zeitschriften, der im Jahr 2005 einsetzt und ein sehr breites mediales Echo findet, ist m. E. nur vor diesem Hintergrund zu verstehen.

Das bedeutet zweierlei: Erstens spiegelt sich im Bild des Landes immer der aktuelle gesamtgesellschaftliche Wandel, so dass es eine neutrale, davon unabhängige Sichtweise gar nicht gibt! Und zweitens kann man über das Land nur dann sprechen, wenn man zugleich auch die Stadt thematisiert, denn Stadt und Land sind zwei komplementäre, wechselseitig aufeinander bezogene und voneinander abhängige Sachverhalte.

Für den Blick dieses Buches auf das Landleben folgt daraus eine Doppelstruktur: Einmal geht es darum, wie das Land *konkret* geprägt ist, welche wirtschaftlichen, gesellschaftlichen und ökologischen Kräfte hier im Einzelnen wirken und welche Veränderungen hier ablaufen. Zum anderen geht es darum, wie das Land – von seinen Bewohnern, aber auch von der gesamten Öffentlichkeit – gesehen und bewertet wird; dies hat jedoch nur bedingt mit der Situation des Landes selbst zu tun, weil diese Bewertung in erheblichem Maße durch gesamtgesellschaftliche Erfahrungen mitgeprägt wird.

Diese Doppelstruktur – der konkrete Wandel und die gesellschaftliche Bewertung dieses Wandels – wird sich durch das gesamte Buch durchziehen, und für Sie als Leser ist es wichtig, sich zu überlegen, wie Sie diese beiden Aspekte sehen.

Damit Sie gleich zu Beginn nachvollziehen können, wo ich selbst in diesem Kontext stehe, möchte ich vorab ganz kurz meine eigene normative Position skizzieren: Für mich sind Stadt und Land zwei unterschiedliche, jedoch gleichwertige Lebens- und Wirtschaftsräume, die jeweils unterschiedliche Vor- *und* Nachteile besitzen, die voneinander abhängig sind und sich wechselseitig ergänzen und die nur gemeinsam ein «gutes Leben» ermöglichen. Da der gegenwärtige Wandel das Landleben aber fundamental entwertet, engagiere ich mich dafür, dass das Land weder verstädtert noch als Ergänzungsraum der Stadt lediglich auf die Funktionen Naturschutz und Erholung reduziert wird, sondern dass es langfristig ein lebenswerter Lebens- und Wirtschaftsraum in dezentralen Strukturen bleibt. Wie das konkret aussehen könnte, wird im Verlauf des Buches Schritt für Schritt entwickelt werden.

1.3 Definitionen von Land und ländlichem Raum

Bislang sind wir vom verbreiteten Vorverständnis von «Land» ausgegangen, aber jetzt müssen wir diesen Begriff näher definieren, damit die Ausführungen dieses Buches nicht diffus werden.

Bevor wir jedoch mit möglichen Definitionen beginnen, muss zunächst ein Problem angesprochen werden, das dabei immer wieder auftritt: Wenn ich den ländlichen Raum mittels eines Indikators definiere, der ein Problem beinhaltet wie z. B. die Zahl der Arbeitsplätze pro Gemeinde (deutlich weniger als in der Stadt), das durchschnittliche Einkommen (deutlich geringer als in der Stadt) oder die Erreichbarkeit von Fachärzten (deutlich schlechter als in der Stadt) und ihn damit gegenüber dem städtischen Raum abgrenze, dann setze ich ein Problemkriterium als Grundlage der Definition an. Wenn ich anschließend behaupte, das Ergebnis würde beweisen, dass der ländliche Raum gegenüber der Stadt benachteiligt und ein Problemraum sei, dann habe ich jedoch einen klassischen Zirkelschluss begangen, indem ich das zu Beweisende bereits in meiner Ausgangsposition vorausgesetzt habe. Das bedeutet nicht, dass man den ländlichen Raum so nicht definieren darf, sondern es bedeutet lediglich, dass man auf diese Weise nicht «den» ländlichen Raum definiert, sondern lediglich ausgewählte Problemsituationen. Dieser enge Zusammenhang zwischen den in einer Definition enthaltenen normativen Voraussetzungen und dem späteren Ergebnis muss stets sehr genau beachtet werden.

Das bedeutet jedoch auch, dass man den ländlichen Raum erst dann angemessen definieren kann, wenn sein Inhalt wirklich klar umrissen ist – erst in dieser Situation kann ich diejenige Definition erarbeiten, die seinem Inhalt angemessen ist. Da aber das Ergebnis, wie der Inhalt des ländlichen Raumes konkret aussieht, erst am Ende dieses Buches vorliegen wird, können die folgenden Definitionen nicht mehr als eine erste Annäherung an die Definition des ländlichen Raumes sein.[3]

Aus der großen Fülle unterschiedlichster Definitionen nehme ich zu Beginn die einfachste heraus: Ein fester Schwellenwert wie z. B. 10 000 oder 20 000 Einwohner wird häufig verwendet, um ländliche von städtischen Gemeinden zu unterscheiden.[4] Diese Definition besitzt jedoch drei sehr große Schwierigkeiten: Erstens werden in der Geschichte der Menschheit die Städte im Verlauf der Geschichte immer größer; 4000 Einwohner bedeuten in vorgeschichtlichen Zeiten bereits eine richtige Stadt, heute jedoch nur eine ländliche Gemeinde. Zweitens besitzt eine städtische Siedlung zu allen Zeiten bestimmte Rechte und Privilegien, was aber nicht unbedingt mit einer bestimmten Einwohnerzahl verbunden ist; Zwergstädte mit einem Stadtrecht zum Beispiel sind von der Einwohnerzahl her einem größeren Dorf vergleichbar, sie besitzen aber eindeutig einen städtischen Charakter. Drittens kann in sehr dünn besiedelten, peripheren Gebieten wie in Island oder Nordskandinavien eine Stadt (ein zentraler Ort mit wichtigen Funktionen für sein Umland) sehr klein sein – der Schwellenwert für eine Stadt liegt hier bei nur 200 Einwohnern, und umgekehrt gibt es in sehr dicht besiedelten Regionen wie im Mittelmeerraum Siedlungen mit mehr als 10 000 Einwohnern, die keinerlei zentrale, also städtische Funktionen für ihr Umland besitzen und die deshalb trotz ihrer Größe doch nur ein Dorf sind. Den Extremfall stellt Japan dar, das auf seinen begrenzten besiedelbaren Flächen so dicht besiedelt ist, dass der Schwellenwert für Stadt erst bei 50 000 Einwohnern liegt.

Aus diesen drei Gründen ist ein fester Schwellenwert nicht geeignet, um den ländlichen Raum zu definieren, und er müsste je nach Epoche und je nach Bevölkerungsdichte des Umlandes modifiziert werden. Trotzdem wird diese Definition auf globaler Ebene immer wieder verwendet, weil andernfalls weltweite Aussagen über den Grad der globalen Verstädterung nicht möglich wären.

Die zweite Möglichkeit, den ländlichen Raum abzugrenzen und zu definieren, ist ebenfalls relativ einfach: Man definiert die städtischen Räume, Agglomerationen oder Verdichtungsräume mittels Bevölkerungs- und Arbeitsplatzdichte, Anteil der Siedlungs- und Verkehrsflächen und Pendlerverflechtungen sehr genau, und alles, was jenseits davon liegt, wird als ländlicher Raum definiert. Mit den Worten des Bayerischen Landesentwicklungsprogramms von 2003: «Als ländlicher Raum sind die Gebiete außerhalb der Verdichtungsräume bestimmt.»[5] Diese Abgrenzung ist eine Negativ-Definition: Nur die Stadt wird positiv bestimmt, und der Rest, der übrig bleibt, ist das Land, das deshalb auch «Rest-Kategorie» genannt wird. Diese Definition enthält die implizite Wertung, dass der Stadt die zentrale Aufmerksamkeit zukomme und das Land nur eine eingeschränkte Bedeutung besitze. Diese Definition war auf der politischen Ebene lange Zeit in ganz Europa sehr populär; seit einiger Zeit wird sie seltener verwendet, weil die darin enthaltene Bewertung kritisch gesehen wird.

Die dritte Möglichkeit, den ländlichen Raum zu definieren, ist bereits deutlich komplizierter und wird in der bundesdeutschen Raumordnung seit 1969 verwendet, wo man sich auf zahlreiche Indikatoren stützen kann, die bundesweit einheitlich vorliegen. Die «siedlungsstrukturellen Kreistypen» entwerfen auf der Ebene von Landkreisen und kreisfreien Städten für die gesamte Bundesrepublik Deutschland drei Raumtypen: «Agglomerationsräume mit ihrem Umland», «Regionen mit Verstädterungsansätzen» und «ländlich geprägte Regionen», die jeweils in zwei oder drei Untertypen weiter ausdifferenziert werden, wobei zur Abgrenzung die Bevölkerungsdichte und bestimmte Schwellenwerte bei Großstädten verwendet werden. Ländliche Kreise, also Kreise mit geringer Bevölkerungsdichte, gibt es nicht nur in den «ländlich geprägten Regionen», sondern auch in den «Agglomerationsräumen» und in den «Regionen mit Verstädterungsansätzen».[6] Damit sind die drei Haupttypen von vornherein gesetzt, und man geht normativ davon aus, dass es einen Unterschied macht, ob ein ländlicher Kreis in der Nähe einer großen Agglomeration, in der Nähe einer einzelnen Großstadt oder in der Peripherie liegt.

Diese Definition des ländlichen Raumes spielt in Deutschland eine große Rolle, weil sie vom «Bundesinstitut für Bau-, Stadt- und Raumforschung» in Bonn im Auftrag der Bundesregierung für die «Laufende Raumbeobachtung» und für die Erarbeitung der «Raumordnungsberichte» genutzt wird.[7] Viele Medienberichte mit Aussagen über den ländlichen Raum in Deutschland gehen auf Analysen zurück, die auf dieser Definition aufbauen.

Auf einmal aber taucht im «Raumordnungsbericht 2005» eine völlig neue Raumtypisierung auf: Es wird zwischen «Zentralraum – Zwischenraum – Peripherraum» unterschieden, die durch die zwei Faktoren Bevölkerungsdichte und Zentrenerreichbarkeit bestimmt werden. Dabei löst man sich erstmals von den administrativen Einheiten (Gemeinden und Kreise) und wählt Kreisflächen mit einem 12-km-Radius (Bevölkerungsdichte) bzw. PKW-Fahrtzeiten mit 10-Minuten-Einheiten als kleinste Raumeinheiten.[8] Dies ist eine explizite Absage an die bisherige Zweigliederung des Raumes (städtische – ländliche Räume), die als nicht mehr realitätsnah angesehen wird, und die neue Dreigliederung setzt normativ voraus, dass nur die größten Zentren die Entwicklung des gesamten Raumes prägen und dass ein Gebiet umso größere Probleme erhalte, je weiter entfernt es von den großen Zentren liege.

Diese Typisierung bleibt jedoch ein Einzelfall, und die beiden Raumordnungsberichte 2011 und 2017 kehren wieder zu den siedlungsstrukturellen Kreistypen zurück, die jetzt jedoch erheblich verändert werden: Die neue Typisierung stützt sich ausschließlich auf die Siedlungsstruktur (Bevölkerungsdichte und Bevölkerungsanteile in Groß- und Mittelstädten[9]) und fasst die Lagegunst oder Zentrenerreichbarkeit als eine eigenständige Dimension auf, die damit nicht vermischt werden dürfe. Das bedeutet eine explizite Absage an die früheren siedlungsstrukturellen Kreistypen, aber auch an die Raumtypisierung von 2005. Die neuen siedlungsstrukturellen Kreistypen bilden jetzt zwei Haupttypen (Stadt und Land) mit je zwei Untertypen (siehe dazu Karte 1 auf Tafel II): Die städtischen Gebiete bestehen aus «kreisfreien Großstädten» und aus «städtischen Kreisen», die ländlichen Gebiete aus «Kreisen mit Verdichtungsansätzen» und aus «dünnbesiedelten ländlichen Kreisen».[10] Dabei können in ländlichen Kreisen sogar größere Städte existieren (z. B. Bamberg, Schweinfurt oder Coburg), die zum ländlichen Raum gerechnet werden, weil ihr Bevölkerungsanteil an der Gesamtbevölkerung bzw. die Bevölkerungsdichte einen gewissen Schwellenwert nicht überschreitet.

Einen völlig anderen Ansatz entwickelt die «Organisation für Wirtschaftliche Zusammenarbeit und Entwicklung/OECD» Mitte der 1990er Jahre: Um den ländlichen Raum in ihren Mitgliedsländern aufwerten und fördern zu können, muss die OECD erst einmal feststellen, wo es überhaupt ländliche Räume gibt und wie groß sie sind. Da die Abgrenzungen der einzelnen Mitgliedsstaaten sehr unterschiedlich sind, kann sie nicht einfach die jeweiligen nationalen ländlichen Räume zusammenfassen – diese heterogene Grundlage hätte keine gemeinsame Strategie ermöglicht. Deshalb entwickelt die OECD eine eigene Definition, bei der kein Indikator verwendet wird, der Ausdruck eines Problems ist (keine normative Gleichsetzung: ländlicher Raum = Problemregion), und bei der möglichst wenige und einfache

Indikatoren verwendet werden, die in allen Mitgliedsstaaten bereits vorliegen und nicht erst mühsam erhoben werden müssen.

Das Ergebnis fällt sehr überzeugend aus: Als einziger Indikator wird die Bevölkerungsdichte gewählt, weil diese den wichtigsten Unterschied zwischen Stadt und Land darstellt: Während in der Stadt sehr viele Menschen auf engem Raum zusammenleben, sind die Siedlungen auf dem Lande jeweils klein und liegen weiter voneinander entfernt. Als zentraler Schwellenwert wird der Wert von 150 Einwohnern/km^2 bestimmt: Gebiete mit einer höheren Bevölkerungsdichte werden als städtisch, mit einer geringeren als ländlich angesehen.[11]

Diese Methode erscheint auf den ersten Blick so simpel, dass man meint, damit keine realitätsnahen Ergebnisse erzielen zu können. Aber die Auswertung erfolgt auf zwei Maßstabsebenen und damit werden erstaunlich gute Resultate möglich: Auf einer unteren Ebene, dem «local community level» (in Deutschland: Gemeinden) wird eine Raumeinheit mit dem Schwellenwert von 150 E/km^2 *entweder* als städtisch *oder* als ländlich bestimmt. Auf einer höheren Ebene, dem «regional level» (in Deutschland: Kreise) geht es nicht mehr um Stadt *oder* Land, weil es in diesen Raumeinheiten immer beides gibt, sondern hier ist die Frage, wie groß die Bevölkerungsanteile sind, die jeweils in den städtisch und in den ländlich geprägten Gemeinden wohnen: Leben mindestens 50 % der Menschen der Region in ländlichen Gemeinden, dann ist es eine «predominantly rural region» (eine überwiegend ländlich geprägte Region); leben 15–50 % der Menschen der Region in ländlichen Gemeinden, dann ist es eine «significantly rural region» (eine deutlich ländlich geprägte Region); und leben weniger als 15 % der Menschen einer Region in ländlichen Gemeinden, dann ist es eine «predominantly urbanised region» (eine vorwiegend städtisch geprägte Region).[12]

Diese vergleichsweise einfache Möglichkeit, städtische und ländliche Regionen zu unterscheiden, liefert realitätsnahe Ergebnisse.[13] Der große Vorteil dieser Methode besteht darin, dass die Erhebungen sehr einfach durchzuführen sind und dass das Vorgehen auch von

Nichtfachleuten gut nachzuvollziehen ist. Dies ist angesichts vieler komplizierter Methoden zur Abgrenzung des ländlichen Raumes, die nur von Experten und Statistikern berechnet und verstanden werden können, sehr praxisrelevant, denn dadurch können die Betroffenen bei diesen wichtigen Definitionsfragen aktiv einbezogen werden.

Die Darstellung einiger ausgewählter Definitionen hat deutlich gemacht, dass es keine allumfassende, objektive oder wertneutrale Definition des ländlichen Raumes gibt, sondern dass in jeder Definition (unterschiedliche) normative Elemente enthalten sind.[14] Deshalb muss jeweils zuerst geklärt werden, für welchen Zweck man eine Definition verwenden möchte, damit in einem zweiten Schritt dann diejenige Definition ausgewählt werden kann, die für diesen Zweck am geeignetsten ist.

Da es die normative Voraussetzung dieses Buches ist, dass Stadt und Land zwei komplementäre Lebenswelten sind, die nur gemeinsam ein «gutes Leben» ermöglichen, wird der ländliche Raum hier in einem weiten Sinne verstanden – es geht nicht bloß um den peripheren oder um den wirtschaftsschwachen ländlichen Raum, sondern um den gesamten ländlichen Raum jenseits der städtischen Räume, zu dem auch die zahlreichen Kleinstädte gehören (Abbildung 2). Dafür stellt der Indikator «Bevölkerungsdichte» die geeignete Grundlage dar, und deshalb verwendet dieses Buch die OECD-Definition des ländlichen Raumes. Damit ist der ländliche Raum in diesem Buch deutlich größer als die ländlich-peripheren Räume oder der «Peripherraum» des Raumordnungsberichts 2005, und andererseits werden mit dieser Definition die suburbanen Räume, also die sogenannten «Speckgürtel» um die großen Städte herum, aufgrund ihrer hohen Bevölkerungsdichte und ihrer städtischen Prägung aus dem ländlichen Raum ausgeschlossen.

Zum Schluss muss beim Thema Definition des ländlichen Raumes noch angesprochen werden, ob dieser Begriff im Singular oder im Plural verwendet werden soll. Lange Zeit war es in Wissenschaft und Politik völlig selbstverständlich, dass man vom ländlichen Raum in der Einzahl sprach, weil man damit einen relativ homogenen Raum meinte, der überall durch geringe Bevölkerungsdichte, schlechte Zentrenerreichbarkeit, einen hohen Stellenwert der Landwirtschaft und eine allgemeine Wirtschaftsschwäche geprägt war. In den 1990er Jahren setzt sich dann eine neue Sichtweise durch: Man spricht jetzt von den ländlichen Räumen in der Mehrzahl und unterscheidet dabei fünf Typen: 1. Ländliche Räume in der Nähe von Agglomerationsräumen; 2. Attraktive ländliche Räume für den Tourismus; 3. Ländliche Räume mit günstigen Produktionsbedingungen für die Landwirtschaft; 4. Gering verdichtete ländliche Räume mit wirtschaftlicher Entwicklungsdynamik; und 5. Strukturschwache ländliche Räume.[15] Dabei handelt es sich eigentlich nur um drei Haupttypen, nämlich um ländliche Räume in der Nähe von Agglomerationen (positive Entwicklung durch Zentrennähe), um ländliche Räume mit positiver Wirtschaftsentwicklung (durch Tourismus, durch Landwirtschaft oder durch Gewerbe/Industrie/Dienstleistungen) und um ländliche Räume mit Wirtschafts- und Strukturproblemen (negative Entwicklung durch periphere Lage).

Bei dieser Untergliederung geht man erstens davon aus, dass die Unterschiede zwischen den ländlichen Räumen so groß geworden sind, dass man nicht mehr von dem (homogenen) ländlichen Raum sprechen kann und dass zweitens die Unterschiede im ländlichen Raum genauso groß oder größer geworden sind wie die Unterschiede zum städtischen Raum.

Auch wenn ich die Position vertrete, dass es den homogenen ländlichen Raum wie früher nicht mehr gibt und dass die Unterschiede im ländlichen Raum erheblich zugenommen haben, so spreche ich in diesem Buch weiterhin vom ländlichen Raum im Singular und nicht im Plural: Ich bin der Meinung, dass zwischen städtischen und ländlichen Räumen nach wie vor fundamentale Unterschiede bestehen und dass dies weiterhin der Hauptunterschied im Raum ist, der auch sprachlich klar herausgestellt werden muss und nicht durch Pluralbegriffe weder auf der Seite des Landes noch der Stadt verwässert werden darf. Und für die Zukunft des ländlichen Raumes bedarf es einer gemeinsamen und einheitlichen Strategie für *alle* ländlichen Räume (andernfalls würde das Land im Gegensatz zur Stadt schwach dastehen). In einem zweiten Schritt muss diese Strategie dann nach unterschiedlichen Typen im ländlichen Raum weiter ausdifferenziert werden, um angesichts der heutigen Situation im ländlichen Raum eine realitätsnahe Strategie entwickeln zu können (siehe Seite 246 ff.). Deshalb verwende ich in diesem Buch – im Unterschied zum Stand der Forschung – bewusst den Begriff ländlicher Raum im Singular.

1.4 Zur Konzeption und Gliederung

Nachdem geklärt ist, welche Zielsetzung dieses Buch verfolgt, welchen Blick es auf das Landleben wirft und welche Definition von Land es benutzt, kann jetzt der letzte Abschnitt dieser Einführung angegangen werden: Welche Konzeption von Landleben verwendet diese Darstellung, und welche Gliederung folgt daraus für dieses Buch?

Der erste Punkt betrifft die «zuständige» Wissenschaftsdisziplin: Zahlreiche Wissenschaften beschäftigen sich mit dem ländlichen Raum wie Biologie (Geobotanik), Geographie, Geschichte, Volkskunde (oder Europäische Ethnologie), Kulturanthropologie, Agrarsoziologie (oder Soziologie der ländlichen Gesellschaft), Wirtschaftswissenschaften, Demographie, Politologie oder Planungswissenschaften.[16] Jede Wissenschaftsdisziplin verfolgt dabei ihre eigene fachliche Perspektive, so dass Darstellungen des ländlichen Raumes inhaltlich jeweils sehr unterschiedlich ausfallen.

Da dieses Buch das Land als komplementäre Lebensform zur Stadt sieht und sich für seinen langfristigen Erhalt engagiert, würde eine Konzeption, die sich allein auf wenige fachliche Aspekte konzentriert, zu kurz greifen – das Leben auf dem Lande umfasst eine Vielzahl sehr unterschiedlicher Aspekte, die dabei berücksichtigt werden müssen. Die einzige Wissenschaftsdisziplin, die systematisch die drei zentralen Bereiche des Landlebens, nämlich Umwelt, Wirtschaft und Gesellschaft in ihrem wechselseitigen Zusammenwirken analysiert, ist die Geographie, und deshalb stellt sie die Leitwissenschaft für dieses Buch dar.

Sie wird von Fall zu Fall durch wichtige Erkenntnisse aus anderen Wissenschaftsdisziplinen ergänzt.

Analysen des ländlichen Raumes hatten in der traditionellen Geographie der «Länderkunde» zwar stets einen großen Stellenwert,[17] aber trotzdem gab es in der Allgemeinen Geographie kein Teilgebiet «Geographie des ländlichen Raumes», sondern die Teilgebiete waren Bevölkerungs-, Siedlungs-, Wirtschafts- und Politische Geographie. Dabei war die Siedlungsgeographie, die ländliche und städtische Siedlungen zum Gegenstand hatte, für den ländlichen Raum von zentraler Bedeutung: Sie bestand aus der Erarbeitung der Haus-, Orts- und Flurformen, ihrer Klassifizierung und Typisierung nach Form und Lage und ihrer hierarchischen Gliederung in einer weltweiten Perspektive,[18] und sie wurde für Aussagen zum ländlichen Raum durch Ergebnisse der Agrargeographie, einem Teilgebiet der Wirtschaftsgeographie, ergänzt.[19]

Mit dem Wandel der Geographie von einer «Länderkunde» hin zu einer «Raumwissenschaft» entsteht ab den 1970er Jahren das neue Teilgebiet der «Stadtgeographie», das die Wechselwirkungen *aller* relevanten Faktoren im städtischen Raum zum Inhalt hat. Eigentlich hätte man erwartet, dass analog zur «Stadtgeographie» auch eine «Geographie des ländlichen Raumes» neu entsteht, aber dies passiert erstaunlicherweise nicht: Entweder wird der ländliche Raum weiterhin auf die traditionelle Weise gesehen (Haus-/Orts-/Flurformen plus Landwirtschaft), oder er wird im Rahmen der Verstädterung der Erde überhaupt nicht mehr gesondert thematisiert.[20]

Wenn dieses Buch also den ländlichen Raum auf der Grundlage der Wechselwirkungen seiner zentralen ökonomischen, soziokulturellen und ökologischen Faktoren zu verstehen versucht, dann verfolgt es die Konzeption einer neuen Geographie des ländlichen Raumes, die heute im Fach Geographie erst in Ansätzen existiert.[21] Aber diese Konzeption erscheint notwendig, um den ländlichen Raum angemessen analysieren und verstehen zu können.

Zusätzlich spielt in dieser Konzeption die Geschichte eine relevante Rolle, weil viele heutige Bewertungen des Landes (siehe Seite 14) nicht allein aus der Gegenwart heraus zu erklären sind, sondern weil dabei kollektive Erinnerungen an zentrale Erfahrungen der Vergangenheit eine wichtige Rolle besitzen. Deshalb erhält die geschichtliche Dimension in diesem Buch ein erhebliches Gewicht, und sie wird als zentrales Gliederungselement verwendet. Im Unterschied zu den Darstellungen der Geschichtswissenschaften geht es mir jedoch nicht um die wichtigen geschichtlichen Ereignisse und Entwicklungen – dies würde unübersichtlich werden und auch von der Fragestellung dieses Buches wegführen –, sondern lediglich um diejenigen Aspekte der Vergangenheit, die für das heutige Landleben immer noch eine große Relevanz besitzen. Am Ende der geschichtlichen Darstellung steht dann eine Bilanz des Landlebens, in der die relevanten geschichtlichen Erfahrungen enthalten sind. Diese Bilanz ist der Ausgangspunkt, um zum Schluss über die Zukunft des Landlebens nachzudenken und Perspektiven für seine Aufwertung zu entwickeln.

Aus dieser Konzeption erwächst folgende Gliederung:

Kapitel 2 stellt die Entstehung von Landwirtschaft und Landleben und die damit verbundenen fundamentalen Naturveränderungen dar, und es fragt, wie die Menschen damit umgehen und welche Lebensformen sie dabei entwickeln.

Kapitel 3 thematisiert, wie durch die Entstehung von Städten und Hochkulturen der «Fortschritt» in die Welt kommt und wie das Land dadurch grundsätzlich entwertet wird, obwohl es die Grundlage allen städtischen Lebens darstellt.

Kapitel 4 widmet sich der europäischen Sonderentwicklung im Mittelalter, bei der städtische und ländliche Territorien – im Unterschied zu allen anderen Teilen der Erde – vergleichsweise gleichwertig nebeneinanderstehen, wodurch das Landleben deutlich aufgewertet wird.

Kapitel 5 beschreibt die negativen Auswirkungen der Industriellen Revolution auf das Landleben durch das «Verschwinden der Fläche». In dieser Zeit bildet sich darüber hinaus auch der Gegensatz zwischen Industrie- und Entwicklungsländern aus, der dazu führt, dass die ländlichen Räume in den Entwicklungsländern mit völlig neuen und anderen Problemstellungen als bisher konfrontiert werden. Da der Einbezug dieser Thematik das vorliegende Buch wesentlich umfangreicher gemacht hätte und da der Autor damit keine persönlichen Erfahrungen besitzt, konzentriert sich Kapitel 5 weiterhin auf den ländlichen Raum in Europa.

Kapitel 6 ist der Entwicklung des ländlichen Raumes in der Zeit nach dem Zweiten Weltkrieg gewidmet, wobei seine forcierte Modernisierung (Verstädterung) im Zentrum steht. Diese Entwicklung läuft zwar europaweit auf eine ähnliche Weise ab,[22] aber da es doch gewisse Unterschiede zwischen den einzelnen Staaten gibt, konzentrieren sich Kapitel 6 und 7 auf die Bundesrepublik Deutschland; auf diese Weise können die einzelnen Veränderungen und die politischen Maßnahmen sehr konkret dargestellt werden, ohne unübersichtlich zu werden.

Kapitel 7 beginnt mit dem großen Trendbruch zu Beginn der 1980er Jahre, durch den das Landleben teilweise völlig neu gesehen wird. Bei der weiteren Entwicklung bis heute wird analysiert, ob die Veränderungen im Bereich von Wirtschaft, Gesellschaft und Umwelt das Landleben wirklich aufwerten oder ob sie lediglich ein Idyll auf dem Land inszenieren.

Kapitel 8 bilanziert zu Beginn die Ergebnisse der Kapitel 2 bis 7, indem herausgearbeitet wird, welche Eigenschaften das Landleben von Beginn an bis heute prägen und auf welche Weise Land und Stadt wechselseitig aufeinander bezogen und angewiesen sind. Dann werden mögliche Zukunftsentwicklungen des Landes vorgestellt, und zum Abschluss werden fünf Leitideen zur Aufwertung des Landlebens entworfen.

Für eine solche Sichtweise des Landlebens gibt es bislang kein Vorbild und auch keine vergleichbaren Darstellungen.[23] In unserer heutigen Zeit, in der das gesamte, unendlich vielfältige Wissen den Nutzern im Internet auf fragmentierte Weise in kleinsten Stückchen zur Verfügung gestellt wird, erweckt eine solche Konzeption vielleicht den Eindruck, als würden hier die wichtigsten Fakten und Informationen zum Thema Landleben einfach bloß nebeneinandergestellt und dann gemeinsam präsentiert. Dieser Eindruck ist jedoch völlig falsch: Es gibt keine neutralen Fakten, die man einfach nur zusammenzustellen bräuchte, um ein Gesamtbild des Landlebens zu erhalten – jedes einzelne Faktum ist immer mit einer Bewertung verbunden, also mit einer ganz bestimmten Perspektive, aus der heraus es als sinnvoll oder sinnlos, als gut oder schlecht oder als Fortschritt oder Rückschritt wahrgenommen wird. Deshalb ergibt die bloße Addition einzelner Fakten nie ein in sich stimmiges Gesamtbild, sondern lediglich ein beliebig zusammengesetztes und deshalb belangloses und langweiliges Puzzlebild.

Aus diesem Grund spricht dieses Buch immer wieder die normativen Bewertungen an, die in allen Fakten auf eine scheinbar neutrale Weise enthalten sind, und es entwirft auf dieser Grundlage ein normativ geprägtes Gesamtbild des Lebens auf dem Lande. Nur auf eine solche Weise wird es möglich, in einer globalisierten und unüberschaubar gewordenen Welt, die nur aus – sinnfreien bzw. sinnlosen – Sachzwängen zu bestehen scheint, den Sinn des Landlebens angemessen darzustellen und damit zugleich ein Stück «Orientierungswissen» zu vermitteln.[24] Und da unüberschaubare Situationen und alternativlose Sachzwänge jedes aktive Handeln im Keim ersticken, hofft der Autor, dass das hier vorgestellte Orientierungswissen nicht nur dazu verhilft, die ländliche Welt besser zu verstehen, sondern dass es die Leser zugleich auch motiviert und ermutigt, selbst aktiv zu werden und sich für die Zukunft ihres (Land-)Lebens zu engagieren.

2. Die Entstehung des Landlebens und die Veränderung der Natur

2.1 Der Beginn des Landlebens

Wann entsteht das Landleben in der Geschichte der Menschheit? Oder ist es vielleicht schon immer vorhanden, seit es Menschen gibt?

Die europäische Antwort auf diese Frage ist sehr eindeutig: Da das Land hier untrennbar mit Dörfern, Bauern und landwirtschaftlich genutzten Flächen identifiziert ist (siehe Seite 13), entsteht das Land erst mit der Entstehung von Landwirtschaft und Sesshaftigkeit. Anders ausgedrückt: Ein Raum, der von Wildbeutern, also Jägern und Sammlern genutzt wird, gilt nicht als Land, weil feste Siedlungen, Bauern und Kulturlandschaften fehlen.

Aber dies ist die europäische Sichtweise. In Staaten wie USA, Kanada oder Australien kann unter Land der gesamte Raum jenseits der Städte verstanden werden, egal ob er von Bauern, von Wildbeutern oder gar nicht vom Menschen genutzt wird – eine weltweit einheitliche Sichtweise gibt es nicht.

Da dieses Buch der europäischen Sichtweise verpflichtet ist, beginnt das Landleben mit der Entstehung der Landwirtschaft. Daher ist zuerst zu klären, wann und wo Landwirtschaft und Sesshaftigkeit auf der Erde entstehen. Als Ergebnis lässt sich festhalten, dass beides in der Zeit zwischen 10 000 und 5000 v. Chr. mehrfach in verschiedenen Teilen der Welt geschieht (siehe Karte 2):[1]

Fruchtbarer Halbmond (Vorderasien): Kultivierung Getreide (Einkorn, Emmer, Gerste) und Hülsenfrüchte; Domestizierung Ziege und Schaf, etwas später Rind und Schwein.

Südostasien (China): Kultivierung Hirse (im Norden), Reis (im Süden) und Sojabohne; Domestizierung Huhn und Schwein.

Mittelamerika (Mexiko): Kultivierung Mais, Kürbis, Paprika.

Karte 2: **Entstehungs- und Ausbreitungsregionen der Landwirtschaft**

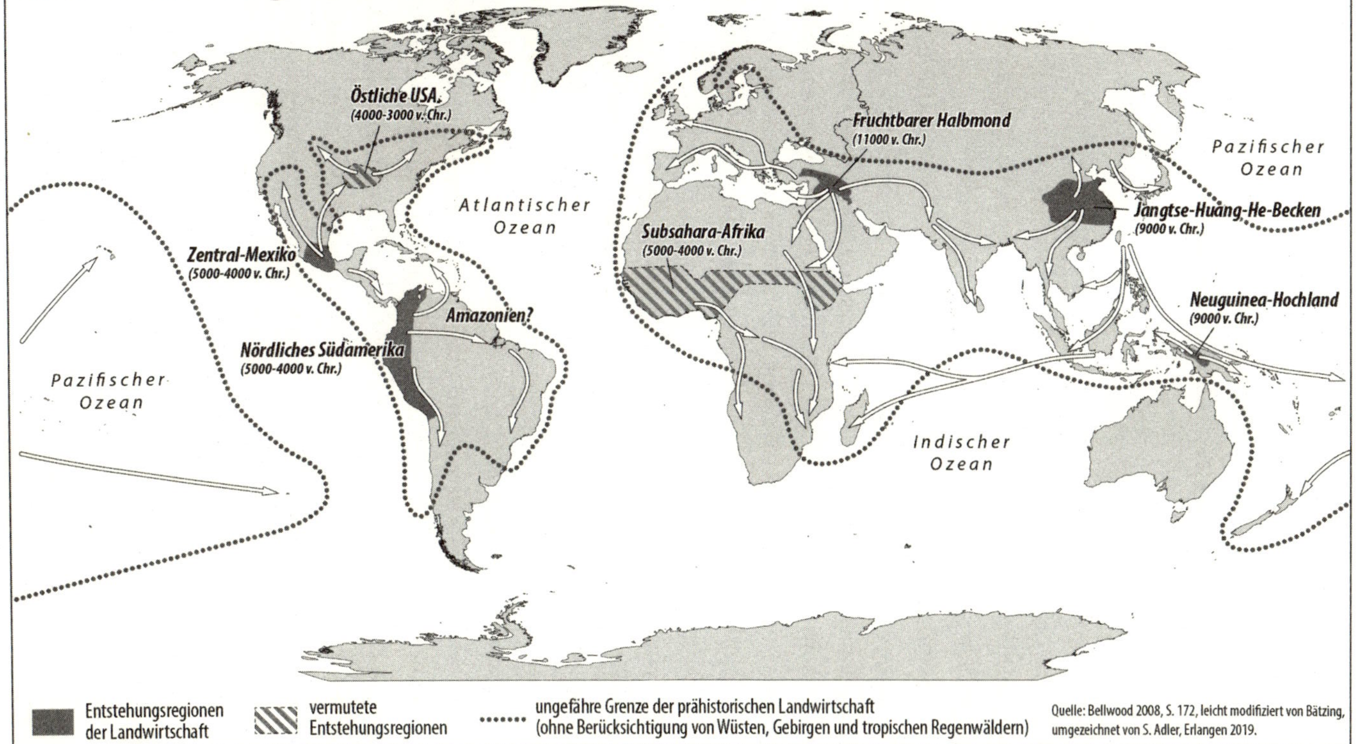

Quelle: Bellwood 2008, S. 172, leicht modifiziert von Bätzing, umgezeichnet von S. Adler, Erlangen 2019.

Südamerika (Bolivien, Peru): Kultivierung Kartoffel, Bohne; Domestizierung Lama, Alpaca, Meerschweinchen.

Hochland von Neuguinea: Kultivierung Banane, Zuckerrohr, Taro (als Gartenkulturen).

Bei zwei weiteren Regionen, nämlich den östlichen USA (Kultivierung Kürbis und Sonnenblume) und der Sahelzone (Kultivierung Hirse, Sorghum, Hülsenfrüchte, Domestikation Rind) ist noch nicht geklärt, ob diese Innovationen hier entwickelt oder ob sie aus anderen Regionen importiert werden.

Auffällig ist dabei, dass die Landwirtschaft mehrfach auf der Erde unabhängig voneinander entsteht und dass in Abhängigkeit von den verschiedenen ökologischen Voraussetzungen jeweils sehr unterschiedliche Pflanzen und Tiere kultiviert und domestiziert werden. Dabei ist auch das Verhältnis von Ackerbau und Viehwirtschaft unterschiedlich ausgeprägt: Es gibt Regionen, in denen Ackerbau und Viehwirtschaft gleichwertig nebeneinanderstehen (Fruchtbarer Halbmond), in denen die Viehwirtschaft weniger Bedeutung als der Ackerbau hat (Südostasien) oder in denen die Viehwirtschaft völlig fehlt (Mittelamerika, Neuguinea).

In der Regel gibt es in einer Region eher wenige Pflanzenarten und Tierrassen, auf die sich die Landwirtschaft jeweils stützen kann, aber insgesamt ist das landwirtschaftliche Spektrum ziemlich groß. In weltweiter Perspektive steht deshalb am Anfang der Landwirtschaft – im Gegensatz zu heute – eine große Vielfalt an Nutzpflanzen und Haustieren, während in regionaler Perspektive dieses Spektrum begrenzt ist. Dies führt dazu, dass die jeweiligen bäuerlichen Kulturlandschaften unterschiedlich geprägt sind und verschiedenartige Landschaftsformen ausbilden und dass sich auch die bäuerlichen Gesellschaften in ihren materiellen Sachkulturen und in ihren immateriellen Vorstellungen – die wichtigste Nutzpflanze und das zentrale Haustier gelten überall als eine Gottheit oder als ihre Gabe – deutlich voneinander unterscheiden.

Nachdem sich die Landwirtschaft in den nicht besonders großen

Entstehungsgebieten konsolidiert hat, breitet sie sich wenig später auf weitere Flächen aus. Diese Ausbreitung wird dadurch beschränkt, dass die zentralen Nutzpflanzen ganz bestimmte Anforderungen an Feuchtigkeit und Wärme stellen.[2] Daher können sie in einem ersten Schritt nur innerhalb solcher Regionen verbreitet werden, die ähnliche ökologische Rahmenbedingungen wie die Ursprungsgebiete besitzen. In einem zweiten Schritt werden die Nutzpflanzen allmählich an andere Umweltbedingungen angepasst, wodurch immer weitere Regionen landwirtschaftlich erschlossen werden können. Am Schluss jedoch verhindern vier Klimafaktoren, dass sich die Landwirtschaft über die gesamte Erde ausbreitet, und es bleiben große Gebiete übrig, die sich einer landwirtschaftlichen Nutzung sperren. Dies sind Wüsten (zu große Trockenheit), polnahe Gebiete (zu große Kälte), Gebirge (zu große Kälte) und tropische Regenwälder (zu große Schwüle, sehr ungünstig für die meisten Nutzpflanzen und Haustiere).[3]

Am Rande dieser vier Gebiete gibt es aber Teilräume, die zu gewissen Jahreszeiten etwas günstigere klimatische Bedingungen aufweisen, nämlich geringe Niederschläge in den Wüsten, etwas wärmere Temperaturen in den polnahen Gebieten sowie in den Gebirgen und etwas geringere Schwüle im tropischen Regenwald. Diese Schwankungen sind zwar nicht so groß, dass sie einen Ackerbau ermöglichen, sie reichen jedoch für eine saisonale Viehweide aus, wenn das Vieh dabei längere Wanderwege zurücklegt. Deshalb bilden sich in diesen Randgebieten im Laufe der Zeit spezielle Viehwirtschaftssysteme heraus – Nomadismus, Transhumanz, Alpwirtschaft, Rentiernomadismus –, die die Ursache dafür sind, dass die Viehwirtschaft deutlich weiter in die Ungunsträume vordringen kann als der Ackerbau.

Die größte flächenhafte Ausbreitung besitzt die Landwirtschaft des Fruchtbaren Halbmondes: Aufgrund der zufälligen Lage der Kontinente, der Gebirge und der Wüsten kann sie sich besonders weit nach Nordwesten (große Teile Europas), nach Südosten (Teile Vorderasiens und Indiens) und nach Südwesten (Ägypten, Äthiopien) ausbreiten. Die Wildbeuter, die früher in allen diesen Regionen lebten, werden dadurch immer stärker in die Randregionen der Erde verdrängt, die für die Landwirtschaft ungeeignet sind.

Diese Ausbreitung der Landwirtschaft ist bereits in prähistorischen, also vorrömischen Zeiten abgeschlossen, und bereits sehr früh werden einige Nutzpflanzen und Haustiere zwischen den einzelnen Regionen (z. B. zwischen China, dem Nahen Osten und Afrika) ausgetauscht. Der Ausbreitungsprozess läuft lediglich im subsaharischen Afrika (Ausbreitung von Norden nach Süden) und in der pazifischen Inselwelt (Ausbreitung von West nach Ost) erst in historischen Zeiten ab. Und die moderne Entwicklung verschiebt ab dem Ende des 18. Jahrhunderts die Grenzen der Landwirtschaft noch ein letztes Mal, indem größere Gebiete in Nord- und Südamerika, in Zentral- und Nordasien und in Australien erstmals landwirtschaftlich genutzt werden.

2.2 Neue Raumstrukturen durch Landwirtschaft

Die erste Phase der Bauerngesellschaften, die einige Tausend Jahre dauert, ist weltweit dadurch geprägt, dass überall kleine Siedlungen entstehen, die sich auf dezentral-flächenhafte Weise im landwirtschaftlich genutzten Raum verteilen. Woher kommt diese dezentrale Struktur, die bis heute ein zentrales Charakteristikum des Landes ist?

Die Landwirtschaft basiert auf dem biologischen Wachstum der Nutzpflanzen und der Haustiere, das sich der Sonnenenergie verdankt. Da die Sonnenenergie flächenhaft auf die Erde auftrifft und vom Menschen nicht konzentriert werden kann, ist das Pflanzenwachstum – die Grundlage des Ackerbaus und der Viehwirtschaft – ebenfalls ein flächenhaftes Phänomen. Alle landwirtschaftlichen Nutzungen spielen sich deshalb auf großen Flächen ab, um möglichst viel Sonnenenergie aufzufangen, und diese Energie wird im Laufe der Nutzungszeit dezentral in den angebauten Pflanzen und in den weidenden Tieren gespeichert. Nach der Ernte werden daraus im Dorf Lebensmittel gewonnen, die eine gewisse Haltbarkeit besitzen müssen, weil die Pflanzen Zeit zum Wachsen brauchen und man nur ein-

oder zweimal im Jahr ernten kann und weil das Wachstum der Pflanzen und der Haustiere durch Kälte- oder Trockenzeiten unterbrochen wird. Auf diese Weise wird die dezentral gewonnene Sonnenenergie räumlich konzentriert und zeitlich haltbar gemacht.

Die landwirtschaftlichen Tätigkeiten sind deshalb zum einen flächenhaft ausgerichtete Tätigkeiten (Saat und Ernte, Hüten der Tiere), zum anderen räumlich konzentrierte Tätigkeiten (Dreschen und Mahlen des Getreides, Brotbacken, Fleischverarbeitung, Vorratshaltung). Dabei erfordern die flächenhaften Tätigkeiten viel Zeit und Energie zur Raumüberwindung, und zusätzlich steigt der Zeit- und Energieaufwand an, wenn auch noch Lasten (Saatgut, Dünger, Ernte) transportiert werden müssen. Um diesen Aufwand zu minimieren, werden auf der ganzen Welt innerhalb der Landwirtschaftsflächen viele kleine Siedlungen – und nicht wenige große Siedlungen – angelegt, um das Verhältnis zwischen flächenhaften und räumlich konzentrierten Arbeiten optimal zu gestalten. Mit dieser dezentralen Siedlungsstruktur wird es möglich, die Wegstrecken vom Dorf zu den Äckern und Weiden relativ kurz zu halten und so die menschliche Arbeitskraft auf den großen landwirtschaftlichen Nutzflächen effektiv einzusetzen. Im Detail wird die Siedlungslage so gewählt, dass die fruchtbarsten und ertragreichsten Böden – die zugleich den größten Arbeitseinsatz erfordern – möglichst nahe am Dorf liegen, während sich weniger fruchtbare Böden, für die weniger Arbeit aufgewendet wird, in größerer Entfernung befinden.

Daraus ergibt sich folgende idealtypische Raumgliederung der Kulturlandschaft (diese Darstellung orientiert sich an den Verhältnissen im Fruchtbaren Halbmond):

Im Zentrum steht das *Dorf*, in dem man wohnt, Lebensmittel verarbeitet, das Vieh in der schlechten Jahreszeit im Stall hält, Vorratshaltung betreibt und das den kulturellen Mittelpunkt der Bauernfamilien bildet. Die *Gärten* sind kleine, aber sehr arbeitsintensiv genutzte Flächen innerhalb des Dorfes oder direkt am Dorfrand für Gemüse, Obst und Sonderkulturen. Die *Äcker* sind nicht sehr große, aber arbeitsintensiv bewirtschaftete Flächen in der Nähe des Dorfes bzw. um das Dorf herum, auf denen Getreide angebaut wird. Die *Weiden* sind sehr ausgedehnte Flächen in etwas größerer Entfernung zum Dorf, auf denen das Vieh des Dorfes weidet. Die *Wälder* liegen jenseits der Weiden, wobei die Grenzen zwischen Weiden und Wäldern in der Regel nicht klar ausgeprägt sind und beide Nutzungen häufig allmählich ineinander übergehen. Die Wälder dienen der Waldweide, der Holzgewinnung (Bau-, Werk-, Brennholz), der Sammelwirtschaft (Beeren, Pilze) und der Rohstoffgewinnung (Harz, Gerbstoffe). Je größer die Entfernung zum Dorf wird, desto weniger wird der Wald genutzt, und er geht dann allmählich in einen natürlichen Wald oder in Ödland über.

Das Dorf liegt also in der Mitte der von ihm genutzten Landwirtschaftsflächen,[4] seine Bauern sind die einzigen, die diese Flächen nutzen, und ihre Nutzungen sind so organisiert, dass sie nach außen hin – also mit zunehmender Entfernung – immer weniger Arbeitseinsatz erfordern. Die Flächen um ein Dorf herum, die von den Bauern des Dorfes genutzt werden, werden in Europa Dorfflur oder Gemarkung genannt, und sie bilden zusammen mit dem Dorf eine Einheit.

In der Anfangszeit sind die Dörfer mit ihren jeweiligen Fluren so weit voneinander entfernt, dass sie inselförmig im großen Naturraum liegen. Mit dem Wachstum der Landwirtschaft entstehen immer mehr neue Dörfer, so dass die Fluren der einzelnen Dörfer bald direkt aneinanderstoßen, was oft mit Grenzproblemen verbunden ist. Auf diese Weise bilden sich in den Gunstregionen der Erde flächengroße Kulturlandschaften aus.

Die Raumstrukturen, die durch die Landwirtschaft entstehen, können also als unendlich viele und kleine Zellen (jeweils ein Dorf mit seiner Flur) beschrieben werden, die alle parallel und gleichberechtigt nebeneinanderstehen: Jedes Dorf ist wirtschaftlich autonom, versorgt sich selbst aus seiner Flur, organisiert seine Vorratshaltung selbst und erledigt alle notwendigen Handwerkstätigkeiten und Dienstleistungen innerhalb des Dorfes. Eine räumliche Arbeitsteilung oder eine

Spezialisierung auf ganz bestimmte Tätigkeiten gibt es in der ersten Phase der Bauerngesellschaften noch nicht. Daher stellt jedes Dorf einen Mikrokosmos, eine eigene Welt für sich dar, die autonom existiert.

Aber obwohl alle Dörfer die gleiche Struktur und Funktion als eigenständiger Wirtschafts-, Lebens- und Kulturraum besitzen und obwohl alle die gleichen Nutzpflanzen und Haustiere wie die Nachbardörfer verwenden, sind sie trotzdem nicht gleich: Überall auf der Welt kann man feststellen, dass die Dörfer eine beträchtliche Tendenz haben, sich aktiv voneinander abzugrenzen und zu unterscheiden. Dies führt im Laufe der Zeit zu signifikanten Unterschieden bei dörflichen Identitäten, Traditionen und Dialekten – jedes Dorf entwickelt seine eigene Tradition und seinen eigenen Dialekt – sowie zu einem ausgeprägten Kirchturmdenken und zu Lokalrivalitäten, die über Jahrhunderte hinweg bestehen. Offenbar ist gerade die funktionale Gleichheit der Dörfer die Triebkraft dafür, sich so stark voneinander unterscheiden zu wollen. Letztlich führt dieses Phänomen zu einer sehr großen kulturellen Vielfalt des Dorflebens, und dieses Phänomen prägt bis heute das Landleben auf der gesamten Erde.

2.3 Ökologie der Kulturlandschaft

Der Mensch verhält sich zur Natur in dem sehr langen Zeitraum, in dem er als Wildbeuter lebt, ganz ähnlich wie hochentwickelte Säugetiere, die zur Nahrungsgewinnung ebenfalls sammeln, fischen oder jagen. In dieser Zeit nutzt der Mensch nur die Produkte, die die Natur spontan hervorbringt, und er verändert die vorgefundene Natur nicht.

Dies ändert sich mit der Entstehung der Landwirtschaft erstmals in der Geschichte der Menschheit: Jetzt greift der Mensch in die vorgefundene Natur ein und verändert sie tiefgreifend für seine Zwecke. Mit der Domestikation von Nutzpflanzen und Haustieren, also mit der kulturellen Veränderung von Teilen der Natur, schafft er sich eine völlig neue Grundlage für seine Existenz auf der Erde. Seitdem ist er davon vollständig abhängig, denn Bauern können nach wenigen Generationen nicht mehr als Wildbeuter überleben bzw. leben.

Deshalb ist im Unterschied zu den Wildbeutern jetzt nicht mehr die Natur die Lebensgrundlage des Menschen, sondern die kulturell veränderte Natur. Dies betrifft nicht nur Nutzpflanzen und Haustiere, die sich signifikant von ihren Wildformen unterscheiden, sondern auch alle landwirtschaftlich genutzten Flächen: Bei Siedlungen, Gärten und Äckern liegt es auf der Hand, dass es sich um menschlich geprägte Ökosysteme handelt, denn so etwas kommt ja in der Natur nicht vor. Aber auch die so natürlich wirkenden Weiden und Wälder werden durch eine länger andauernde landwirtschaftliche Nutzung verändert: Das regelmäßige Abweiden verändert die Artenzusammensetzung der Vegetationsdecke der Weiden erheblich, indem dominante Gräser zurückgedrängt werden und mehr Pflanzenarten Wuchsmöglichkeiten erhalten; die Wälder werden durch die Nutzung aufgelichtet, und der Mensch sorgt dafür, dass sich die für ihn nützlichen Baumarten beträchtlich vermehren, während er weniger nützliche zurückdrängt. Deshalb handelt es sich bei allen landwirtschaftlich genutzten Flächen um kulturell geprägte Ökosysteme.

Noch größere Veränderungen der Natur entstehen, wenn die Landwirtschaft ihre Ursprungsregionen verlässt und sich über große Teile der Welt ausbreitet. Dabei werden in der Regel größere Eingriffe in die natürlichen Ökosysteme notwendig, um sie landwirtschaftlich nutzen zu können. Dies betrifft in erster Linie vier Veränderungen:

Waldrodungen: Während es in den Ursprungsregionen der Landwirtschaft viele Grasländer gibt, die man direkt als Weide nutzen oder leicht in Ackerflächen umwandeln kann, gibt es in vielen Regionen der Erde im Naturzustand sehr ausgedehnte Wälder. Diese müssen erst aufwendig gerodet werden, bieten dann aber häufig gute Nutzungsmöglichkeiten für die Landwirtschaft.

Entwässerungen: Es gibt im Bereich vieler Flüsse der Erde und am Rande vieler Meere Gebiete, die regelmäßig überschwemmt werden. Diese Gebiete sind zwar meist nicht sehr groß, aber ihre Böden sind besonders fruchtbar, so dass sie für die Landwirtschaft besonders attraktiv sind. Die baulichen Maßnahmen der Entwässerung müssen fast immer mit langen Deichen ergänzt werden, um Zerstörungen durch zu große Wassermassen zu verhindern.

Bewässerungen: Es gibt auf der Erde größere Gebiete, die im Naturzustand keine Landwirtschaft ermöglichen, weil sie zu trocken sind, die aber sehr gute Nutzungsmöglichkeiten bieten, wenn sie bewässert werden. Häufig greifen Be- und Entwässerungsmaßnahmen ineinander.

Terrassierungen: Steile und felsdurchsetzte Hänge sind im Naturzustand oft nur mit einer sehr schütteren Vegetation bedeckt. Wenn hier Terrassen angelegt werden, die bewässert werden, werden aus nahezu sterilen Hängen ertragreiche Kulturlandschaften. Diese können in Bergregionen sehr große Flächen einnehmen.

Auf diese Weise werden in großen Teilen der Erde Naturlandschaften in Kulturlandschaften umgewandelt. Wichtig ist dabei zweierlei: Zum einen werden zwar nahezu alle Flächen mit Vegetation in irgendeiner Form landwirtschaftlich genutzt und dadurch verändert, aber diese Veränderungen sind nicht so gravierend, wie man sich das aus heutiger Sicht vorstellt: Die zahllosen naturräumlichen Unterschiede zwischen feuchteren und trockeneren, steileren und flacheren, tief- und flachgründigen, sonnenexponierten und schattigen Standorten werden meist nicht eingeebnet, weil der damit verbundene Arbeitsaufwand zu hoch wäre. Stattdessen werden diese Flächen jeweils unterschiedlich genutzt, so dass die Kulturlandschaften aus einem Mosaik verschiedenster Nutzungsformen bestehen. Zum anderen gibt es in fast allen Regionen der Erde innerhalb der Kulturlandschaften bestimmte Landschaftsteile, die sich jeder Nutzung sperren (Teile der Gebirge, Vulkane, Karstflächen, Moore) und die als Naturlandschaftselemente in der Kulturlandschaft erhalten bleiben.

Das bedeutet, dass Bauerngesellschaften die Erde zwar flächenhaft umgestalten, dass aber die kleinräumige ökologische und landschaftliche Vielfalt der Natur dabei nicht verschwindet, sondern in neuen

Formen auflebt und dass sich Natur- und Kulturlandschaften häufig kleinräumig ineinander verzahnen. Dies ist die Ursache für die große Vielfalt und die ausgeprägte Kleinräumigkeit aller traditionellen Kulturlandschaften.

Die zentrale ökologische Eigenschaft der Kulturlandschaft ist deshalb ihr Mosaikcharakter: Die einzelnen Teile der Kulturlandschaft – Dorf, Acker, Weide, Wald – sind zwar jeweils sehr unterschiedlich geprägt, stehen aber wechselseitig miteinander in enger Verbindung und bilden als ein «ökologisches Gefüge» ein kleinräumig vernetztes Ökosystem. Dieses ist häufig kleinräumiger ausgebildet als die früheren Naturlandschaften an der gleichen Stelle.[5]

Die Naturlandschaften werden durch sogenannte «Klimaxgesellschaften», also durch Pflanzengesellschaften in einem relativ stabilen Endzustand (oft Waldgesellschaften), geprägt, die sich nach Störungen früher oder später wieder erneut ausbilden. Etwas Vergleichbares gibt es in der Kulturlandschaft nicht: Hier bestimmt der Mensch, welche Pflanzen und welche Tiere auf einer bestimmten Fläche wachsen oder weiden sollen. Und wenn sich dies nicht wie gewünscht entwickelt, dann greift er zusätzlich ein (Unkraut jäten, Entfernen von nachwachsenden Gehölzen, Be- oder Entwässerung), um das gewünschte Ergebnis zu sichern. Insofern ist die Ökologie der Kulturlandschaft sehr direkt von menschlichen Entscheidungen abhängig, die immer wieder neu getroffen werden.

Wenn der Mensch seine landwirtschaftliche Nutzung einstellt, dann entwickelt sich die Kulturlandschaft wieder in Richtung Naturlandschaft: Nutzpflanzen und Haustiere verwildern allmählich, die Dörfer verfallen, die Äcker werden zu Grasländern oder verschwinden im Wald, Be- und Entwässerungskanäle sowie Deiche verfallen und Weiden und Nutzwälder bilden wieder ihre ursprüngliche Struktur aus.[6] Deshalb sind Kulturlandschaften aus sich selbst heraus ökologisch nicht stabil und verändern sich schnell wieder, so dass sie vom Menschen permanent stabilisiert, also in dem Zustand gehalten werden müssen, in dem sie seiner Lebensmittelproduktion dienen.

Oder anders ausgedrückt: Weil Kulturlandschaften nicht Natur sind, weil es kulturell veränderte Ökosysteme sind, muss ihnen der Mensch mittels permanenter Arbeit und Pflege diejenige ökologische Stabilität vermitteln, die sie von Natur aus gerade nicht besitzen – andernfalls verliert der Mensch seine Existenzgrundlage auf der Erde.

Diese permanente ökologische Stabilisierung der instabilen Kulturlandschaft bezeichne ich als «ökologische Reproduktion»:[7] Seit der Entstehung der Landwirtschaft besteht bäuerliche Arbeit nicht nur aus produktiven Arbeiten (Säen und Ernten), sondern auch aus reproduktiven Arbeiten (aufwendige Ausgestaltung der produktiven Tätigkeiten plus Pflege- und Reparaturarbeiten). Und dies gilt bis heute!

Bei der ökologischen Reproduktion geht es vor allem um die Bewältigung von fünf zentralen Problemen:

Verlust Bodenfruchtbarkeit: Wenn über einen längeren Zeitraum stets das gleiche Produkt angebaut wird, dann verliert der Boden seine Fruchtbarkeit, und das Pflanzenwachstum wird erheblich eingeschränkt.

Bodenabtrag oder Erosion: Da der Ackerboden zwischen der Ernte und dem Aufkeimen der neuen Saat ohne schützende Vegetationsdecke daliegt, kann er in dieser Zeit leicht abgetragen werden, entweder auf geneigten Flächen durch fließendes Wasser oder auf ebenen Flächen durch heftigen Wind. Ähnliches passiert auf Weideflächen, wenn sie so stark beweidet werden, dass die Vegetationsdecke zerstört wird.

Bodenversalzung: In Gebieten mit sehr hoher Sonneneinstrahlung, die über längere Zeit bewässert werden, kommt es zur Bodenversalzung, weil durch die hohe Verdunstung die im Wasser gelösten Salze an der Bodenoberfläche zurückbleiben. Dadurch können Böden vollständig unfruchtbar werden.

Bodenversauerung: In feuchten Klimazonen werden beim Pflanzenwachstum organische Säuren ausgeschieden und gleichzeitig werden basische Produkte aus dem Boden ausgewaschen. Dadurch versauert der Boden, und seine Fruchtbarkeit verringert sich beträchtlich.

Verbuschung und Verwaldung: Überall dort, wo Landwirtschaftsflächen durch Waldrodung gewonnen wurden, tendiert die spontane Vegetationsentwicklung über eine Phase der Verbuschung wieder hin zur Ausbildung eines Waldes. Dies geschieht bereits während einer landwirtschaftlichen Nutzung und besonders schnell bei einer Nutzungsunterbrechung.

Diese fünf Probleme würden die landwirtschaftliche Nutzung innerhalb kürzerer Zeit erheblich beeinträchtigen oder ganz verunmöglichen, wenn die ökologische Reproduktion der Kulturlandschaft nicht berücksichtigt würde. Um diese langfristig zu gewährleisten, muss die landwirtschaftliche Produktion auf eine ganz spezifische Art und Weise gestaltet werden, und es müssen zusätzlich eine große Menge von Pflege- und Reparaturarbeiten ausgeführt werden. Das damit verbundene bäuerliche Erfahrungswissen lässt sich in fünf Punkten zusammenfassen:[8]

Berücksichtigung von Nutzungsgrenzen: Nicht jede Fläche kann in eine landwirtschaftliche Nutzfläche umgewandelt werden, weil die damit verbundenen Naturveränderungen ökologische Folgeprozesse auslösen können, die der Mensch nicht mehr beherrscht und die sich für ihn katastrophal auswirken. Dies gilt für sehr steile und für extrem gelegene Flächen, die deshalb nicht genutzt werden können.

Kleinräumige Nutzungsgestaltung: Wenn sich die Landwirtschaft an den vorgefundenen Strukturen der Naturlandschaft orientiert und unterschiedliche Standortbedingungen nicht homogenisiert, sondern auf unterschiedliche Weise nutzt, dann bleiben diese Flächen leichter stabil, und die Vielfalt der kleinräumigen Strukturen unterstützt die Stabilität der gesamten Kulturlandschaft.

Sicherung der Bodenqualität: Um zu verhindern, dass der Boden erodiert, versalzt, versauert oder seine Fruchtbarkeit verliert, bedarf es einer Reihe von Maßnahmen (von Fruchtwechselsystemen über spezifische Formen der Bodenbearbeitung bis hin zu komplizierten Formen der Be- und Entwässerung) sowie eine systematische Düngung, wofür die Exkremente der Haustiere besonders geeignet sind.

Das richtige Maß der Nutzung: Sowohl eine zu intensive als auch eine zu extensive Form der Nutzung gefährdet oder zerstört die Kulturlandschaft, weil der Boden erodiert und zerstört wird oder weil sich die natürliche Vegetation spontan wieder durchsetzt. Deshalb ist das richtige Maß der Nutzung – weder zu intensiv noch zu extensiv – für die Kulturlandschaft von entscheidender Bedeutung. Dies betrifft nicht nur die Quantität der Nutzung (Dichte der Nutzpflanzen oder Zahl der Weidetiere pro Fläche), sondern auch die Dauer der Nutzung und die Wahl des richtigen Nutzungsbeginns und sein jeweiliges Ende (Aussaat- und Erntetermine, Beginn und Ende der Beweidung). Auf diese Weise können kulturell geprägte Ökosysteme trotz ihrer Instabilität eine erhebliche Stabilität erreichen.

Reparatur- und Pflegearbeiten: Zusätzlich bedarf es einer großen Menge an Reparaturarbeiten, nämlich die Ausbesserung von Schäden in der Kulturlandschaft durch Naturereignisse wie Hochwasser, Stürme, Gewitter, Trockenzeiten, Lawinen oder Vulkanausbrüche, sowie von Pflegearbeiten, nämlich permanente Eingriffe auf den Nutzflächen, um das Wachstum der Nutzpflanzen und Haustiere zu fördern und zu verbessern und um Störungen durch natürliche Dynamiken gering zu halten.

Wenn Bauerngesellschaften dieses Erfahrungswissen berücksichtigen, dann ist es ihnen möglich, dass Kulturlandschaften als nichtnatürliche Ökosysteme ökologisch ähnlich stabil sind wie die ursprünglichen Naturlandschaften, und in denjenigen Fällen, in denen eine Naturlandschaft durch eine erhebliche Dynamik geprägt ist, kann die Kulturlandschaft sogar die ökologische Stabilität dieser Landschaft erhöhen. Allerdings setzt dies voraus, dass dafür permanent viel Arbeit aufgewendet wird, dass sich die landwirtschaftliche Produktion an der Reproduktion orientiert und dass die betroffenen Menschen die Verantwortung für die ökologische Stabilität ihrer Kulturlandschaft übernehmen.

Das bedeutet, dass jede langfristige landwirtschaftliche Nutzung mit einem erheblichen Arbeitsaufwand verbunden ist. Heute ist man im Rahmen moderner Erfahrungen meist der Ansicht, dass eine Nutzung umso besser für die Natur sei, je weniger intensiv sie ausgeführt werde. Dies trifft jedoch für traditionelle Nutzungen nicht zu, bei denen intensive Nutzung bedeutet, dass sehr viel Handarbeit pro Nutzfläche eingesetzt wird (kapitalintensive Nutzungen entstehen ja erst im 20. Jahrhundert). Sehr arbeitsextensive Nutzungen sind dadurch geprägt, dass die Bauern die Regeneration der Bodenfruchtbarkeit oder die ökologische Stabilisierung der Nutzflächen den natürlichen Prozessen überlassen (wie bei der «Brandwirtschaft», einer Acker-Weide-Wald-Wechselwirtschaft[9] oder bei sehr extensiven Formen der Weidewirtschaft). Dabei besteht die Gefahr, dass solche Kulturlandschaften langfristig schleichend degradiert werden, weil die Notwendigkeit der ökologischen Reproduktion im Arbeitsalltag wenig verankert ist. Wenn Bauern dagegen mit den Problemen von Bodenfruchtbarkeit und Stabilität der Nutzflächen täglich konfrontiert sind und sie mittels Düngung, bestimmten Bewirtschaftungsformen und Pflegearbeiten aktiv verhindern, dann führt eine weitere Erhöhung der Arbeitsintensität nicht zur Schädigung der Kulturlandschaften und der Natur, weil diese Intensivierungen nur soweit durchgeführt werden, dass sie die Bodenfruchtbarkeit und die Stabilität der Nutzflächen nicht gefährden (sonst würden sie kontraproduktiv werden). Solche Intensivierungen sind immer mit einem erhöhten Arbeitsaufwand für die ökologische Reproduktion der Kulturlandschaft verbunden, was jedoch in der Regel wegen des höheren Lebensmittelertrags gern in Kauf genommen wird. Daher sind Intensivierungen keinesfalls mit verstärkten ökologischen Problemen verbunden. Die zentrale Frage der traditionellen Landwirtschaft ist stets die ökologische Reproduktion der Kulturlandschaft und nicht, ob Nutzungen arbeitsintensiv oder -extensiv ausgeführt werden.

2.4 Kulturelle Rahmenbedingungen des Landlebens

Weil das gesamte Wirtschaften und Leben von Bauerngesellschaften auf dem Fundament der ökologisch instabilen Kulturlandschaft aufbaut, besteht die zentrale kulturelle Herausforderung des Landlebens überall auf der Erde darin, das Wissen um die Notwendigkeit der permanenten ökologischen Stabilisierung der Kulturlandschaft präsent zu halten und die Verantwortung dafür bei allen Menschen immer wieder neu zu festigen und zu stärken.

Da eine einzelne Person allein nicht in der Lage ist, Landwirtschaft zu betreiben und die Kulturlandschaft dauerhaft zu stabilisieren, steht im Zentrum jeder Bauerngesellschaft immer eine Gruppe. In der ersten Phase der Bauerngesellschaften sind diese Gruppen ausgesprochen egalitär geprägt – alle Familien besitzen die gleichen Rechte und Pflichten und bewirtschaften ähnlich große Flächen –, und die gegenseitige Hilfe und Unterstützung besitzt im Alltag, in Krisenzeiten sowie bei Not- und Unglücksfällen eine zentrale Bedeutung.

Diese Gruppen – Dorfgemeinschaften oder Verbände aus kleinen benachbarten Siedlungen – sind gemeinsam für die Stabilisierung der von ihnen genutzten Kulturlandschaft verantwortlich, und sie entwickeln für ihr Zusammenleben bestimmte kulturelle Normen und Werte. Es gibt drei Herausforderungen, die dabei bewältigt werden müssen: Erstens darf das alltägliche Leben und Wirtschaften des gesamten Dorfes die Kulturlandschaft nicht schleichend immer intensiver nutzen und schließlich übernutzen. Zweitens darf man nicht kurzfristig wirtschaften, denn die Vorteile von heute werden morgen zur existenziellen Bedrohung. Und drittens dürfen sich einzelne Familien nicht zu Lasten der Stabilität der Kulturlandschaft und des gesamten Dorfes einen Vorteil verschaffen.

Auch wenn sich die Bauerngesellschaften der Erde im Einzelnen erheblich voneinander unterscheiden, so kann man doch folgende Gemeinsamkeiten bei der Bewältigung dieser Herausforderungen festhalten:

Vorsicht im Umgang mit Natur: Bauerngesellschaften besitzen einen großen Respekt vor der Natur, weil sie wissen, dass kleine Veränderungen schnell katastrophale Auswirkungen für sie haben können. Deshalb bilden sie eine vorsichtige und konservative Grundhaltung in Bezug auf die Natur und die Welt aus. Neuerungen, Nutzungsänderungen oder neue Eingriffe in die Natur werden in der Regel zuerst für längere Zeit nur auf kleinen Flächen ausgeführt; erst wenn sie sich hier bewähren, werden sie auf vorsichtige Weise Stück für Stück ausgeweitet.

Langfristigkeit: Bauerngesellschaften wissen, dass ihre gegenwärtige Situation vollständig auf der Arbeit der vorhergegangenen Bauerngenerationen aufbaut und davon profitiert. Umgekehrt wissen sie, dass das heutige Wirtschaften von entscheidender Bedeutung für die nachfolgenden Generationen ist und dass deren Lebensbedingungen nicht verschlechtert werden dürfen. Deshalb denken und handeln Bauerngesellschaften langfristig, das heißt sie beziehen die vorausgegangenen und die nachfolgenden Generationen mit ein und sehen sich selbst nur als ein kleines Glied in einer langen Kette bäuerlicher Existenzen, das nicht das Recht hat, aus dieser Kette herauszutreten – die Tradition ist gleichzeitig Existenzgrundlage und Verpflichtung.

Bevölkerungsregulierung: Wenn die Zahl der Menschen eines Dorfes erkennbar wächst, dann tritt schnell die Situation ein, dass die zur Verfügung stehenden Flächen übernutzt werden. Wenn es in dieser Situation keine zusätzlichen Flächen mehr gibt, die erschlossen werden können, wenn keine landwirtschaftlichen Intensivierungen mehr möglich sind, wodurch mehr Menschen von der gleichen Fläche ernährt werden können, oder wenn es keine Auswanderungsmöglichkeiten in andere Regionen mehr gibt, dann entwickeln Bauerngesellschaften Maßnahmen zur Bevölkerungsregulierung. Diese sehen überall auf der Welt sehr unterschiedlich aus, verfolgen aber immer den gleichen Zweck, nämlich durch die gemeinsame Beschränkung des Bevölkerungszuwachses die eigene Lebensgrundlage, also eine stabile und produktive Kulturlandschaft, zu sichern.[10]

Zentraler Stellenwert der Gemeinschaft: Die Basis von Bauerngesellschaften sind nicht Einzelpersonen, sondern Gruppen von Menschen, deren zentrales Ziel es ist, gemeinsam das eigene Leben bzw. Überleben zu sichern. Solche Gruppen können das «Haus» (ein Familienverband), der Hof oder das Dorf sein, wobei das Verhältnis zwischen den Gruppen und zwischen den einzelnen Mitgliedern einer Gruppe im Alltag keineswegs konfliktfrei ist. Entscheidend ist aber, dass in allen Krisen-, Not- und Unglücksfällen der Erhalt des Hauses, des Hofes oder des Dorfes *über* den Interessen des Einzelnen steht, denn ohne diese Struktur wäre der Einzelne schutzlos allein auf sich gestellt und nicht überlebensfähig. Deshalb muss er seine persönlichen Interessen nach den Interessen seiner Gruppe ausrichten und sich ihr im Konfliktfall unterordnen, oder er muss das Dorf verlassen.[11]

Große Bedeutung der Allmende: In allen Bauerngesellschaften der Erde wird nur ein Teil der Parzellen durch eine Familie bewirtschaftet, während größere Landwirtschaftsflächen – oft weiter vom Dorf entfernte und weniger fruchtbare Flächen – gemeinschaftlich genutzt werden. In Europa werden solche Flächen «Allmende» genannt, aber es gibt sie auch in vielen außereuropäischen Bauerngesellschaften, weil eine gemeinschaftliche Nutzung dieser Flächen aufgrund der Entfernung zum Dorf und der eher geringen Erträge oft sehr viel effizienter ist als eine familiäre Nutzung. Damit sich dabei keine Familie zu Lasten der Gemeinschaft einen Vorteil verschafft, gibt es für die Allmendenutzung überall feste Regeln, deren Einhaltung genau überprüft wird und die eine mögliche Übernutzung der Allmende verhindern.[12]

Diese fünf kulturellen Charakteristika prägen das Zusammenleben von Bauerngesellschaften auf der gesamten Erde mehr oder weniger stark, und sie sorgen dafür, dass die ökologische Reproduktion der Kulturlandschaft nicht bloß eine gemeinsame Verantwortung ist, sondern dass sie auch konkret umgesetzt und gelebt wird. Deshalb kann man feststellen, dass Bauerngesellschaften die vorgefundene Natur zwar tiefgreifend ökologisch verändern, dass sie sie dabei aber nicht zerstören, weil es ihnen in der Regel gelingt, ihre Kulturlandschaften permanent zu stabilisieren.

Das bedeutet natürlich nicht, dass Bauerngesellschaften nie Umweltzerstörungen ausgelöst hätten: Es ist damit zu rechnen, dass verschiedene Krisen- und Notsituationen immer wieder zu Übernutzungen und Degradierungen von Kulturlandschaften führten, dass es immer wieder Phasen gab, in denen die Bevölkerungsregulierung nicht gelang und dass bei der erstmaligen Erschließung einer Region für die Landwirtschaft Umweltzerstörungen auftraten, weil die Bauern die neuen Ökosysteme, die sie veränderten, noch nicht gut genug kannten. Aber trotz dieser Umweltzerstörungen, die auf der Erde durchaus nicht selten passiert sein dürften, muss trotzdem an der Hauptaussage festgehalten werden: Bauerngesellschaften wissen um die von ihnen verursachten Umweltveränderungen, und sie fühlen sich dafür verantwortlich, dass die Folgen, die daraus erwachsen, keine zerstörerischen Wirkungen entfalten, weil das ihre eigene Lebensgrundlage zerstören würde.

Deshalb ist es falsch zu behaupten, dass die flächenhaften Umweltveränderungen, die durch die ersten Bauerngesellschaften in die Welt kommen, den Beginn der großen Umweltzerstörung der Erde darstellen, die heute ihrem endgültigen Höhepunkt zusteuert. Stattdessen muss man betonen, dass die Gleichung «Umweltveränderung ist gleich Umweltzerstörung», die heute als so logisch und selbstverständlich angesehen wird, nicht stimmt: Nicht jede Umweltveränderung führt zwangsläufig zur Umweltzerstörung – das gilt nur dann, wenn die ökologische Reproduktion der menschlich veränderten Natur nicht berücksichtigt wird.

Bauerngesellschaften zeigen, dass es möglich ist, die Natur so in Kulturlandschaften umzuwandeln, dass ihre ökologische Reproduktion gesichert werden kann und dass dabei weder die ökologische Stabilität noch die Vielfalt von Landschaften zerstört wird. Den Beweis dafür liefern viele landwirtschaftliche Nutzflächen auf der gesamten Erde, die seit Tausenden von Jahren kontinuierlich genutzt werden und die heute noch fruchtbare und ertragreiche Böden besitzen. Wir treffen in dieser ersten Phase der Bauerngesellschaften auf sehr wichtige Erfahrungen im Umgang mit Natur, die bis heute eine große Bedeutung haben und die deshalb nicht vergessen werden dürfen.

3. Die Entwertung des Landes durch die Entstehung von Städten und Hochkulturen

3.1 Fundamentale Veränderungen auf dem Land – warum?

Einige Tausend Jahre nach der Entstehung der Landwirtschaft entwickeln sich innerhalb der dezentralen und kleinen ländlichen Siedlungen auf einmal Städte, also dicht bebaute Siedlungen mit vielen Tausenden von Einwohnern, mit einer spezialisierten Wirtschaft und mit großen sozialen Unterschieden, die ihre ländliche Umgebung beherrschen. Die ersten Städte entstehen im Bereich des Fruchtbaren Halbmondes um 5000 v. Chr., und wenig später finden sie sich auch in fast allen Ursprungsregionen der Landwirtschaft auf der gesamten Erde (siehe Karte 3).[1]

In einem zweiten Schritt gibt es dann einen weiteren Entwicklungssprung, indem gut zweitausend Jahre später die ersten Großstädte der Welt entstehen, also Städte mit mehr als 100 000 Einwohnern, die Zentren von extrem zentralisierten und funktional stark ausdifferenzierten Hochkulturen sind.[2] Diese Entwicklung setzt um 3000 v. Chr. im Vorderen Orient und wenig später in Ägypten ein und erfasst wieder fast alle Regionen der Welt, in denen die Landwirtschaft entstanden ist.[3]

Der nächste große Entwicklungsschritt in der Menschheitsgeschichte setzt dann erst zu Beginn des 19. Jahrhunderts mit der Industriellen Revolution in Westeuropa ein, so dass die ab 3000 v. Chr. entstandenen Hochkulturen das menschliche Leben und auch das Landleben für sehr lange Zeit prägen.

Um das Landleben angemessen verstehen zu können, müssen wir nachvollziehen, warum überhaupt Städte entstehen und warum sich dann auch noch in einem zweiten Schritt Großstädte und Hochkulturen ausbilden. Aus heutiger Sicht erscheint diese Entwicklung leicht

Karte 3: **Die Regionen mit den ältesten Stadtstaaten und Hochkulturen**

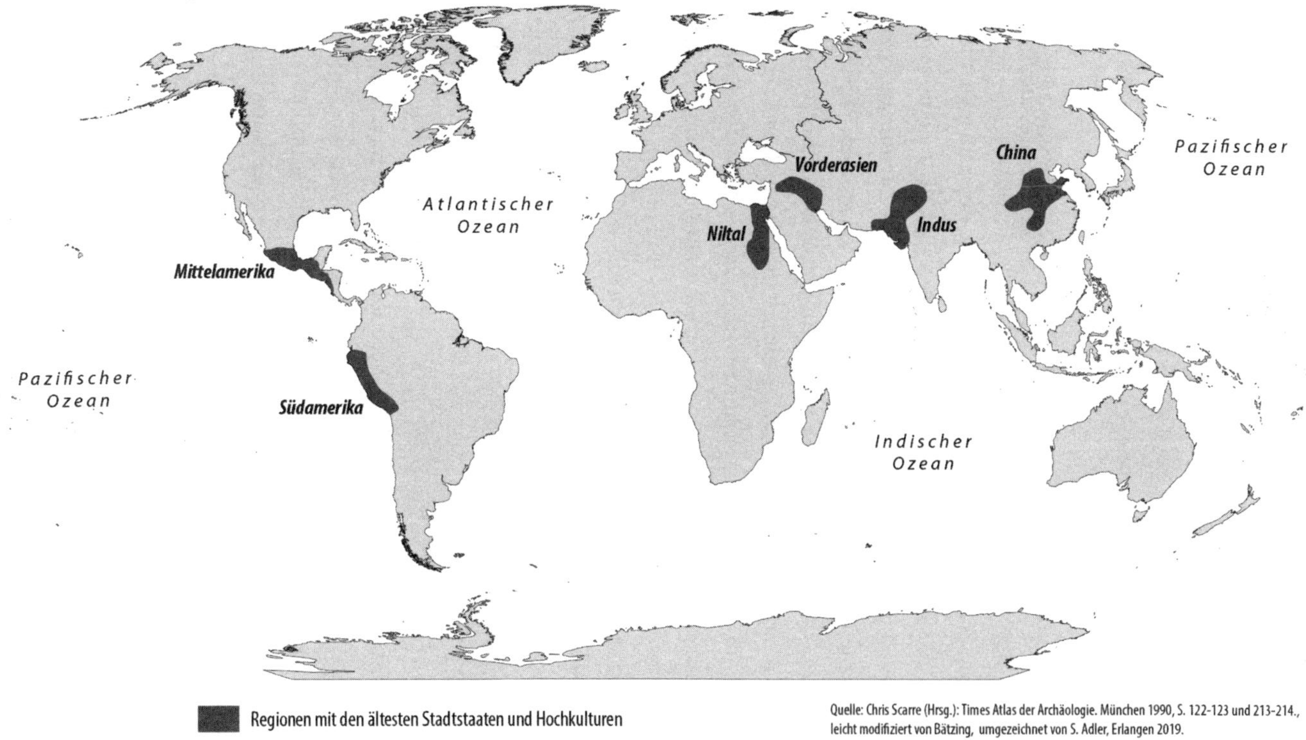

Quelle: Chris Scarre (Hrsg.): Times Atlas der Archäologie. München 1990, S. 122-123 und 213-214., leicht modifiziert von Bätzing, umgezeichnet von S. Adler, Erlangen 2019.

als völlig normal und selbstverständlich, nämlich als «Fortschritt». Aus der Sicht der frühen Bauerngesellschaften aber ist sie unverständlich und unvorstellbar, weil sie zentrale Eigenschaften ihrer Lebens- und Wirtschaftsform in Frage stellt und auflöst:

- Wieso entstehen neben den vielen kleinen und dezentralen Siedlungen auf einmal wenige und sehr große Siedlungen?
- Wieso entstehen aus wirtschaftlich selbständigen Dörfern jetzt von Im- und Exporten abhängige Städte?
- Wieso entsteht aus selbstversorgenden Haushalten, in denen alle Mitglieder alle Arbeiten machen, eine arbeitsteilige Wirtschaft, in der Spezialisten die zentralen Akteure sind?
- Wieso entstehen aus egalitär geprägten Dorfgemeinschaften städtische, in unterschiedliche Schichten gegliederte Gesellschaften?
- Wieso entstehen aus Gruppen gleichberechtigter Familien politische Herrschaftsstrukturen und am Schluss sogar mächtige Alleinherrscher?
- Wieso entstehen aus Tausenden von gleichberechtigten Einzelzellen, die nebeneinander im Raum liegen, auf einmal wenige und zentralistisch strukturierte Territorien und am Schluss sogar große Reiche?

Alle diese Fragen stellen sich in ihrer Schärfe nur dann, wenn man sie aus der Perspektive der frühen Bauerngesellschaften zu verstehen und zu beantworten sucht. Nur wenn dies gelingt, kann man auf eine angemessene Weise verstehen, was diese neue Entwicklung für die Geschichte der Menschheit und für das Landleben bedeutet. Andernfalls besteht die große Gefahr, dass man das Landleben viel zu selbstverständlich aus der städtischen Perspektive betrachtet und es dadurch fundamental entwertet.

3.2 Die Entstehung von Städten und Stadtstaaten

Je länger die Menschen Landwirtschaft betreiben und dabei täglich und jährlich neue Erfahrungen machen, desto besser verstehen sie die Naturprozesse, die Bedeutung der kleinräumigen natürlichen Unterschiede beim Boden, die Regelmäßigkeiten und Unregelmäßigkeiten bei Wetter und Klima, die Eigenschaften der Nutzpflanzen und Haustiere und die langfristigen Auswirkungen der landwirtschaftlichen Arbeiten. Und je besser sie die Prozesse verstehen, die sie in der Kulturlandschaft auslösen, desto besser können sie sie gestalten. Das betrifft den Erhalt der Bodenfruchtbarkeit, die Effizienz landwirtschaftlicher Arbeiten und die Ertragsfähigkeit der Nutzpflanzen und Haustiere. Dadurch steigert sich im Laufe der Zeit sowohl der Ertrag der Landwirtschaft (es werden mehr Lebensmittel auf einer bestimmten Fläche gewonnen) als auch die Effizienz der landwirtschaftlichen Arbeit (pro aufgewendeter Arbeitszeit werden mehr Lebensmittel gewonnen).

Dieser Prozess beginnt zuerst in den Ursprungsgebieten der Landwirtschaft, weil hier die Bedingungen für die Landwirtschaft optimal sind, und er folgt dann zeitverzögert der flächenhaften Ausbreitung der Landwirtschaft in die verschiedensten Richtungen der Erde. Lediglich in der Nähe der landwirtschaftlichen Grenzen der Erde endet er oder macht sich nur sehr schwach bemerkbar, weil die naturräumlichen Bedingungen hier so ungünstig sind, dass die Landwirtschaft nur schwer verbessert werden kann.

Die Erfahrungen mit der Landwirtschaft führen also im Laufe der Zeit dazu, dass die Menschen mehr Lebensmittel als vorher erzeugen können, ohne die ökologische Stabilität der Kulturlandschaft zu gefährden. Dies kann man dazu nutzen, einige Menschen im Dorf von der bäuerlichen Arbeit freizustellen, damit sie sich auf andere, besonders wichtige Tätigkeiten konzentrieren können. Dies sind in einer langen Anfangszeit Menschen, die den Kontakt zur übersinnlichen Welt herstellen können, denn diese Tätigkeit ist für Bauerngesellschaften von zentraler Bedeutung: Da Nutzpflanzen und Haustiere Gaben einer Gottheit sind, gelingt jede landwirtschaftliche Tätigkeit nur dann, wenn sie im Einklang mit der übersinnlichen Welt geschieht und von ihr unterstützt wird, und dazu werden fachkundige Vermittler benötigt. Rein theoretisch könnte man auch bestimmte Handwerker von der bäuerlichen Arbeit freistellen, aber dies macht nur selten Sinn, weil die Nachfrage nach spezialisierten Handwerksprodukten in einem Dorf meist viel zu klein ist.

Es sieht aber so aus, als ob die landwirtschaftlichen Ertragsteigerungen lange Zeit weniger dazu genutzt würden, um Spezialisten von der bäuerlichen Arbeit freizustellen, sondern in erster Linie dazu, die Bevölkerungszahl der Dörfer zu vergrößern. Je mehr Menschen in einem Dorf leben, desto mehr Arbeit kann in der Flur eingesetzt werden; durch die Intensivierung der Nutzung steigt der Ertrag pro Flächeneinheit, aber es werden auch sehr viel mehr Reparatur- und Pflegearbeiten erforderlich. Dadurch nimmt zwar die Effizienz der eingesetzten Arbeit wieder ab, aber dies wird von den Betroffenen offenbar bewusst in Kauf genommen, um eine möglichst große Dorfbevölkerung erreichen zu können. Am Ende stehen in allen landwirtschaftlichen Gunstregionen der Erde sehr hohe Bevölkerungsdichten, die mit langen täglichen Arbeitszeiten der Bauern verbunden sind.

Diese Strategie erscheint aus heutiger Sicht unvernünftig: Wieso wählt man stattdessen nicht eine deutlich geringere Intensität der Nutzungen, die der einzelnen Bauernfamilie eine geringere Arbeitszeit bei gleichem Ertrag ermöglichen würde? Der Grund dafür liegt in einer zentralen Eigenschaft des Landlebens: Bauerngesellschaften sind durch die täglichen landwirtschaftlichen Arbeiten an ihren Boden gebunden, können diesen nicht verlassen, können also Gefahren nicht ausweichen und sind daher sehr verletzbar.[4] Gleichzeitig besitzen sie mit ihren Lebensmittelvorräten und den Haustieren große Reichtümer, die leicht abtransportiert werden können. Für die Wildbeuter, die am Rande der Kulturlandschaft leben, stellen die Dörfer nach der Ernte sehr attraktive Orte dar, um sich mit Lebensmitteln zu versorgen. Je mehr Menschen in einem Dorf leben, desto einfacher ist es für die Dorfbevölkerung, dies zu verhindern. Deshalb macht es Sinn, eine möglichst große Dorfbevölkerung anzustreben – solange dies die Reproduktion der Kulturlandschaft durch Übernutzung nicht gefährdet; aber je mehr Menschen im Dorf zur Verfügung stehen, desto mehr Zeit lässt sich auch für die Pflege- und Reparaturarbeiten in der Kulturlandschaft aufwenden.

Auf diese Weise werden die ursprünglich ziemlich kleinen Dörfer immer größer, und man könnte denken, dass sich schließlich einige sehr große Dörfer zu Städten weiterentwickeln. Dies ist jedoch falsch: Aus immer größer werdenden Dörfern können nicht irgendwann einmal Städte werden, weil beide Lebensformen so unterschiedlich sind, dass ein allmählicher Übergang vom Dorf zur Stadt nicht vorstellbar ist. Daher ist es erforderlich, bei der Erklärung der Entstehung von Städten eine ganz andere Ursache zu suchen.[5]

Aus der Anfangszeit der Bauernkulturen sind im Fruchtbaren Halbmond sehr aufwendig gebaute Kultorte bekannt, die religiöse Zentren für ein sehr großes Gebiet darstellen. Hier treffen sich einmal im Jahr die Menschen aus einer großen Region, um gemeinsam bestimmte rituelle Zeremonien durchzuführen, die wahrscheinlich um die Fruchtbarkeit der Äcker, der Haustiere und der Menschen kreisen. Da diese Zeremonien tage- und wochenlang dauern, müssen sich die Menschen in dieser Zeit mit Lebensmitteln versorgen, die sie aus ihrem Dorf mitbringen. Da das Einzugsgebiet dieser Kultorte groß ist, treffen hier auf einmal Nahrungsmittel aus sehr unterschiedlichen Dörfern zusammen, die sonst nie an einem Ort zusammenkommen würden.

Es ist gut vorstellbar, dass sich aus solch überregionalen Kultorten im Laufe der Zeit zuerst periodische Märkte und dann Städte entwickeln: Solche Orte sind religiöse Zentren (die Stadt als kulturell-religiöses Zentrum für eine große Region); die wichtigsten Personen sind die Priester, die die Kulthandlungen durchführen (die Stadt, die durch Spezialisten geprägt wird); es treffen sich hier sehr viele verschiedene Menschen, die sich nicht persönlich kennen, die jedoch mittels einer gemeinsamen Religion miteinander verbunden sind (Größe und Heterogenität der Stadt sowie ihre Offenheit für Fremde); und solche Orte haben zwar Bezug zur direkten Umgebung, sind aber gleichzeitig auch Zentren für eine große Region (Stadt als Zentrum für überregionale Kommunikation und Austausch). Dabei steht die religiöse Zentralität am Anfang im Mittelpunkt und die wirtschaftlichen Aktivitäten besitzen nur eine dienende Funktion. Im Laufe der Zeit aber wird die wirtschaftliche Zentralität immer wichtiger, wobei die Städte jedoch bis zur Industriellen Revolution weiterhin wichtige religiöse Zentren bleiben.

Auf diese Weise könnte die Stadt entstanden sein – nicht aus einem Dorf heraus, weil dessen Lebens- und Funktionsweisen völlig quer zu denen einer Stadt stehen, sondern aus einem zentralen Kultort heraus, der als überregionales Zentrum bereits am Anfang alle diejenigen Charakteristika besitzt, die typisch für die spätere Stadt sind.

Wenn auf diese Weise ein Zentrum entsteht, dann setzt dies voraus, dass dieses Zentrum von den umliegenden Dörfern mit Lebensmitteln versorgt wird, denn andernfalls wäre es nicht lebensfähig. In der Zeit, in der die ersten Städte entstehen, ist die Landwirtschaft bereits so produktiv, dass deren Versorgung für die Bauern ohne große Probleme möglich ist. Aber es fragt sich natürlich, warum das Dorf überhaupt Lebensmittel an die Stadt abgeben soll. Dafür gibt es zwei Gründe: Erstens liegt im Kern der Stadt das zentrale Heiligtum, das religiöse Zentrum einer ganzen Region, das selbstverständlich mit Opfergaben (Lebensmitteln) versorgt wird. Zweitens kann die Stadt als ein befestigter Ort – ein vollständiger Mauerring ist ein sehr frühes Merkmal für eine Stadt – und als Standort von Spezialisten (Berufskriegern) den Dörfern der Umgebung militärische Sicherheit bieten, was diese mit Lebensmittellieferungen honorieren.

In einer solchen Situation, in der ein Kultort allmählich zu einer städtischen Siedlung wird, können sich die städtischen Elemente Arbeitsteilung und Spezialisierung im Bereich des Handwerks und des Handels gut entfalten (im Bereich der Landwirtschaft ist dies wegen der dezentralen Sonnenenergie nicht möglich).

Handwerk: Ein Handwerker, der mit allen verfügbaren Materialien (Stein, Holz, Wolle, Leinen, Leder usw.) arbeitet und der alle Produkte herstellt, die gerade vor Ort gebraucht werden, ist als Generalist auf eine breite Weise sehr geschickt. Ein Handwerker, der sich nur auf ein einziges Material und nur auf wenige Produkte konzentriert, ist wesentlich effizienter, er kann im Laufe der Zeit viel präziser arbeiten, und er wird die eingesetzte Technik auch leichter verbessern und dabei mehr Innovationen hervorbringen können als der Generalist. Deshalb steigt die Arbeitsproduktivität beim spezialisierten Handwerker beträchtlich an, und er entwickelt neue technische Fertigkeiten und Lösungen, die zuvor undenkbar waren.

Allerdings ist dieser große qualitative Sprung sehr voraussetzungsträchtig: Erstens muss der spezialisierte Handwerker von der landwirtschaftlichen Arbeit befreit sein, zweitens muss er problemlos seine Rohmaterialien in größeren Mengen erhalten (meist sind dies keine Alltagsmaterialien), drittens muss er genügend Abnehmer für seine spezialisierten Produkte finden, wozu er nicht nur Abnehmer in der eigenen Stadt, sondern auch in den Nachbarstädten braucht, so dass er viertens funktionierende Kommunikations- und Transportstrukturen zwischen den Städten benötigt. Oder kurz ausgedrückt: Der spezialisierte Handwerker benötigt die Stadt und besitzt ohne sie keine Existenzgrundlage.

Handel: Da es in der Stadt keine Selbstversorgung gibt und stets Produkte importiert (Lebensmittel, Rohstoffe) und exportiert werden (Handwerksprodukte), entwickelt sich der Kaufmann in der Stadt zum Spezialisten für den Handel mit Waren, die getauscht oder gekauft und wieder verkauft werden. Am Anfang sind dies Produkte aus der näheren und weiteren Umgebung der Stadt; dadurch können lokale Ungleichheiten – z. B. Ernteschwankungen aufgrund besonderer Wettersituationen – innerhalb einer Region ausgeglichen werden. Später weiten sich die Handelsbeziehungen aus, und es werden sehr unterschiedliche Produkte aus verschiedenartigen Regionen (Gebirgsregionen – Tiefländer oder Handwerkszentren mit unterschiedlichen Spezialisierungen) ausgetauscht oder wechselseitig ge- und verkauft. Dadurch erhöht sich das lokale Angebot an verfügbaren Lebensmitteln, Rohstoffen und Handwerksprodukten signifikant.

Auch diese Entwicklung ist sehr voraussetzungsträchtig: Erstens muss auch der Kaufmann von der landwirtschaftlichen Arbeit befreit sein, zweitens müssen ausreichend Waren für den Handel zur Verfügung stehen (in Selbstversorgerwirtschaften ist dies nicht der Fall), drittens müssen genügend kaufkräftige Abnehmer für die Waren vorhanden sein, und viertens benötigt auch der Kaufmann funktionierende Kommunikations- und Transportstrukturen zwischen den Städten. Auch hier gilt: Kaufleute benötigen die Stadt, genauer viele Städte, und haben ohne sie keine Existenzgrundlage.

Mit Arbeitsteilung und Spezialisierung sind also große Vorteile verbunden, nämlich eine starke Erhöhung der Arbeitsproduktivität, viele neue technische Innovationen und die Verfügbarkeit von Produkten aus sehr unterschiedlichen Regionen an einem Ort. Dadurch wird das Wirtschaften ertragreicher, und der Reichtum steigt an. Aber: Diese Vorteile lassen sich nur realisieren, wenn es Städte gibt. Selbst in sehr großen Dörfern haben Arbeitsteilungen und Spezialisierungen keine wirkliche Chance, weil Wirtschaften und Leben weiterhin auf Selbstversorgung ausgerichtet ist und der Bedarf an zusätzlichen Waren (Produkte von spezialisierten Handwerkern oder aus dem Fernhandel) ziemlich begrenzt ist. Die Stadt benötigt also nicht nur eine besonders hohe Konzentration von vielen Menschen auf engstem Raum, sondern auch Menschen, die keine Selbstversorgung betreiben, sowie – da die Nachfrage in einer einzelnen Stadt nach spezialisierten Produkten immer noch zu gering ist – eine Vielzahl von Städten, die über (Fern-)Handel miteinander verbunden sind, um die Vorteile von Arbeitsteilungen und Spezialisierungen voll zur Wirkung kommen zu lassen.[6]

Hat jedoch dieser Prozess erst einmal richtig begonnen, dann führt er schnell zu großen Selbstverstärkungen: Je spezialisierter Handwerker und Kaufleute arbeiten, desto effizienter und innovativer werden sie. Dadurch blüht das städtische Wirtschaften in kurzer Zeit auf und wird von einem hohen Bevölkerungswachstum begleitet, das bis zu Stadtgrößen von 50 000 Einwohnern führen kann. Deshalb werden die Städte zu attraktiven Zentren von Wirtschaft und Kultur, deren Glanz weit in die benachbarten Regionen hinein abstrahlt.

Aber die gesamte städtische Blüte setzt voraus, dass die Städte stets vom Land her mit Lebensmitteln versorgt werden – andernfalls wären sie nicht existenzfähig. Gibt es in der Anfangszeit wahrscheinlich gemeinsame Interessen von Dorf und Stadt – religiöses Zentrum und militärischer Schutz –, so wird dieses Verhältnis immer einseitiger, je größer die Stadt wird und je mehr Lebensmittel sie benötigt. Da die Stadt militärisch stark ist – große Einwohnerzahl, Handwerker, die hochwertige Waffen produzieren, und Berufskrieger, die damit umgehen können – und das Land sehr verletzbar ist, fällt es den Städten leicht, das Land militärisch zu beherrschen und die Bauern zur Abgabe von Lebensmitteln zu zwingen.

Auf diese Weise entsteht um eine Stadt herum ein Territorium, das von ihr militärisch, politisch und wirtschaftlich kontrolliert wird und das ihrer Lebensmittelversorgung dient. In den landwirtschaftlichen Gunstregionen der Erde bilden sich eine Vielzahl solcher Stadtstaaten heraus, die nebeneinanderliegen und die mittels Handel miteinander verbunden sind. Entlang der großen Flüsse und an den Meeresküsten sind solche Städte häufiger als im Binnenland, weil alle Waren auf dem Wasserweg leichter und schneller als auf dem Landweg transportiert werden können. In den Ungunstregionen der Erde entstehen dagegen keine Städte oder lediglich Ansätze einer Stadtentwicklung, weil die Landwirtschaft zu wenig ertragreich ist. Wenn hier aber zu einem späteren Zeitpunkt die Landwirtschaft intensiviert wird, dann bilden sich auch in diesen Regionen (z. B. in Mitteleuropa) Städte aus. An Größe und Glanz aber können sie es mit den Städten in den Gunstregionen der Erde nicht aufnehmen.

3.3 Die Entstehung von Großstädten, Hochkulturen und großen Reichen

Im Laufe der Zeit werden die Städte in den landwirtschaftlichen Gunstregionen größer, und sie erweitern ihre Territorien immer mehr. Ab einem gewissen Zeitpunkt treffen sie am Rand ihres Einflussgebietes auf das Einflussgebiet einer benachbarten Stadt, und es entstehen zuerst Grenzstreitigkeiten und später Machtkämpfe zwischen ihnen, die sich schließlich zum Kampf um die militärische, wirtschaftliche und religiöse Vorherrschaft in der gesamten Region entwickeln.[7] Nach einiger Zeit setzt sich dabei eine Stadt als Siegerin durch und unterwirft alle Konkurrenzstädte. Der erfolgreiche städtische Herrscher erlebt dadurch einen großen Machtzuwachs und wird zum Alleinherrscher. Seine Stadt erlebt einen großen Bedeutungszuwachs, sie verzeichnet ein ausgeprägtes Wirtschafts- und Bevölkerungswachstum (mehr als 100 000 Einwohner), und sie wird zur Hauptstadt eines großen Reiches, dessen Herrschaftsgebiet in vielen Fällen den gesamten Raum umfasst, der durch eine intensive Landwirtschaft genutzt wird, und der dort endet, wo keine intensive Landwirtschaft mehr betrieben werden kann.

Diese Entwicklung spielt sich zuerst in den Ursprungsregionen der Landwirtschaft – Zweistromland (Fruchtbarer Halbmond), China (Nord- und Südchina), Mittel- und Südamerika – sowie im landwirtschaftlich sehr intensiv erschlossenen Nil- und Industal ab, und sie erreicht mit einer gewissen Verzögerung auch andere, landwirtschaftlich intensiv genutzte Regionen der Erde.[8] In weltweiter Perspektive sind diese neuen Reiche zwar sehr groß, im Vergleich zu heute jedoch nicht riesig. Aber hier lebt aufgrund der sehr hohen Bevölkerungsdichte dieser Reiche seitdem die Mehrheit der Weltbevölkerung. Deshalb kann man sagen, dass diese Reiche ab jetzt die Geschichte der Menschheit dominieren.

Da diese neuen Strukturen einen quantitativen Sprung bei der bisherigen Maximalgröße einer Stadt und eines politischen Territoriums bedeuten, sind zusätzliche Impulse notwendig, um die Wachstumsgrenzen der bisherigen Städte zu überwinden. Dies sind die Entstehung der «hydraulischen Gesellschaften» und die Erfindung der Metallverarbeitung.

Hydraulische Gesellschaften sind städtisch geprägte Gesellschaften, in denen ein Herrscher seine politische Macht, seine spezialisierten Beamten und Zehntausende von abhängigen Bauern nutzt, um riesige wasserbauliche Maßnahmen durchzuführen.[9] Damit können erstmals Gebiete an großen Flüssen auf eine sehr intensive Weise landwirtschaftlich genutzt werden, was lokalen Bauerngesellschaften aufgrund ihrer begrenzten Möglichkeiten (Zahl der Arbeitskräfte und technische Mittel) zuvor nicht möglich war. Und zusätzlich werden umfangreiche wasserbauliche Maßnahmen in weiteren Räumen durchgeführt, um lokale Wasserengpässe durch regionale Wasserverbindungen zu beheben. Dadurch erhöht sich die Leistungskraft der Landwirtschaft sprunghaft – die neu gewonnenen Flächen ermöglichen besonders hohe Erträge –, und zugleich erleichtern die neuen Wasserwege den Transport von Lebensmitteln aus ländlichen Gebieten in die Städte. Damit werden bisherige Versorgungs- und Transportgrenzen aufgehoben, und gleichzeitig vergrößert der politische Herrscher seine Macht, denn dadurch steigt die Zahl seiner Untertanen und sein wirtschaftlicher Ertrag erheblich an.

Metalle, besser gesagt erzhaltige Gesteine mit einem Metallglanz, haben den Menschen schon sehr früh fasziniert, und sie werden bereits von Wildbeutern für kultische Zwecke verwendet. Kupfergegenstände werden ab 5500 v. Chr. hergestellt und dienen in erster Linie religiösen Zwecken, da Kupfer relativ weich ist. Um 3300 v. Chr. entdeckt man die Bronze (90 % Kupfer, 10 % Zinn), die so hart ist, dass man daraus Werkzeuge und Waffen herstellen kann, die den bisherigen Stein-/Holzwerkzeugen und -waffen deutlich überlegen sind. Deshalb wird die Bronzeproduktion schnell zu einer relevanten Wirtschaftstätigkeit.

Allerdings ist ihre Produktion sehr aufwendig. Im ersten Schritt muss das erzhaltige Gestein ober- oder unterirdisch im Bergwerk abgebaut werden, was oft in Gebirgen geschieht, da hier das erzhaltige Gestein gut sichtbar ist und nicht von Vegetation verdeckt wird. Im zweiten Schritt erfolgt die Verhüttung in einem Schmelzofen bei sehr hohen Temperaturen, um aus dem Gestein das Roherz zu gewinnen. Da man dafür sehr viel Holz benötigt, stehen die Öfen oft am Fuß des Gebirges an einem Fluss, der den Erz- und Holztransport erleichtert. Und im dritten Schritt werden Rohkupfer und Rohzinn zu Werkzeugen und Waffen verarbeitet, was oft in der Stadt geschieht. Für die Bronzeprodukte sind also (ohne Holzfäller und Transportarbeiter) drei unterschiedliche Typen von Spezialisten an drei verschiedenen Standorten und sehr viel Transportleistungen zwischen diesen Standorten nötig, was sehr ausgeprägte räumliche Arbeitsteilungen und berufliche Spezialisierungen verlangt. Da die Bronzewerkzeuge die Produktivität der menschlichen Arbeit und Bronzewaffen die Kampfkraft der Krieger beträchtlich erhöhen, stellt der große Aufwand für ihre Herstellung jedoch kein Hindernis dar.[10]

Es liegt auf der Hand, dass ein solch komplexer Prozess von der Stadt aus organisiert und geleitet werden muss, weil nur hier das Wissen um extrem arbeitsteilige Tätigkeiten vorhanden ist. Und der städtische Herrscher, der die Herstellung von Bronzegegenständen erfolgreich kontrolliert, erhält schnell einen doppelten Machtgewinn: Zum einen steigt sein Reichtum, zum anderen seine militärische Macht.

Diese beiden technischen Entwicklungen – die Wasserbauten der hydraulischen Gesellschaften und die Metallverarbeitung –, die sich parallel zum Aufblühen der Städte allmählich entfalten, verstärken also die städtischen Prinzipien Arbeitsteilung und Spezialisierung noch einmal sprunghaft. Sie beflügeln damit die Stadtentwicklung, stärken den städtischen Herrscher und verleihen der Stadt offenbar den entscheidenden Impuls, so dass sie sich zur Großstadt weiterentwickeln kann.

Eine Großstadt mit der dazugehörigen Hochkultur und einem großen Reich ist aber nicht einfach ein größer gewordener Stadtstaat, sondern eine völlig neue Gesellschaftsform: Während das Dorf zu klein und zu selbstgenügsam für Spezialisten ist, ist der Stadtstaat so groß, dass in den einzelnen Bereichen jeweils einzelne Spezialisten erfolgreich existieren können. Eine Großstadt besitzt dann aber eine solche Größe, dass es in jedem einzelnen Teilbereich viele Spezialisten gibt, die gleichzeitig neben- und miteinander arbeiten. Das bedeutet, dass sich Spezialisten jetzt erstmals mit ihren Spezialisten-Kollegen aus dem gleichen Fachgebiet austauschen können. Diese völlig neue Form der beruflichen Interaktion führt dazu, dass sich die verschiedenen arbeitsteiligen Funktionen weiter beschleunigt ausdifferenzieren. Damit sind immer größere Effizienzsteigerungen in Wirtschaft, Handel und Verwaltung verbunden, so dass sich schließlich eigenständige Teilbereiche mit je spezifischen Strukturen und Zielsetzungen ausbilden. Dies sind in den Hauptstädten der frühen Hochkulturen die folgenden Bereiche:

- *Politik:* Sitz des absoluten Herrschers im Palast im Zentrum der Hauptstadt mit zentralistisch ausgeprägten Hierarchiestufen. Ziel: Erhalt der Herrschaft.
- *Verwaltung:* Zentralistischer Verwaltungsapparat mit spezialisierten Beamten. Ziel: Kontrolle der Abgaben der Bauern, Vorratshaltung und Versorgung der städtischen Bevölkerung mit Lebensmitteln.
- *Wirtschaft:* Zentrum für spezialisierte Handwerker und Händler (untergliedert in verschiedene Branchen mit je eigenen Strukturen). Ziel: Versorgung der Stadt mit spezialisierten Waren aller Art.
- *Recht:* Ausbildung eines eigenen Rechtssystems (Gesetze) mit Richtern, die auf dieser Grundlage Recht sprechen. Ziel: Effektive Lösungen für die zahllosen Konflikte, die es täglich in einer Großstadt gibt.
- *Religion:* Ausbildung einer Hochreligion mit heiligen Schriften und mehreren Hierarchiestufen bei den Priestern. Ziel: Verehrung der Götter und des Herrn der Schöpfung, der zugleich weltlicher Herrscher ist, und Aufrechterhaltung der göttlichen Ordnung.

- *Wissenschaft:* Systematische Naturbeobachtungen durch spezialisierte Priester. Ziel: Bessere Naturnutzung durch bessere Naturkenntnis (noch nicht vollständig als eigener Teilbereich ausgebildet und zur Religion gehörig).
- *Militär:* Aufbau von Spezialtruppen (Berufskrieger), die in der Nähe des Palasts stationiert sind. Ziel: Herrschaftssicherung und Erhalt der öffentlichen Ordnung.

Diese Ausdifferenzierung von Teilbereichen zu eigenen Subsystemen, in denen jeweils unterschiedliche Spezialisten in großer Zahl tätig sind, führt in kurzer Zeit zu gewaltigen Folgeinnovationen, die anfangs überhaupt nicht vorstellbar waren und die die menschliche Kultur bis heute prägen. Aus der Vielzahl der Innovationen sei hier nur ein Beispiel herausgegriffen.

Zahl und Schrift entstehen zu dem Zeitpunkt, an dem die Menge der von den Bauern abgelieferten Lebensmittel so groß wird, dass man sie nicht mehr überschauen und auf die herkömmliche Weise zählen kann. Zugleich gibt es bei den Verwaltungsbeamten, die diese Waren annehmen, registrieren, ins Lager stellen, die Lagerbestände überprüfen und Lebensmittel ausgeben, mehrere Hierarchiestufen, weshalb die Beamten der höheren Stufe die Beamten auf den unteren Stufen auf eine einfache Weise kontrollieren müssen, um persönliche Bereicherungen zu verhindern. Diese existentiell wichtige Aufgabe führt in allen Hochkulturen der Erde zur Entwicklung von zwei Zeichensystemen, nämlich zu Zeichen für Mengenangaben oder Quantitäten (Punkt-/Strichsysteme) und zu Zeichen für Inhaltsangaben oder Qualitäten (Bildsymbole). Wenn Lebensmittel in großen Tongefäßen aufbewahrt werden und diese mit einem Siegel verschlossen werden, auf dem die Quantität und die Qualität des Inhalts vermerkt ist, dann lassen sich auch sehr große Lebensmittelmengen leicht verwalten und kontrollieren.

Nach einiger Zeit entwickeln sich aus den ersten Zeichen die Zahlen, aus den zweiten Zeichen zuerst Silbensymbole und später Buchstaben bzw. die Schrift, wobei die konkreten Lösungen dafür in den verschiedenen Hochkulturen extrem unterschiedlich ausfallen.

Nachdem sich Zahl und Schrift innerhalb der Verwaltung durchgesetzt haben, entdecken die Spezialisten bald, dass man damit noch ganz andere Dinge machen kann als Abgaben zu kontrollieren: Zahlen ermöglichen es, Naturprozesse und Naturveränderungen viel genauer als vorher zu erfassen (z. B. im Bereich der Astronomie und der Wetterbeobachtungen). Dadurch lassen sich wichtige Landwirtschaftstermine wie der richtige Tag der Aussaat präziser berechnen oder Regelhaftigkeiten beim Klima besser erkennen und die Vorratshaltung effizienter gestalten.[11] Letztlich sind die Zahlen, die in den frühen Hochkulturen als Vereinfachung für die Verwaltung erfunden wurden, die Grundlage für die späteren Naturwissenschaften.

Die Schrift ermöglicht es, menschliche Erfahrungen und Erkenntnisse aufzuschreiben und auf schriftlichem Wege weiterzugeben. Zuvor war dies nur auf mündliche Weise möglich, und wenn ein sehr erfahrener Mensch starb, ohne seine Erfahrungen vorher weitergegeben zu haben, dann war dieses Wissen verloren. Deshalb sorgt die Erfindung der Schrift für eine sehr viel sichere Weitergabe von Erfahrungen, die sogar Räume und Zeiten überspringen kann. Darüber hinaus ermöglicht die Existenz der Schrift die Entstehung von Literatur und Kunst, und dadurch entsteht eine völlig neue Möglichkeit, wie der Mensch über sich selbst und seine Stellung in der Welt nachdenken und reflektieren kann. Wichtige Ansätze dazu finden sich in vielen frühen Hochkulturen.

Hochkulturen wissen sehr genau um ihre Besonderheit gegenüber anderen, weniger entwickelten Gesellschaften und inszenieren diese oft in spektakulären Formen. Dies sind sehr komplexe religiöse Riten mit Zehntausenden von Mitwirkenden in riesigen Tempelanlagen oder Huldigungszeremonien für den Herrscher beim Besuch von Gesandten aus fernen Staaten im riesigen Palast, der mit unendlich kostbaren Materialien ausgeschmückt ist. Stets sollen die sehr großen Zahlen der Beteiligten, die extrem großen und repräsentativen Gebäude, der extrem aufwendig gearbeitete Schmuck oder die sehr komplizierten Zeremonienabläufe der gesamten Welt zeigen, dass eine solche Hochkultur in allen Bereichen extrem spezialisiert ist und dass sie auf dieser Grundlage in allen Bereichen Spitzenleistungen hervorbringt, was normalen Stadtstaaten nicht möglich ist. Damit demonstrieren diese Inszenierungen die kulturelle Überlegenheit der jeweiligen Hochkultur über alle anderen Gesellschaften, und sie gelten ihr als Beweis dafür, dass sie zu Recht an der Spitze der gesamten Welt steht und dass ihr Herrscher von Gott eingesetzt bzw. gottgleich ist.

Das Erstaunliche dabei ist: Obwohl Hochkulturen perfekt organisiert sind und eine sehr große militärische Macht besitzen, sind sie nicht besonders langlebig und brechen spätestens nach einigen hundert Jahren wieder zusammen – es handelt sich bei ihnen nach einem sehr alten, aber treffenden Ausdruck um «Kolosse auf tönernen Füßen».[12]

Über die Ursachen dieser Zusammenbrüche ist sehr viel nachgedacht und spekuliert worden. Man kann sagen, dass die Ursachen, die dafür gefunden werden, mindestens ebenso sehr vom jeweiligen Zeitgeist wie von geschichtlichen Analysen geprägt sind.[13] Derzeit sind zwei Erklärungen für den Untergang großer Reiche besonders häufig, nämlich der Klimawandel (länger anhaltende Trockenperioden) und die Übernutzung der landwirtschaftlichen Ressourcen.[14] Beide Erklärungen erscheinen spontan sehr plausibel, weil diese Probleme aus der Gegenwart gut bekannt sind, so dass es leicht vorstellbar ist, dass es sie auch bereits früher gegeben haben muss. Auch wenn nicht auszuschließen ist, dass diese beiden Ursachen eine gewisse Rolle beim Untergang großer Reiche spielen, so greift es doch zu kurz, sie als alleinige Ursachen anzusetzen – Hochkulturen funktionieren anders als unsere moderne Gesellschaften, und dies gilt es zu berücksichtigen.

Es gibt zwei große strukturelle Schwachstellen im System der Hochkulturen: Die erste ist die Kontinuität der Herrschaft. Falls der Alleinherrscher stirbt, bevor ein Nachfolger bestimmt und allgemein anerkannt ist, setzen zwischen konkurrierenden Teilen der Herrscherfamilie heftige Kämpfe um seine Nachfolge ein, die sich zu regelrechten Kriegen auswachsen können. Dabei werden immer wieder die Kulturlandschaften des «Gegners» systematisch vernichtet (Zerstörung der Be- und Entwässerungskanäle, Vergiften von Brunnen, Abholzung der Obstbäume, Verbrennen der Ernte, Tötung der Haustiere), um seine wirtschaftliche Basis zu schwächen. Durch diese Kämpfe kann ein großes Reich schnell destabilisiert werden.

Die zweite Schwachstelle ist die Herrschaftssicherung in der Peripherie: Da Hochkulturen stets mit Gewalt herrschen – «totaler Terror» und «totale Unterwerfung» sind ihre Herrschaftsgrundlagen[15] – besteht überall das große Bedürfnis, diesem System der Herrschaft mit seinen hohen Zwangsabgaben zu entgehen. Je weiter entfernt eine Region vom Zentrum einer Hochkultur entfernt ist, desto schwieriger wird ihre permanente militärische Kontrolle, da die An- und Abmarschzeiten der Truppen vom Zentrum in die Peripherie sehr lang werden, die Truppen jedoch regelmäßig ausgetauscht werden müssen, um persönliche Verbindungen zwischen Besatzern und Bevölkerung zu verhindern.

In der Regel werden in der Peripherie nur solche Regionen wirtschaftlich und militärisch in eine Hochkultur integriert bzw. von ihr unterworfen, die hohe landwirtschaftliche Erträge bringen und die zugleich militärisch gut zu beherrschen sind. Gebirgsregionen, die sich leicht verteidigen lassen, Steppen- oder Waldregionen, in denen die Menschen flexibel in die Tiefe des Raums ausweichen können, oder Sumpfregionen mit dichter Vegetation, die für größere Menschengruppen nur schwer zu begehen sind, sind für Hochkulturen wirtschaftlich wenig interessant und vor allem militärisch kaum dauerhaft zu beherrschen. Ihre Bewohner verfügen über «die Kunst, nicht beherrscht zu werden»[16], also über die Kunst, sich der Herrschaft der Hochkulturen zu entziehen und sich selbst auf egalitäre Weise zu verwalten. Sie bilden am Rand der großen Reiche permanente Unruheherde, weil ihr Beispiel den unterworfenen Bauerngesellschaften immer wieder vor Augen führt, dass eine Zentralherrschaft nichts Selbstverständliches ist. Deshalb nutzen die Beherrschten jede Gelegenheit – Kriege um die Nachfolge des Alleinherrschers, Naturkatastrophen, durch Klimawandel ausgelöste Probleme, feindliche Einfälle von außerhalb –, um sich der Zentralherrschaft zu entziehen und wieder selbständig zu werden. Dies kann zu Kettenreaktionen führen, die ein großes Reich schnell destabilisieren.

In solchen Krisenzeiten, die in Hochkulturen immer wieder auftreten, kann es der Zentralmacht gelingen sich durchzusetzen und die alte Herrschaft wieder aufzubauen, oder ein neuer Herrscher kann die Oberhand gewinnen und eine neue Zentralherrschaft aufbauen. Falls beides nicht gelingt, zerfällt ein solches Reich, und es entstehen auf seinem Gebiet im Zentrum wieder kleine Stadtstaaten und in der Peripherie wieder egalitäre Bauerngesellschaften. Da sich die Stadtstaaten aber nach einer gewissen Zeit der Erholung wieder anfangen zu bekriegen, setzt der Machtkampf um die Vorherrschaft erneut ein, und die Entwicklung beginnt sich zu wiederholen.

3.4 Zur Entwertung des Landes durch die Stadt

Mit der Entstehung der Stadt und der Hochkulturen entsteht erstmals in der Geschichte der Menschheit ein Unterschied zwischen dem Leben auf dem Land und dem Leben in der Stadt.

Die Stadt steht dabei für Arbeitsteilungen, Spezialisierungen und Ausdifferenzierungen der verschiedensten Funktionen, für Effizienz, für Gelehrsamkeit und Literatur, für Reichtum, Glanz und Großartigkeit, aber auch für totale Macht, Herrschaft und Unterdrückung, für ausgeprägte gesellschaftliche Gegensätze, für Überheblichkeit und Arroganz und für eine große Naturferne.

Das Land steht dabei für Selbstversorgung ohne Arbeitsteilungen und Spezialisierungen, für eine räumliche Einheit von Leben und Wirtschaften in überschaubaren Größenordnungen, für ein generationenübergreifendes Wirtschaften, für traditionellen Hausverstand, für ein Leben in Selbstgenügsamkeit ohne Reichtum, für egalitäre Strukturen und für Naturnähe, also für das Wissen um die Notwendigkeit der ökologischen Reproduktion der Kulturlandschaft.

Eigentlich würden sich beide Lebensformen auf eine gleichberechtigte Weise wechselseitig ergänzen. Aber aus der Sicht der Stadt – und ganz besonders aus der Sicht der Hauptstadt einer Hochkultur – steht das Land für Rückständigkeit (fehlende Spezialisierungen), für Borniertheit (traditionelles ganzheitliches Denken anstelle von Spezialistentätigkeiten), für stumpfe Armut (fehlender Reichtum und Glanz) und für Unkultur (Fehlen von Schrift, Bildung, Literatur und Kunst). Oder anders ausgedrückt: Die Stadt hat sich weiterentwickelt (Fortschritt), das Land ist stehengeblieben (Rückschritt) und daher minderwertig. Aus der Sicht der Stadt gibt es auf dem Land nur ein barbarisches Leben ohne Kultur, denn Kultur ist identisch mit städtischer Kultur, und das Leben auf dem Land ist bestenfalls die Vorstufe zum eigentlichen menschlichen Leben, nämlich zum städtischen Leben. Dadurch wird das Landleben in allen seinen Aspekten total entwertet.

Das Erstaunliche an diesem Bild ist, dass die Städter gar nicht sehen, dass die Erfindung der Landwirtschaft sowie die Schaffung und permanente Stabilisierung der Kulturlandschaften eine sehr große Kulturleistung bedeutet, dass es ohne dezentrale Dörfer gar keine Stadt gäbe und dass das Land mit seiner Lebensmittelproduktion die materielle Grundlage für das gesamte städtische Leben darstellt. Die Städter machen die Grundprinzipien ihrer eigenen Kultur und ihres eigenen Lebens zum Maßstab für das Land und übersehen dabei, dass die Stadt gar nicht wirklich eigenständig existieren kann, besser ausgedrückt: Sie verdrängen ihre Abhängigkeit vom Land, weil andernfalls ihre eigene Großartigkeit weniger absolut und weniger strahlend wäre. Insofern kann man sagen, dass das Welt- und Selbstbild der Städter die Realität nur auf eine verzerrte Weise wahrnimmt.

Und noch etwas fällt bereits bei den frühen Hochkulturen auf: Arbeitsteilungen und Spezialisierungen können nur dann ihre produktive Kraft («Fortschritt») entfalten, wenn die spezialisierten Teilbereiche weiterhin auf das städtische Leben und Wirtschaften in seiner Gesamtheit bezogen bleiben, wofür in den traditionellen Hochkulturen der Alleinherrscher sorgt. Wenn sich die einzelnen Subsysteme dagegen vom Gesamtsystem abkoppeln, sich verselbständigen und eigene Ziele anstreben, dann werden sie schnell kontraproduktiv und (selbst-) zerstörerisch. Das bedeutet, dass Arbeitsteilungen und Spezialisierungen nicht prinzipiell und immer einen Fortschritt darstellen, wie es das städtische Selbstbild annimmt, sondern dass dies nur dann der Fall ist, wenn der Bezug zum gesamten städtischen Leben und Wirtschaften aktiv gewahrt bleibt.

Das negative Bild des Landes, das mit der Entstehung der Städte und der Hochkulturen in die Welt kommt, ist also ein realitätsfernes Bild, das den Städten eine falsche Grundlage ihrer Existenz suggeriert. Aber es ist ein sehr wirkmächtiges Bild, das ab diesem Zeitpunkt für sehr lange Zeit die Sicht auf das Land in großen Teilen der Erde prägt und das auch in Europa heute noch tief in der kollektiven Erinnerung verankert ist.

4. Die Gleichwertigkeit von Land und Stadt im mittelalterlichen Europa

4.1 Die europäische Sonderentwicklung ab dem Jahr 1000

Europa hat bislang in dieser Geschichte des Landlebens keine Rolle gespielt, weil es weitab von den Zentren der Entstehung von Landwirtschaft, Städten und Hochkulturen liegt und deshalb alle Neuerungen hier immer erst mit großer Verspätung eintreffen: Die Landwirtschaft breitet sich vom Fruchtbaren Halbmond auf dem Weg über das Mittelmeer und über den Balkan in Europa erst ab 6800 v. Chr. (Griechenland), 5500 v. Chr. (Deutschland) und 4000 v. Chr. (England) aus und erreicht um 2500 v. Chr. lediglich den Süden Skandinaviens. Städtische Kulturen sind in Südeuropa zahlreich zu finden, sie sind in Mitteleuropa schon seltener und in Nordeuropa fast gar nicht vorhanden, und lediglich derjenige Teil Europas, der in das Römische Reich eingegliedert wird, wird einige Jahrhunderte lang durch eine Hochkultur geprägt.

Um das Jahr 1000 n. Chr. setzt in Europa jedoch eine neue Entwicklung ein, die den Charakter einer Revolution besitzt und die als europäische Sonderentwicklung bezeichnet werden kann.[1] Nachdem die Angriffe auf Europa aus dem Süden (Araber, Sarazenen) und dem Osten (Ungarn) abgewehrt sind, erlebt Europa eine große Blütezeit, die durch ein relativ warmes Klima mit guten Bedingungen für die Landwirtschaft noch zusätzlich gefördert wird.

Ab 1000 n. Chr. (Süd- und Westeuropa) bzw. ab 1100 n. Chr. (Ost- und Nordeuropa) werden alle Landwirtschaftsflächen erheblich ausgeweitet, und es entstehen zahllose neue Bauernhöfe, Weiler und Dörfer. Parallel dazu werden die Arbeitsteilungen ausgebaut, der Handel blüht auf, und es kommt zu zahlreichen Neugründungen von Städten. Dieser Aufschwung ist mit einer vielfältigen kulturellen Blüte und mit einer von Neugier und Innovationsbereitschaft getragenen Grundstimmung verbunden. Zwischen den Jahren 1000 und 1348 vervierfacht sich nicht nur die europäische Bevölkerung, sondern es findet in dieser Zeit auch ein außergewöhnlich kontinuierliches und ausgeprägtes Wirtschaftswachstum statt, das es vorher in diesem Raum nicht gegeben hatte und das später nur noch im Zeitalter der Industriellen Revolution wieder erreicht und übertroffen wird. Damit wandelt sich der Stellenwert Europas in der Welt fundamental: War Europa zuvor stets ein relativ armer und kulturell relativ wenig entwickelter Raum gewesen, so gehört es im 14. Jahrhundert mit zu den führenden Wirtschafts- und Kulturregionen der Erde.

Zwei Punkte sind bei dieser Entwicklung aus der Sicht des Landlebens besonders wichtig:

Im Gegensatz zu allen anderen Hochkulturen der Erde, die durch ein einziges Machtzentrum dominiert werden, gelingt es in Europa keiner Macht, die Herrschaft über ganz Europa zu erringen. Der Kampf um die Vorherrschaft in Europa prägt zwar mit zahlreichen Kriegen die gesamte europäische Geschichte, aber er endet in der Regel auf eine mehr oder weniger unentschiedene Weise, so dass in Europa stets einige große, eine Reihe von mittleren und zahlreiche kleine Territorien nebeneinander existieren. Und im Unterschied zur übrigen Welt, wo politische Grenzen in der Regel immer auch harte kulturelle Grenzen darstellen, ist Europa durch die gemeinsame griechisch-jüdisch-christliche Tradition geprägt, die die Verbindung zwischen den verschiedenen Territorien als Einheit in der Vielfalt herstellt.

Parallel dazu entstehen in Europa sowohl auf dem Land als auch in der Stadt sogenannte «genossenschaftliche Strukturen» oder «Kommunen», also Zusammenschlüsse gleichberechtigter Bauern und Bürger, die gemeinsam ihre Interessen – «Gemeiner Nutzen, Hausnotdurft, Friede, Freiheit und Gerechtigkeit» – gegen die weltlichen und kirchlichen Herren artikulieren.[2] Auch wenn sich diese Genossenschaften fast nirgendwo politisch durchsetzen können,[3] so sorgen sie doch dafür, dass Herrschaft in Europa selten wirklich absolut werden kann und immer – meist auf sehr komplizierte Weise – stärker oder schwächer eingegrenzt ist. Dadurch erhalten dezentrale Entwicklungen und Initiativen von kleineren sozialen Gruppen sehr viel größere Entfaltungsmöglichkeiten als in den traditionellen Hochkulturen.

Das Fehlen eines alles dominierenden Machtzentrums und die Kommune-Bewegung sind wichtige Voraussetzungen dafür, dass im mittelalterlichen Europa – im Gegensatz zu allen anderen Hochkulturen der Erde – die Städte nicht das Land dominieren. Stattdessen entwickelt sich hier ein einigermaßen gleichberechtigtes Verhältnis zwischen Land und Stadt, bei dem sich beide Male jeweils eigene, spezifische Lebensformen ausbilden, die sich wechselseitig ergänzen.

Dabei gibt es allerdings innerhalb Europas relevante Unterschiede: In Südeuropa und im Mittelmeerraum, wo es zwischen dem Römischen Reich und dem Mittelalter keinen Traditionsbruch gibt, dominieren die Städte das Land, und unter Kultur wird hier bis heute «städtische Kultur» verstanden. In West- und Osteuropa ist die Position des Landes stärker als in Südeuropa, aber die Städte dominieren das Land auch hier. In Mittel- und Nordeuropa stehen Land und Stadt meist gleichwertig zueinander und ergänzen sich wechselseitig. Und in extremen Lebensräumen mit wenigen und kleinen Städten, die zudem schwer militärisch zu kontrollieren sind – Alpen, Nordseeküste, Nordskandinavien, Island –, bilden sich sogenannte «Bauernrepubliken», die wirtschaftlich, politisch und militärisch vom Land her dominiert werden.[4] Allerdings verlieren diese Territorien meist noch im Mittelalter ihre Selbständigkeit.

Aus diesen Gründen gibt es in Europa eine andere, neue Entwicklung als in der übrigen Welt der Hochkulturen. Während der gesamte, von Arbeitsteilungen und Spezialisierungen getragene Fortschritt üblicherweise im Zentrum eines großen Reiches konzentriert ist und hier auf eine zentralistisch-hierarchische Art und Weise weiter perfektioniert wird, ermöglichen die ganz anderen europäischen Verhältnisse eine Entwicklung, die von den Betroffenen selbst aktiv vorangetrieben wird und die deshalb nicht auf die größten Städte konzentriert bleibt.

Während es in traditionellen Hochkulturen nur jeweils eine einzige, nämlich die «richtige» Art und Weise gibt, wie Dinge ausgeführt werden (müssen) – und diese ist wegen den hierarchischen Strukturen nur schwer veränderbar –, gibt es in den verschiedenen Regionen Europas stets unterschiedliche Ausführungen. Und da in Europa viele Menschen – Handwerker, Scholaren, Wissenschaftler, Geistliche, Künstler – auf der Grundlage der gemeinsamen griechisch-jüdisch-christlichen Tradition sehr mobil sind, regt die europäische Vielfalt die Menschen dazu an, die verschiedenen Ausführungen miteinander zu vergleichen, die jeweils beste Ausführung oder Lösung für ein Problem zu suchen und sich dabei nicht von der traditionell «richtigen» Ausführung blockieren zu lassen.

Dies ist die Ursache für eine sehr hohe Innovationsfähigkeit, durch die Europa in relativ kurzer Zeit das Niveau der am weitesten entwickelten Hochkulturen der Erde erreicht. Für das Landleben ist dabei von besonderer Bedeutung, dass diese Entwicklung dezentral geprägt ist und dass das Land daran vollen Anteil hat, so dass wichtige europäische Innovationen ihren Ursprung auch auf dem Land haben. Deshalb ist das Land hier keineswegs eine rückschrittliche, in sich verharrende oder dumpfe Provinz, sondern es hat vollen Anteil am großen europäischen Aufbruch im Mittelalter.

4.2 Die Intensivierung der Landwirtschaft: Dreifelderwirtschaft

Da die Strukturen des Landlebens, die ab dem Jahr 1000 entstehen, bis in die Mitte des 19. Jahrhunderts hinein bestehen bleiben, geht das Mittelalter auf dem Land erst in dieser Zeit zu Ende. Aus diesem Grund sind die mittelalterlichen Strukturen heute keineswegs tiefste, abgeschlossene Vergangenheit, sondern sie prägen – meist in Reliktformen – bis in unsere Gegenwart hinein das Landleben, die Siedlungen und die Kulturlandschaften. Deshalb werden sie jetzt etwas ausführlicher dargestellt.

Zwischen dem 5. und 9. Jahrhundert gibt es in Europa eine geringe Bevölkerungsdichte und relativ wenige Städte, die gesamte Wirtschaft ist wenig entfaltet und stark auf Selbstversorgung hin ausgerichtet. Viele Bauern nutzen in dieser Zeit eine Parzelle nur zwei bis drei Jahre lang als Acker, dann einige Jahre als Weide, bis wieder ein Wald entsteht, der nach dreißig bis fünfzig Jahren abgebrannt (Asche als Dünger) und dann erneut für kurze Zeit als Acker genutzt wird.[5] Diese arbeitsextensive Form der Landwirtschaft erbringt wenig Überschüsse und dient der Selbstversorgung.

Da in dieser Zeit die ausgefeilten, sehr produktiven Anbautechniken der römischen Landwirtschaft bei den Bauern wieder in Vergessenheit geraten (sie machen im Rahmen einer Selbstversorgung keinen Sinn), ist der schnelle Aufschwung Europas, der eine sehr produktive Landwirtschaft voraussetzt, eigentlich überraschend. Aber es gibt in Europa zahlreiche Klöster, die im Gegensatz zu ähnlichen Strukturen in Asien der Maxime «Ora et labora» (Bete und arbeite) verpflichtet sind.[6] Deshalb betreiben sie immer auch Landwirtschaft – die klösterlichen Betriebe sind im Vergleich mit den bäuerlichen Betrieben ausgeprägte Großbetriebe –, sie sind mit anderen Klöstern des gleichen Ordens europaweit vernetzt (intensiver Austausch von Produkten, Erfahrungen und Personen), und die Mönche können lesen und schreiben und besitzen in ihren Bibliotheken die wichtigsten Texte römischer Schriftsteller zur Landwirtschaft. Aus diesen Gründen sind die Klosterwirtschaften in der Lage, den hohen Stand der römischen Landwirtschaft zu pflegen und zu tradieren, so dass diese Erfahrungen in Europa nicht abreißen. Dies betrifft besonders die Lab- oder Hartkäseproduktion, den Wein-, Obst- und Gemüsebau und die Karpfenzucht, die im Rahmen einer Selbstversorgung eher geringe Bedeutung besitzen, die aber wichtig werden, wenn wieder intensivere Land-Stadt-Verbindungen und überregionale Handelsbeziehungen aufgebaut werden. Dank der Klöster können die Bauern trotz der langen Phase der Selbstversorgung schnell wieder den hohen Stand der römischen Landwirtschaft erreichen.

Der Aufschwung ab dem Jahr 1000 spielt sich im Rahmen der «Grundherrschaft» ab, die kurz zuvor entsteht und die Europa als dezentral-kleinräumige Struktur (das Gebiet einer Grundherrschaft umfasst oft nur wenige Dörfer) bis ins 19. Jahrhundert hinein prägt: Ein Grundherr, ein Adliger oder ein geistlicher Herr, der auf einer Burg oder einem Kloster sitzt (Abbildungen 3 und 4), besitzt das Obereigentum über den Boden. Den kleineren Teil seiner Flächen lässt er durch einen Verwalter (Meier) bewirtschaften, den größeren Teil verleiht er an Grundholde oder Bauern, die den Boden als Untereigentum landwirtschaftlich nutzen. Dabei gibt es eine wechselseitige Verpflichtung: Der Grundherr stellt den Boden, unterstützt die Grundholde bei Naturkatastrophen und Unglücksfällen und sorgt für ihre militärische Sicherheit («Schutz und Schirm»), die Grundholde bewirtschaften den Boden, ohne ihn zu verschlechtern, und liefern dem Herren Abgaben (den «Zehnten») und Arbeitsleistungen («Hand- und Spanndienste»). Das Verhältnis zwischen Grundherrn und Grundholden ist nicht nur ein wirtschaftliches, sondern es umfasst mit Verwaltung, Polizeigewalt, Gerichtsbarkeit und Religion das gesamte Leben.[7]

Der große Aufschwung führt dazu, dass die Landwirtschaft im Rahmen des Systems der Grundherrschaft nicht nur räumlich stark ausgeweitet (Vergrößerung der Kulturlandschaften, meist durch Waldrodungen), sondern auch hochgradig intensiviert wird (größerer Arbeitseinsatz pro Parzelle in Verbindung mit verbesserten Bewirtschaftungsformen). Dadurch wird der Ertrag der Landwirtschaft so hoch, dass nicht nur die Bevölkerungsdichte auf dem Land steigt, sondern dass auch die Menschen in den Städten miternährt werden können, die in dieser Zeit überall neu gegründet werden und die meist schnell wachsen. In dieser Zeit entsteht das System der Dreifelderwirtschaft, das als arbeitsintensives und ertragreiches System die Ernährung Europas sichert und dessen Relikte sich bis heute erhalten haben.

Die Dreifelderwirtschaft besteht aus dem Dorf, den drei Feldern und der Allmende (Abbildung 5):

Dorf: Das Dorf ist mit einem «Etter» (Zaun) gegenüber der Flur abgegrenzt. Hier liegen die Bauernhöfe, die vom Grundherrn an die jeweiligen Grundholde verliehen wurden und die nicht vermehrt werden können. In der Zeit der Nutzungsintensivierung erlauben es die Grundherren, dass Höfe geteilt werden, und es entstehen Viertel-, Achtel- und manchmal auch Sechzehntelhöfe, aber ab einer gewissen Mindestgröße wird dies untersagt, weil im Rahmen der Grundherrschaft ein Hof so groß sein soll, dass eine Bauernfamilie davon leben kann. Während die Höfe ursprünglich auf eine lockere Weise nebeneinanderstehen, führen die Hofteilungen im Laufe der Zeit dazu, dass dicht zusammengebaute, unregelmäßige Haufendörfer entstehen. Zwischen den Gebäuden bzw. am Dorfrand liegen Gartenparzellen, die als einzige Flächen in der gesamten Flur von einer Familie auf individuelle Weise genutzt werden können.

Felder: Direkt um das Dorf herum befinden sich auf den fruchtbarsten Böden die Ackerflächen, die in drei gleich große «Felder» eingeteilt sind: Auf dem ersten Feld wird im Herbst das Wintergetreide ausgesät, das im nächsten Spätsommer viel Ertrag bringt; auf dem zweiten Feld wird im Frühjahr das Sommergetreide ausgesät, das im gleichen Spätsommer weniger Ertrag bringt; das dritte Feld ist das Brachfeld, das vom Vieh des gesamten Dorfes beweidet wird. Alle drei Felder werden abwechselnd als Winter-, Sommer- und Brachfeld genutzt, wodurch die Bodenfruchtbarkeit aller Äcker langfristig gesichert wird (Regeneration des Bodens im Brachjahr plus Düngung durch den Weidegang der Tiere und durch den Viehdung, der im Winter in den Ställen anfällt und im Frühjahr auf die Felder gebracht wird).

Wiesen: Während das Vieh im Winter bislang notdürftig mit Laubheu – abgeschnittene und getrocknete Zweige von Laubbäumen – gefüttert oder durchgehungert wurde, entstehen jetzt Wiesen zur Heugewinnung, und zwar an Standorten, die für den Ackerbau zu feucht sind oder die regelmäßig überschwemmt werden. Mittels künstlicher Bewässerung wird ihr Ertrag deutlich erhöht, wodurch der Ertrag der Viehwirtschaft dank verbesserter Winterfütterung spürbar steigt.

Allmende: Jenseits der Ackerflächen breitet sich die Allmende aus, auf der das Vieh des gesamten Dorfes gemeinsam weidet und wo der Wald gemeinschaftlich genutzt wird. Dabei gibt es kollektive Nutzungsformen (Gemeindehirten betreuen das Vieh des gesamten Dorfes), familiäre Nutzungsformen (das Vieh der einzelnen Höfe weidet getrennt voneinander auf der Allmende und wird durch Kinder betreut) oder Mischformen.

Da die Allmende nicht gedüngt, vielmehr ihr regelmäßig Biomasse entzogen wird (Viehweide, Sammlung von Streue im Wald, Gewinnung von Laubheu), hagert der Boden hier im Laufe der Zeit aus, während gleichzeitig der Boden der Ackerflächen mit Nährstoffen angereichert wird. Diese Entwicklung ist gewollt, damit die Ackerflächen einen guten Ertrag bringen, während die Böden der Allmende dadurch zwar etwas weniger produktiv werden, aber keineswegs ihre Fruchtbarkeit verlieren. Da das Gebiet der Dreifelderwirtschaft von Natur aus fast flächendeckend eine mittlere Bodengüte aufweist, erhöht diese Nutzungsform langfristig sogar die Artenvielfalt, da sich auf der Allmende zahlreiche Pflanzen und Tiere ausbreiten, die auf magere Böden angewiesen sind und die in der Naturlandschaft nur auf sehr kleinen Sonderstandorten existieren können.

Damit ein Hof langfristig überleben kann, benötigt er Garten-, Acker- und Wiesenparzellen und den Zugang zur Allmende. Bei den Ackerflächen benötigt ein Hof in allen drei Feldern Parzellen, um jedes Jahr genügend Getreide ernten zu können. Und um das Risiko von Wetterzufälligkeiten und Naturereignissen zu minimieren, verfolgen die Bauern zusätzlich noch die Strategie, ihre Parzellen innerhalb der drei Felder möglichst weit zu streuen, damit in feuchten Jahren wenigstens die trockeneren und in trockenen Jahren die feuchteren Flächen genügend Ertrag bringen und damit bei einem Unwetter nur ein Teil, nicht aber gleich die gesamte Ernte zerstört wird. Deshalb gibt es im Bereich der Äcker sehr viele kleine Parzellen, die aus Gründen der leichteren Bewirtschaftung mit dem Pflug als lange schmale Streifen ausgebildet sind. Die gesamte Ackerflur ist in drei Felder oder «Gewanne» unterteilt, und diese sind wiederum in mehrere größere Blöcke untergliedert, die jeweils aus zahllosen langen und schmalen Parzellen bestehen. Diese für die Dreifelderwirtschaft typische Flurform nennt man «Gewannflur». Da es keine Wege innerhalb der drei Felder gibt, müssen sich die Bauern in Bezug auf die Nutzung ihrer Parzellen absprechen, jeweils das gleiche Getreide anbauen und gemeinsam mit Saat und Ernte beginnen («Flurzwang»).

Bei diesem Landwirtschaftssystem ist jeder einzelne Hof sehr eng auf die Zusammenarbeit mit den anderen Höfen des Dorfes angewiesen: Sowohl die gemeinsame Bewirtschaftung der drei Felder als auch die gemeinsame Nutzung der Allmende erfordern viele Absprachen und ein ausgeprägtes gemeinschaftliches Handeln – andernfalls wäre das Überleben der einzelnen Höfe und des gesamten Dorfes nicht möglich. Diese Absprachen betreffen einerseits die ganz normale Organisation der täglichen landwirtschaftlichen Arbeiten, andererseits Maßnahmen zur langfristigen Erhaltung der Bodenfruchtbarkeit und zur Abwehr von kurzfristigen oder egoistischen Interessen einzelner Höfe. Da viele Höfe ähnlich groß sind und alle Höfe das gleiche Interesse der langfristigen Existenzsicherung verfolgen, gelingt es häufig, die gemeinsamen Interessen durchzusetzen.

Die Notwendigkeit der permanenten Absprache führt im Laufe der Zeit dazu, dass sich die Bauern eines Dorfes immer mehr als gleichberechtigte Genossenschaftler verstehen, dass sie immer selbstbewusster werden und immer mehr Angelegenheiten, die sie selbst betreffen, in Eigenverantwortung zu regeln versuchen. Ist die Grundherrschaft schwach, dann können die Bauern eine Reihe von Rechten gegen ihre Herren durchsetzen. Ist sie dagegen stark, dann fällt dies sehr viel schwerer. In einigen Regionen gelingt es der Dorfgenossenschaft, die Besetzung des Amtes des Dorfvorstehers oder Bürgermeisters selbst zu bestimmen; um Machtmissbrauch innerhalb des Dorfes zu verhindern, wechselt dieses Amt dann regelmäßig, wobei nach einem festen Turnus oft jeder Hof eines Dorfes für ein Jahr den Bürgermeister stellt. In anderen Regionen bestimmt dagegen der Grundherr allein den Dorfvorsteher, und in vielen anderen Regionen kommt es zu Mischformen. Dieses System der gemeinsamen Absprachen ist die Grundlage des «Kommunalismus»,[8] der das ländliche Europa bis zur Industriellen Revolution mehr oder weniger stark prägt, auch wenn der endgültige Erfolg – die Abschaffung der Grundherrschaft – nicht gelingt.

Grundherrschaft und Dreifelderwirtschaft sind also ein komplexes System, das einen hohen Lebensmittelertrag mit Überschüssen produziert, das die Gleichheit aller Höfe gewährleistet und die Umwelt nicht übernutzt, sondern sich für die dauerhafte ökologische Stabilisierung der Kulturlandschaft verantwortlich fühlt. Da dieses System nicht auf zentralistische Weise von oben gesteuert wird, besitzt es eine erhebliche Flexibilität, um auf Klimaveränderungen, wirtschaftliche Schwankungen und andere Veränderungen dezentral reagieren und Innovationen aller Art hervorbringen und integrieren zu können.

Die hohen Lebensmittelerträge der Dreifelderwirtschaft verhindern jedoch nicht, dass es bei besonders ungünstigen Klimasituationen trotzdem zu großen Ertragsausfällen kommt, die immer wieder zu Hungerkrisen führen (vor allem, wenn dies durch Kriege und Wirtschaftskrisen noch verstärkt wird). Dies passiert zwar nur in größeren zeitlichen Abständen, aber die Erinnerung daran prägt den bäuerlichen Alltag; diese hohe Abhängigkeit der Landwirtschaft von der Natur verschwindet erst im 20. Jahrhundert. Und die Hofteilungen führen im Laufe der Zeit dazu, dass viele Höfe so klein werden, dass das Leben dort nur wenig über dem Existenzminimum liegt. Die relativ wenigen ungeteilten Höfe, die weiterhin existieren, gelten dann als großbäuerliche Höfe, und es entstehen erste soziale Unterschiede im Dorf. Der Zwang der gemeinsamen Absprache bedeutet auch einen sozialen Zwang – wer sich nicht in das, was die Dorfgenossenschaft für richtig hält, einfügt, hat im Dorf kein gutes Leben oder muss das Dorf verlassen.

4.3 Alt-/Jungsiedelräume und Vergetreidung/Vergrünlandung

Die Herausbildung der Dreifelderwirtschaft ist jedoch kein gesamteuropäisches Phänomen, sondern beschränkt sich auf die sogenannten Altsiedelräume. Das sind Räume in Süd- und Westeuropa, in Südengland und im westlichen Mitteleuropa, die ein etwas wärmeres und trockeneres Klima haben und die deshalb dem Ackerbau vergleichsweise günstige Bedingungen bieten. Diese Altsiedelräume sind bereits in prähistorischen Zeiten dichter besiedelt, und sie werden später oft ins Römische Reich integriert. Auch hier gehen zwar vom 5. bis zum 9. Jahrhundert die Einwohnerzahlen deutlich zurück, aber es verbleiben doch so viele Menschen vor Ort, dass die Besiedlung nicht abreißt und die Traditionen nicht abbrechen Die Entwicklung der Dreifelderwirtschaft bedeutet hier eine große Siedlungsverdichtung und Nutzungsintensivierung.

Jungsiedelräume sind in Europa diejenigen Räume, die ein kühleres und feuchteres Klima aufweisen. Da der Ackerbau hier erhebliche Schwierigkeiten vorfindet, besitzt die Viehwirtschaft eine größere Bedeutung als in den Altsiedelräumen. Dies wird dadurch gefördert, dass vor etwa 5000 Jahren im Raum Ungarn eine Mutation im menschlichen Erbgut auftritt, die es den dortigen Bauern ermöglicht, Milch zu trinken und zu verdauen. Dadurch wird dieses Nahrungsmittel – und damit die Viehwirtschaft – erheblich aufgewertet. Diese Mutation verbreitet sich in Europa schnell in Räumen mit ausgeprägter Viehwirtschaft, dringt aber eher langsam in die Altsiedelräume und besonders spät nach Südeuropa vor.[9]

Jungsiedelräume sind in Europa die Gebirge (Mittelgebirge und Teile der Hochgebirge[10]), die Küstenregionen an Nordsee und kaltem Atlantik, großflächig vermoorte Regionen (Relikte der Eiszeit), der Norden und Nordwesten der Britischen Inseln, das östliche Mitteleuropa, große Teile von Osteuropa sowie Nordeuropa. Diese Räume sind vor der Römerzeit nur dünn besiedelt und werden selten oder lediglich randlich ins Römische Reich integriert; zwischen dem 5. und 9. Jahrhundert – und besonders während der Völkerwanderungszeit – gibt es hier nur wenige und manchmal auch gar keine Siedlungen. Die Neubesiedlung dieser Räume wird ab 1000 n. Chr. von den Grundherren organisiert, die Bauern aus den Altsiedelräumen anwerben und hier ansiedeln, und diese wandeln im Verlauf von wenigen Generationen die Natur großflächig in Kulturlandschaft um. Die Siedlungsdichten werden bald so groß, dass die kleine frühere Bevölkerung kulturell und politisch vollständig überprägt wird und hier neue Wirtschafts- und Gesellschaftsstrukturen entstehen.[11]

Die grundherrschaftlich gelenkte Neubesiedlung der Jungsiedelräume führt zu regelmäßigen Siedlungs- und Flurformen, die auf die planmäßige Besiedlung zurückgehen und die sich bis heute sehr deutlich von den unregelmäßigen Formen der Altsiedelräume unterscheiden.[12]

Streusiedlungen liegen häufig in Gebirgs- oder Hügelgebieten. Sie bestehen aus einer größeren Zahl von Einzelhöfen, die jeweils in einem gleichmäßigen Abstand voneinander entfernt liegen (das meist unregelmäßige Relief lässt diese Regelhaftigkeit oft nicht sichtbar werden), und einem kleinen Weiler, der als Zentrum funktioniert (Gasthaus, Kirche und zwei, drei Höfe). Jeder Hof liegt inmitten seiner eigenen, von ihm bewirtschafteten Flur, die aus großen, rechteckigen Parzellen oder Blöcken besteht (Blockflur).

Wald-, Marsch-, Moorhufendörfer sind Siedlungsstrukturen, bei denen die Höfe in gleichmäßigem Abstand entlang einer Linie (Straße, Weg) als eine oder als Doppelreihe aufgereiht sind. Der Begriff «Hufe» bezeichnet eine Nutzfläche, die so groß ist, dass eine Bauernfamilie davon leben kann. Die Flur jedes Hofes bildet einen einzigen langen Streifen, der sich quer zur Siedlungslinie erstreckt und der zuerst aus den Hof- und Gartenflächen, dann aus den Acker- und Weideflächen und zum Schluss aus dem hofeigenen Wald besteht. Die Siedlungslinie ist bei den Waldhufendörfern, die sich sehr häufig in Mittelgebirgen finden, ein Bach, und die Streifenfluren ziehen sich quer zum Bach den

Hang hinauf bis zum nächsten Grat. Die Marschhufendörfer liegen in den See- und Flussmarschen (Gebieten, die im Naturzustand in größeren zeitlichen Abständen vom Meer überschwemmt werden) entlang eines Entwässerungsgrabens, der zusammen mit den Deichen dazu dient, dieses sehr fruchtbare Land gegen das Meer abzusichern und zu hohe Grundwasserstände zu verhindern. Die Moorhufendörfer erstrecken sich ebenfalls entlang eines Entwässerungsgrabens, der das Moor trockenlegen und in Kulturland umwandeln soll. Marsch- und Moorhufendörfer besitzen die gleichen Streifenfluren wie die Waldhufendörfer; sie erstrecken sich jedoch auf ebenen Flächen.

Straßen- und Angerdörfer entstehen meist in Landschaften mit geringen Reliefunterschieden, und ihre Lage orientiert sich an einer (Durchgangs-)Straße. Zu beiden Seiten der Straße stehen die Höfe in regelmäßigen Abständen voneinander, und ihre Fluren erstrecken sich als Streifenflur im rechten Winkel zur Straße, wobei ihre Untergliederung der der Waldhufendörfer ähnlich ist. Das Angerdorf unterscheidet sich vom Straßendorf lediglich dadurch, dass sich die Straße in der Dorfmitte weitet und einen länglichen Platz (Anger) ausbildet, auf dem oft der Dorfteich liegt. Wenn es eine Straßenkreuzung gibt, dann können Straßen- und Angerdörfer auch komplexere Formen annehmen.

Da die Bauernhöfe entweder in der Mitte der hofeigenen Flur (Streusiedlung) oder direkt an ihrem Rand liegen (Marschhufen- bis Angerdörfer), wird hier kein Flurzwang benötigt, und auch die gemeinsame Allmende besitzt hier eine viel geringere Bedeutung als im Altsiedelraum, weil die Höfe über eigene Weide- und Waldparzellen verfügen. Die Bauern im Jungsiedelraum können daher viel eigenständiger als im Altsiedelraum wirtschaften und handeln. Dies führt aber andererseits auch dazu, dass sich keine festen Genossenschaftsstrukturen im Dorf ausbilden, weil die tägliche Notwendigkeit der Absprache fehlt. Deshalb besitzt im Jungsiedelraum der Hof den zentralen Stellenwert, die Dorfgenossenschaft existiert nur in einer schwachen Form, und der Grundherr verfügt hier über eine relativ mächtige Position, die er in der Regel dazu nutzt, mehr Abgaben von seinen Höfen zu verlangen.

Damit unterscheidet sich das Landleben in den Alt- und Jungsiedelräumen sehr deutlich voneinander: Hier gibt es größere, unregelmäßige Haufendörfer, dort regelmäßig angelegte Siedlungen mit eher geringeren Einwohnerzahlen; hier gibt es stark parzellierte Gewannfluren, dort relativ große Block- und Streifenfluren; hier spielt die Allmende eine große, dort lediglich eine untergeordnete Rolle; hier wird das Dorfleben von der Dorfgenossenschaft geprägt, dort stehen die einzelnen Bauernhöfe im Zentrum. Diese Unterschiede sind heute oft noch spürbar. Auf der anderen Seite gibt es aber auch wichtige Gemeinsamkeiten: In beiden Räumen lebt ein normaler Hof nur wenig über dem Existenzminimum, die Gefahr einer Hungerkatastrophe ist stets präsent, und die soziale Kontrolle – sei es durch die Dorfgenossenschaft, sei es durch den Hof – prägt das bäuerliche Leben.

Durch das hohe Städtewachstum im hohen und späten Mittelalter steigt auch die Nachfrage nach Lebensmitteln und Rohstoffen in Europa. Das Land liefert deshalb vermehrt seine Produkte in die Stadt, und gleichzeitig bezieht es mehr spezialisierte Handwerksprodukte und Fernhandelswaren aus der Stadt. Ausdruck dieser intensivierten Land-Stadt-Beziehungen sind die zahlreichen Märkte, die in dieser Zeit neu entstehen oder die jetzt sehr viel häufiger als früher als Wochenmärkte abgehalten werden.

Im 14. und 15. Jahrhundert reagiert die europäische Landwirtschaft auf diese verstärkte Nachfrage und beginnt erstmals räumliche Spezialisierungen zu entwickeln.

In unmittelbarer Nähe zur Stadt entsteht auf den besten Böden ein spezialisierter Gemüsebau in gartenbauähnlichen Formen, der sehr arbeitsintensiv, zugleich aber auch sehr ertragreich ist. Gleichzeitig werden die weniger guten Böden in Stadtnähe für Waldflächen gesichert und genutzt, aus denen die Stadt ihren großen Bedarf an Holz und Holzkohle deckt.[13] Orte mit besonders guten naturräumlichen Bedingungen konzentrieren sich auf die Veredelung von Obstbäumen

(Pfropfen und Okulieren) und verkaufen ihre Produkte auf überregionalen Märkten (Abbildung 6).

In guter Erreichbarkeit zur Stadt konzentriert sich die Landwirtschaft auf den Ackerbau, weil dieser pro Flächeneinheit mehr Kalorien erzeugen kann als die Viehwirtschaft. Allerdings kann die Landwirtschaft die Viehhaltung nicht vollständig aufgeben, weil sie den Viehdung braucht, um die Fruchtbarkeit der Äcker dauerhaft zu erhalten, und weil sie auch auf die Arbeitsleistung der Tiere angewiesen ist. Diese Entwicklung führt dazu, dass die Ackerflächen gegenüber der Allmende deutlich vergrößert werden, was als Vergetreidung bezeichnet wird.[14]

In schlechter Erreichbarkeit zur Stadt konzentriert sich die Landwirtschaft dagegen auf die Viehwirtschaft, weil einige ihrer Produkte gut über größere Entfernungen in die Stadt zu transportieren sind. Dies betrifft einmal den hochwertigen und lange haltbaren Lab- oder Hartkäse (Produktionsgebiete in Holland und im Schweizer Hirtenland am feuchten Nordrand der Alpen), der als Nahrung für Seefahrer eine große Rolle spielt, und zum anderen riesige Schaf-, Rinder- und Ochsenherden, die teilweise über sehr große Entfernungen in die Städte Europas getrieben werden.[15] Diese Entwicklung führt dazu, dass die Landwirtschaft in den Marschengebieten an den Küsten, am Nordrand der Alpen und in größeren Teilen von Osteuropa den Ackerbau reduziert, die Wiesenflächen und die künstliche Bewässerung vergrößert[16] und die Viehwirtschaft deutlich ausweitet, was als Vergrünlandung bezeichnet wird.

In Süd- und Westeuropa gibt es weitere Innovationen, die ebenfalls dazu dienen, die dortige Landwirtschaft besser auf die steigende Nachfrage aus den Städten auszurichten, wie z. B. die Entstehung der «mezzadria» in der italienischen Toskana oder der Ausbau der transhumanten Schafhaltung in Spanien.[17] Daneben werden die landwirtschaftlichen Erzeugnisse aus dem Anbau von Sonderkulturen für das aufblühende Gewerbe sehr wichtig. Dies betrifft besonders Flachs und Hanf, in Südeuropa die Seidenraupenzucht auf Maulbeerbäumen sowie Färbepflanzen, deren Anbauflächen in Form von Gartenparzellen vergrößert werden.[18]

Mit diesen Innovationen reagiert die Landwirtschaft auf den steigenden Bedarf in den Städten und richtet einen Teil ihrer Produktion bereits im 14. und 15. Jahrhundert auf diese Nachfrage aus.[19] Trotzdem wird die Selbstversorgung nicht aufgegeben, sondern in reduzierter Form weitergeführt, damit in Krisen- und Notzeiten die Ernährung der eigenen Familie gesichert ist – dies ist für ein traditionelles bäuerliches Denken selbstverständlich. Es ist dadurch möglich, im Bedarfsfall die genannten Spezialisierungen zurückzunehmen und wieder zur Selbstversorgung zurückzukehren, weil die Flächen dafür zur Verfügung stehen (die Struktur der Dreifelderwirtschaft bleibt erhalten), Saatgut und Nutztiere vor Ort existieren und die nötigen Bewirtschaftungskenntnisse weiterhin vorhanden sind.

Diese neue Situation steht zwischen einer reinen Selbstversorgung, wie sie noch im 9. Jahrhundert existiert, und einer reinen Marktwirtschaft, wie sie in der Landwirtschaft erst ab 1960 anzutreffen ist (siehe Seite 125 ff.). Deshalb ist es sinnvoll, diese Form als «marktoffene Selbstversorgerwirtschaft» zu bezeichnen.[20] Damit wird die Produktivität der Landwirtschaft noch einmal erhöht, und der intensive wechselseitige Austausch zwischen Land und Stadt fördert die Entwicklung in *beiden* Räumen.

Gerade aus heutiger Sicht ist zu betonen, dass es im mittelalterlichen Europa auf dem Land (abgesehen von einigen peripheren Regionen mit ungünstigen Bedingungen für die Landwirtschaft) keine archaischen oder rückständigen Verhältnisse gibt. Das Land ist genauso innovativ oder modern wie die Stadt, und die enge wechselseitige Verflechtung zwischen ihnen wirkt sich als Vorteil für Land *und* Stadt aus.

An dieser Stelle, an der wichtige Umbrüche im traditionellen Landleben dargestellt werden, ist es sinnvoll, einen Blick auf das Verhältnis zwischen Bauer und Bäuerin zu werfen, da auch hier wichtige Veränderungen auftreten. Auf einem Bauernhof sind traditionellerweise die

Arbeits- und Aufgabenbereiche von Mann und Frau deutlich getrennt: Der Bauer ist für die körperlich schweren Arbeiten auf dem Hof, in der Flur und im Wald, die Bäuerin für die Hauswirtschaft – Kleinvieh am Hof, Milchverarbeitung, Gartennutzung, Vorratshaltung – und den Haushalt zuständig. Der Bauer vertritt die Interessen des Hofes nach außen (in der Genossenschaft und gegenüber dem Grundherrn), die Bäuerin nach innen (Verfügungsgewalt über den Hof einschließlich der Knechte und Mägde). Die Arbeitsbereiche von Mann und Frau ergänzen sich wechselseitig und nutzen die unterschiedlichen Qualitäten der beiden Geschlechter, um einen Hof optimal bewirtschaften und erhalten zu können. Die beiden Formen der Interessenvertretung des Hofes nach außen und nach innen sind in Zeiten der Selbstversorgung gleich wichtig, so dass beide Geschlechter zwar unterschiedliche Aufgaben wahrnehmen, aber gleichwertig sind.[21]

Dies ändert sich jedoch, wenn ein Hof ein Stück weit von der Selbstversorgung abrückt: Diejenigen Produkte, die nicht dem Eigenbedarf dienen, sondern die von vornherein für den Verkauf produziert werden, werden Männerarbeit, selbst wenn es sich um traditionelle Frauenarbeit handelt. Das bekannteste Beispiel dafür ist die Entstehung der Hartkäserei im Schweizer Hirtenland im Rahmen der Vergrünlandung: Als im 14./15. Jahrhundert Hartkäse auf der Alp zum Zweck des Verkaufs hergestellt werden, übernehmen Männer (Sennen) die traditionell weibliche Tätigkeit der Milchverarbeitung, und ganz Europa lacht darüber, dass auf den Schweizer Alpen Männer Frauenarbeit machen und verspottet die Sennen als «Milchbengel», «Kuesbueben» oder «Kueswenze».[22]

Das bedeutet, dass mit der Öffnung der Selbstversorgerwirtschaft für die Marktproduktion die traditionelle Gleichwertigkeit zwischen Mann und Frau zu Lasten der Frau eingeschränkt wird – mit ökonomischen sind stets auch soziale und kulturelle Veränderungen verbunden.

4.4 Das Aufblühen von Handwerk und Gewerbe auf dem Land

Es wurde bereits erwähnt, dass die Landwirtschaft nicht nur Lebensmittel, sondern auch Rohstoffe für Handwerk und Gewerbe produziert. Mit dem beträchtlichen Anstieg der Bevölkerung und der Entstehung zahlreicher Städte ab dem Jahr 1000 werden diese Rohstoffe immer stärker nachgefragt, und sie besitzen bald eine relevante Position innerhalb der traditionellen Landwirtschaft. Ihr Anbau geschieht entweder auf Gartenparzellen am Dorfrand, die zu diesem Zweck vergrößert werden, oder auf speziellen eingezäunten Parzellen innerhalb der Allmende, die nicht dem Flurzwang unterliegen und als Sondereigentum genutzt werden.

Handwerk und Gewerbe blühen auch in Europa auf der Grundlage von Arbeitsteilung und Spezialisierung auf. Dabei wird die europäische Entwicklung dadurch geprägt, dass die Wassermühle hier bereits im 8. und 9. Jahrhundert eine gewisse Verbreitung besitzt und der große wirtschaftliche Aufschwung ab dem Jahr 1000 mit einer Vervielfachung der Wassermühlen und einer Weiterentwicklung der Mühlentechnik einhergeht. Wassermühlen sind zwar eine Erfindung der traditionellen Hochkulturen, aber sie können von ihnen wegen Wassermangels oft nur begrenzt eingesetzt werden. In Europa sorgen dagegen die zahllosen ganzjährig fließenden Gewässer dafür, dass Wassermühlen optimal eingesetzt werden können, und die Grundherren engagieren sich für ihre dezentrale Verbreitung.[23]

Diese Wassermühlen werden nicht nur zum Mahlen von Getreide, sondern auch zum Sägen, Schleifen, Stampfen, Walken, Hämmern und zu vielen weiteren nichtlandwirtschaftlichen Tätigkeiten genutzt. Das sich entwickelnde Handwerk nutzt in Europa gezielt die Wassermühle, um durch sie menschliche Arbeitskraft zu ersetzen. Je weiter die Mühlentechnik entwickelt wird, desto besser gelingt es, immer mehr Arbeitsvorgänge durch Wassermühlen ausführen zu lassen. Im 18. Jahrhundert gibt es schließlich in Europa fast an jedem Bach eine ganze Kette von Wassermühlen. Das romantische Bild «Es klappert die Mühle am rauschenden Bach» ist jedoch ein Zerrbild, weil es die Mühlen als Getreidemühlen und als Ausdruck eines einfachen Landlebens ansieht, obwohl es sich meist um hochspezialisierte Gewerbemühlen handelt, die den technischen Fortschritt repräsentieren. Damit sind in Europa schon früh Handwerk und Gewerbe sehr eng mit Technik verbunden, und dadurch steigt ihre Produktivität schnell an.

Aufgrund immer weiterer Arbeitsteilungen und Spezialisierungen entwickeln sich in einigen Branchen aus Handwerksbetrieben schließlich große Gewerbebetriebe. Der erste Schritt in diese Richtung besteht in der Auflösung der räumlichen Einheit von Handwerksbetrieb und Hauswirtschaft (der Handwerksmeister und seine Gesellen und Lehrlinge als Teil der Familie mit der räumlichen Einheit der Funktionen Produzieren, Verkaufen, Wohnen und Hauswirtschaft[24]) und der Errichtung von eigenständigen Gewerbegebäuden, die nur noch der Funktion Arbeiten dienen. Der zweite Schritt besteht in der Zerlegung eines komplexen Arbeitsprozesses in viele einzelne, getrennte Arbeitsschritte, die jeweils von unterschiedlichen Personen ausgeführt werden, und in der Produktion von wenigen standardisierten Massenprodukten. Solche Produktionsstätten werden Manufakturen genannt und beschäftigen oft Hunderte von Arbeitskräften.

Dieser Prozess, der zu immer größer werdenden Gewerbebetrieben und zu Manufakturen führt, wird Protoindustrialisierung genannt, weil er auf die Industrialisierung zuläuft und weil die Manufakturen mit Ausnahme der Dampfmaschine bereits alle Elemente der späteren Fabrik vorwegnehmen.[25]

Der große Aufschwung von Handwerk, Gewerbe und Manufakturen findet aber nicht nur in den Städten statt, sondern das Land hat daran aus mehreren Gründen vollen Anteil:

Erstens gibt es zwar einen «Städtezwang» für das spezialisierte Handwerk, das sich auf dem Land nicht niederlassen darf, aber es gibt hier trotzdem eine größere Zahl von Handwerkern – Schmied, Wagner, Zimmermann, Schreiner, Müller, Leineweber, Schuster –, die zwar wenig spezialisiert sind (und die nebenbei Landwirtschaft betreiben), die aber dafür sorgen, dass handwerkliche Tätigkeiten und Traditionen ein Bestandteil des Landlebens sind. Und da es in den Städten sehr strenge Zunftauflagen gibt, hat das ländliche Handwerk größere Spielräume für Innovationen. Deshalb können sich neue Verfahren und Techniken hier leichter durchsetzen als in der Stadt.[26]

Zweitens sind die notwendigen Rohstoffe und Energiequellen nicht in der Stadt, sondern nur auf dem Land vorhanden. Hier gibt es beides zwar reichlich, aber nur in dezentraler Form. Dies betrifft Wassermühlen (entlang der Bäche) und Windmühlen (in Regionen mit regelmäßigen und starken Winden), Holz- und Holzkohlegewinnung (in erster Linie in waldreichen Gebirgen), Erzgewinnung, den Abbau von Quarzsanden und anderen Bodenschätzen (in erster Linie in den Mittelgebirgen) usw. Die Nutzung dieser Rohstoffe und Energien wird durch den Umstand geprägt, dass ab einer gewissen Größe die Effizienz aus technischen Gründen zurückgeht und dass wegen der teuren und langsamen Transporte weder Rohstoffe noch Energie räumlich leicht konzentriert werden können. Deshalb müssen sich die Betriebe, die diese nutzen, dezentral auf dem Land niederlassen, und deshalb entstehen in vielen, heute so naturnah wirkenden Mittelgebirgen zahllose Gewerbebetriebe und teilweise auch protoindustrielle Gewerbekomplexe (Abbildung 7).[27]

Drittens stellt die Landwirtschaft wichtige Rohstoffe wie Flachs, Hanf, Wolle, Häute, Seidenraupen oder Gerb- und Färbstoffe her. Die Betriebe, die diese Rohstoffe weiterverarbeiten, siedeln sich häufig in der Nähe der Produzenten an, um Transportkosten zu sparen.[28]

Viertens sind im ländlichen Raum – vor allem in den dicht besiedelten Altsiedelräumen – sehr viele potenzielle Arbeitskräfte vorhanden, und Betriebe, die viele Arbeiter benötigen, finden diese hier oft leichter als in der Stadt.

Fünftens gründen viele Landesherren zur Erhöhung ihrer wirtschaftlichen und militärischen Stärke größere und große Manufakturen, die bei kleinen und städtearmen Territorien oft im ländlichen

Raum liegen oder die aus politischen Gründen (Gefahr sozialer Unruhen) bewusst außerhalb der Städte angesiedelt werden.[29]

Auf diese Weise findet der Aufschwung von Handwerk und Gewerbe auch im ländlichen Raum statt.

An der gesamten Entwicklung von Handwerk und Gewerbe bis hin zur Protoindustrialisierung sind in Europa also Land und Stadt gleichermaßen beteiligt. Auch in diesem Bereich kann man daher davon sprechen, dass in Europa auf dem Land bis zum Ende des Mittelalters im 19. Jahrhundert keine archaischen oder rückständigen Verhältnisse anzutreffen sind, sondern dass das Land genauso innovativ und modern wie die Stadt ist.

4.5 Die Schwächung des Landlebens im 18. Jahrhundert

Im 19. Jahrhundert wird häufig die Meinung vertreten, dass sich die vorindustriellen Wirtschafts- und Lebensformen in Europa am Ende des 18. Jahrhunderts in einer tiefen Krise befunden hätten und so nicht mehr lange hätten weitergeführt werden können. Dafür werden oft vier Gründe angeführt:

- Die Landwirtschaft hätte viel zu intensiv gewirtschaftet und dadurch ihre eigenen Grundlagen zerstört; die Fruchtbarkeit der Äcker hätte nur durch die Erfindung des Kunstdüngers und seine Herstellung durch die chemische Industrie wiederhergestellt werden können.
- Die Wälder wären durch den großen Holzbedarf von Landwirtschaft und Gewerbe flächenhaft vernichtet worden; nur der Ersatz der Holzkohle durch die industriell abgebaute Steinkohle hätte eine Holzmangelkatastrophe verhindert.[30]
- Die genossenschaftlichen Strukturen in Land und Stadt hätten alle Innovationen blockiert; erst ihre Aufhebung hätte die zahlreichen Innovationen des 19. Jahrhunderts ermöglicht.
- Die Grundherrschaft schließlich hätte die meisten Menschen als

Untertanen behandelt; erst die Einführung der bürgerlichen Gesellschaft hätte alle Menschen zu freien Bürgern gemacht.

Da diese Probleme im Rahmen der alten Gesellschaft nicht hätten gelöst werden können, hätte es der fundamentalen Veränderungen der Industriellen Revolution und der Französischen Revolution bedurft, um die bevorstehende Katastrophe abzuwenden.

Diese Kritik, die teilweise bis heute populär ist, wird jedoch damals von Menschen vorgetragen, die sich sehr aktiv für die Durchsetzung der neuen Strukturen – Industrie, Marktwirtschaft, bürgerliche Gesellschaft, Nationalstaat – engagieren und die es als «Fortschritt» ansehen, wenn die alten Strukturen endlich zerstört werden. Bei näherer Betrachtung sind diese Argumente jedoch keineswegs so stichhaltig, wie sie auf den ersten Blick aussehen.

Die Landwirtschaft nutzt im 18. Jahrhundert sehr große Flächen auf eine sehr arbeitsintensive Weise. Sie muss dabei mit den verschlechterten Klimabedingungen der «Kleinen Eiszeit» (Anfang des 15. bis Mitte des 19. Jahrhunderts) zurechtkommen, während der es in Europa lange Zeit relativ kalt ist. Trotzdem wird durch die arbeitsintensive Nutzung weder die Fruchtbarkeit der landwirtschaftlich genutzten Böden noch die Artenvielfalt der Kulturlandschaft zerstört.[31] Die Kritik der traditionellen landwirtschaftlichen Nutzungsformen hängt deshalb mehr mit der prinzipiellen Ablehnung dieser Wirtschaftsform als mit ihren konkreten Nutzungsproblemen zusammen.

Der Wald ist durch Landwirtschaft und Gewerbe zwar erheblich reduziert, und er ist als Hochwald – mit Ausnahme der zahlreichen Gebirgswälder – teilweise nur noch auf den Flächen erhalten, die von den Grundherren als Jagdgebiete genutzt werden (Abbildung 8). Allerdings muss man dabei berücksichtigen, dass die flächengroßen bäuerlichen Niederwälder – Laubwälder, die im Turnus auf kleinen Teilflächen alle 10 bis 15 Jahre geschnitten werden – von der absolutistischen Forstwirtschaft als Walddegradation und Waldzerstörung bewertet werden, obwohl sie produktive und artenreiche Lebensräume darstellen (Abbildung 9).[32] Die einheitlichen Nadelwaldforste, die die Forstwirtschaft anschließend pflanzt, sind weder ökonomisch noch ökologisch ein Fortschritt gegenüber den traditionellen Niederwäldern, entsprechen aber dem modernen Effizienz-Dogma der Bodenreinertragslehre.[33]

Die Genossenschaften sind keineswegs grundsätzlich innovationsfeindlich, allerdings gelten sie im 19. Jahrhundert als Verhinderer von Innovationen und als Gegner einer freien Marktwirtschaft, weil sie im Zweifelsfall die Interessen der Selbstversorgung über die des freien Marktes stellen. Die weltfremden Diskussionen über die «Tragik der Allmende» (siehe Seite 45 f.) verdeutlichen, dass es hierbei mehr um ideologische Prinzipien als um die Realität geht.

Die Grundherrschaft mit der Ungleichbehandlung der verschiedenen Stände war bereits durch den Kommunalismus heftig, aber erfolglos angegriffen worden, weshalb die Forderung nach ihrer Abschaffung auch auf dem Land durchaus Zustimmung findet. Allerdings gibt es hier auch viele Menschen, die in der Ständegesellschaft eine gottgewollte Ordnung sehen und sie beibehalten wollen.

Trotz der genannten vier Gründe ist die Bewertung jedoch richtig, dass sich die vorindustriellen Wirtschafts- und Lebensformen am Ende des 18. Jahrhunderts in einer tiefen Krise befinden. Allerdings spielen dabei andere Gründe eine zentrale Rolle, und diese lassen sich ebenfalls in vier Punkten zusammenfassen.

Situation in den Altsiedelräumen: Ab dem ausgehenden Mittelalter lassen sich immer mehr Menschen, die von außerhalb kommen, in den Dörfern nieder. Da die bestehenden Höfe zu klein für weitere Teilungen sind, erhalten sie vom Grundherrn nur eine kleine Parzelle am Dorfrand, auf der sie sich ein Haus bauen können. Die Bewohner werden Seldner, Kötter oder Kätner (Inhaber einer Behausung, nicht eines Hofes) und ihre Häuser Tropfhäuser genannt, weil das vom Dach herabtropfende Wasser die Grundstücksgrenze markiert.[34] Diese Menschen arbeiten als Tagelöhner, Störhandwerker (mobile Handwerker, die in den Häusern ihrer Kunden arbeiten) oder Hausierer (Wanderhändler) und besitzen eine winzige Landwirtschaft. Da sie kein Recht auf die Allmende haben (dieses Recht ist an einen Hof gebunden), nutzen sie oft Weg- und Feldraine, um ihre Ziege(n) grasen zu lassen. Diese Menschen, die am Existenzminimum leben und zur dörflichen Unterschicht zählen, werden bis zum Ende des 18. Jahrhunderts in den Dörfern so zahlreich, dass sie die Bevölkerungsmehrheit bilden. Dies führt zu heftigen sozialen Spannungen auf dem Land, die eine zentrale Grundlage der mittelalterlichen Ordnung – die Gleichheit aller Bauern im Dorf – grundsätzlich in Frage stellen.

Situation in den Jungsiedelräumen: Hier gelingt es den Grundherren in vielen Fällen im Laufe der Zeit, die Rechte der Bauern zu beschneiden und ihre wirtschaftliche Lage zu verschlechtern. Im 18. Jahrhundert sind die Bauern – vor allem in Osteuropa und in den deutschen Gebieten östlich der Elbe (Ostelbien) – de facto zu Leibeigenen geworden, die kaum noch Rechte besitzen.[35] Dabei wird die traditionelle Grundherrschaft durch die neue Form der Gutsherrschaft ersetzt, wodurch sich die sozialen Gegensätze extrem zuspitzen und untragbar werden.

Strategie der Enclosures (Einhegungen): Dieser Begriff bezeichnet die Privatisierung der Allmenden in Großbritannien, die im 16. Jahrhundert beginnt und in der zweiten Hälfte des 18. Jahrhunderts ihren Höhepunkt erreicht.[36] Da die lokalen Bauern nicht die Möglichkeit haben, Teile der Allmende zu erwerben, kommen diese Flächen in den Besitz von Großbauern, Adligen und Kaufleuten, die große, für den Markt produzierende Betriebe aufbauen. Da die lokalen Bauern ohne Allmende-Nutzung nicht überleben können, verlassen sie das Land bzw. werden vom Land vertrieben und gehen in die Städte. Dadurch nimmt die Bevölkerungsdichte in den betroffenen Regionen ab. Auch in anderen Teilen Europas gibt es solche Entwicklungen, aber sie sind in Großbritannien am stärksten ausgeprägt. Dabei handelt es sich um Versuche von wirtschaftlich einflussreichen Akteuren, die mittelalterliche Ordnung (Selbstversorgung der Bauern) aufzuheben und die Bauern vom Land zu vertreiben, um an ihrer Stelle moderne, marktorientierte Großbetriebe aufzubauen. Dies gelingt allerdings bis zum Ende des 18. Jahrhunderts erst ansatzweise.

Erstarken des Absolutismus: Im Verlauf der Zeit erwächst aus den unendlich vielen Grundherren, die dezentral über ganz Europa verteilt sind, eine immer kleinere Zahl von Adligen mit immer größeren Territorien. Aus ihnen entstehen im 17. und 18. Jahrhundert absolutistische Herrscher, die sehr große Territorien mit einer sehr großen Hauptstadt besitzen. Daneben gibt es zwar weiterhin auch noch viele kleine Grundherren – die Entwicklung verläuft in Europa regional sehr unterschiedlich –, aber diese absolutistischen Machtkonzentrationen führen dazu, dass das traditionelle dezentrale System der Grundherrschaft entweder direkt (durch Eingriffe der absolutistischen Herrscher) oder indirekt (durch von ihnen ausgelöste wirtschaftliche und militärische Sachzwänge) beeinträchtigt und geschwächt wird. Es gelingt den absolutistischen Herrschern zwar nicht, das System der Grundherrschaft aufzuheben, aber es wird gegen Ende des 18. Jahrhunderts immer deutlicher wahrnehmbar, dass seine Zeit zu Ende geht.

Fazit: Die traditionelle Grundherrschaft basiert auf der wechselseitigen Abhängigkeit von Grundherrn und Bauern, wobei die Selbstversorgung die Existenzbasis für alle Beteiligten (Grundherr und Grundholde) darstellt und Überschüsse verkauft werden können (marktoffene Selbstversorgerwirtschaft). Politisch ist diese Struktur mit zahlreichen kleinen Herrschaften verbunden, die relativ eigenständig nebeneinander existieren. Das neue System, das ansatzweise bereits im späten Mittelalter sichtbar wird und das sich dann im 18. Jahrhundert deutlich artikuliert, geht von ganz anderen Grundlagen aus: Dieses neue Wirtschaften zerschlägt die Selbstversorgung und basiert allein auf der Produktion für den Markt, wofür sehr große Betriebe mit ausgeprägter Arbeitsteilung und Spezialisierung und mit zahlreichen Arbeitern notwendig sind. Die politischen Basiseinheiten sind jetzt nicht länger kleine, überschaubare Herrschaftsstrukturen, sondern große absolutistische Staaten, in denen die gesamte Macht auf einen Alleinherrscher konzentriert ist. Es liegt auf der Hand, dass die Durchsetzung dieses neuen Systems für das Landleben weitreichende Folgen haben wird.

Die verschiedenen Entwicklungsdynamiken – Wirtschaftswachstum mit immer stärkeren räumlichen Arbeitsteilungen und immer größeren Märkten, Herausbildung von immer heftigeren sozialen Gegensätzen, politische Machtkonzentrationen in Großstädten und großen Staaten – führen also dazu, dass das traditionelle mittelalterliche System von vielen Seiten her immer mehr angegriffen wird, so dass ein radikaler Bruch immer unvermeidlicher wird. Dieser vollzieht sich dann mit der Industriellen Revolution und mit der Französischen Revolution – aber auf eine andere Weise, als man es sich noch im 18. Jahrhundert vorgestellt hätte.

5. Die Auswirkungen der Industriellen Revolution auf das Landleben

5.1 Die Industrielle Revolution und das «Ende der Fläche»

Der Zusammenbruch der mittelalterlichen Ordnung ist das Ergebnis von zwei unterschiedlichen Revolutionen, der Industriellen Revolution und der Französischen Revolution. Diese Entwicklung beginnt am Ende des 18. Jahrhunderts, aber es dauert oft hundert Jahre, bis sich die neue Ordnung durchsetzt.[1]

Als Beginn der Industriellen Revolution wird häufig das Jahr 1769 genannt, also das Jahr, in dem James Watt die Dampfmaschine erfindet,[2] oder das Jahr 1780, in dem die Dampfmaschine in England in der Textilproduktion eingesetzt wird. Dadurch wird die Manufaktur zur Fabrik, und es wird so viel menschliche Arbeitskraft durch Maschinen ersetzt, dass die Arbeitsproduktivität um den Faktor Zehn steigt und die Produktionskosten für ein Einzelstück erheblich fallen. Zuerst wird die Textilindustrie von dieser Veränderung erfasst (ab 1780), dann die Eisen- und Schwerindustrie (ab 1840), schließlich Chemie und Elektrizität (ab 1895) sowie weitere Branchen. England ist das Mutterland der Industriellen Revolution, und von hier aus dringt sie auf das europäische Festland vor. Aber bereits im letzten Drittel des 19. Jahrhunderts verliert England seine Pionierrolle bei den industriellen Innovationen an andere Industriestaaten.

Weil Industrieprodukte extrem billig sind, steigt die Nachfrage danach, was mit einem großen Aufschwung der industriellen Produktionsweise verbunden ist; und dieser Aufschwung wird zusätzlich noch von der stark wachsenden Bevölkerung der Industriestaaten (siehe Seite 107 ff.) vorangetrieben. Während der Anteil des II. Wirtschaftssektors (verarbeitendes Gewerbe: Handwerk, Gewerbe, Industrie) in den vorindustriellen Gesellschaften in der Regel bei 10 % der Erwerbstätigen eines Staates liegt, wird dieser Wert nach 1800 in den europäischen Industriestaaten schnell übertroffen. Aber es dauert noch bis zum Ende des 19. Jahrhunderts, bis die Erwerbstätigen im II. Wirtschaftssektor erstmals diejenigen im I. Wirtschaftssektor (Urproduktion: Land- und Forstwirtschaft, Fischerei) übertreffen. Dieser Zeitpunkt – im Deutschen Reich im Jahr 1895, in England, Belgien und der Schweiz früher, in Frankreich, Italien und im Habsburger Reich etwas später, in Süd-, Ost- und Nordeuropa sehr viel später – gilt üblicherweise als Ausdruck dessen, dass die Industrie ab jetzt eine Volkswirtschaft dominiert.[3]

Auf der einen Seite stellt die industrielle Produktionsweise die Fortsetzung der handwerklichen Produktionsweise dar, weil die Einführung der Dampfmaschine in die Manufaktur lediglich das Grundprinzip der handwerklichen Entwicklung seit der Entstehung der ersten Städte – Arbeitsteilung, Spezialisierung, Ersatz menschlicher Arbeit durch Technik/Maschinen – weiter perfektioniert. Auf der anderen Seite gibt es aber gleichzeitig einen großen Bruch. Die Dampfmaschine wird mit Steinkohle angetrieben, also mit fossiler Energie, die dank ihrer sehr langen Entstehungszeit im Rahmen der Erdgeschichte eine extrem verdichtete Energiequelle darstellt: In nur einem Kilogramm Steinkohle sind 7000 Kilokalorien enthalten, dies entspricht einer menschlichen Arbeitsleistung von 81 Stunden.[4] Zugleich wird der Wirkungsgrad einer Dampfmaschine, also ihre Energieausbeute, umso höher, je größer sie ist, was durch Fortschritte der Eisen- und Stahlverarbeitung und des Maschinenbaus schnell möglich wird. Dadurch kann der Produktionsprozess auf eine Weise räumlich konzentriert werden, wie es vorher in der Geschichte der Menschheit nie möglich war. Denn die Energie aus Pflanzenwachstum (Holzkohle), Wind- und Wasserkraft, tierischer und menschlicher Arbeitskraft fällt nur in kleinen Einheiten an, ist dezentral verteilt und lässt sich auch nur schwer räumlich konzentrieren (siehe Seite 32 f.). Deshalb ist es sinnvoll, in Hinblick auf die Energienutzung zwischen dem solaren Zeitalter (Wildbeuter-, Bauerngesellschaften, Hochkulturen) und dem fossilen Zeitalter (Industriegesellschaft) zu unterscheiden.[5]

Die hohe räumliche Konzentration der Energie ermöglicht es, die Arbeitsteilung auf eine zuvor unbekannte Weise auszubauen und zu perfektionieren und dadurch ein Einzelstück sehr kostengünstig zu produzieren. Es kommt hinzu, dass sich der Preis der Steinkohle nur nach den relativ niedrigen Förderkosten und nicht nach dem hohen Wert der in ihr gespeicherten Energie richtet, so dass auch die sehr niedrigen Energiekosten zur extrem kostengünstigen Produktion beitragen. Die niedrigen Preise sind ein zentraler Grund für den wirtschaftlichen Erfolg der Industriellen Revolution und für die Faszination, die sie weltweit auslöst, aber sie sind mit der kurzfristigen Vernutzung der Energieressourcen der Erde verbunden, bei der ihre Reproduktion nicht berücksichtigt wird.

War das gesamte Wirtschaften vor der Industriellen Revolution im Rahmen des solaren Zeitalters mehr oder weniger an die Fläche gebunden (dies gilt nicht nur für die Landwirtschaft, sondern auch für das Handwerk mit seinem Rohstoff- und Energiebedarf), weshalb die Zahl und die Größe der Städte hochgradig limitiert waren, so entkoppelt sich das industrielle Wirtschaften erstmals in der Geschichte der Menschheit von der Fläche und konzentriert sich räumlich auf vergleichsweise wenige und flächenkleine Standorte. Oder anders ausgedrückt: Das fossile Zeitalter bedeutet das «Ende der Fläche».[6]

Was dies konkret heißt, wird deutlich, wenn man den Energieverbrauch der Industrie auf den traditionellen Energieträger Holzkohle umrechnet: Um so viel Holzkohle produzieren zu können, wie es dem Energiegehalt der im Jahr 1800 in England verbrauchten Steinkohle entsprechen würde, hätte man in diesem Jahr bereits eine Waldfläche von der Größe ganz Englands und wenige Jahrzehnte später sogar eine Waldfläche von der dreifachen Größe Englands benötigt – das rasche Wachstum der Industrie wäre ohne die schnelle Ausbeutung der fossilen Rohstoffe gar nicht möglich gewesen.[7] Der Rückgriff auf sie ermöglicht es, die Wachstumsgrenzen der traditionellen Wirtschaft aufzusprengen und eine völlig neue Wirtschaftsdynamik zu initiieren.

Die sehr großen Fabriken sind jedoch auf die Anlieferung großer

Mengen von Rohmaterialien und Energie, auf eine sehr hohe Zahl von Arbeitern und auf den Transport der Produkte zum Verbraucher angewiesen, sie können also nur funktionieren, wenn kostengünstige Massentransporte zur Verfügung stehen. Um Transporte zu minimieren, werden Fabriken häufig am Standort des Steinkohleabbaus oder anderer Rohstofflager errichtet, und die Arbeiter wohnen in neu gebauten Werkssiedlungen direkt neben den Fabriken. Da die traditionellen Transportmittel den Anforderungen der industriellen Produktion nicht gerecht werden, entsteht mit der Erfindung von Eisenbahn und Dampfschiff eine völlig neue Verkehrsinfrastruktur, mit der große Güter- und Menschenmengen auf kostengünstige und schnelle Weise befördert werden können. Mit ihrem Aufbau wird die weitere industrielle Entwicklung stark beschleunigt.

Die Raumstruktur der Industriegesellschaft unterscheidet sich daher von der aller vorindustriellen Gesellschaften: Die gesamte industrielle Entwicklung konzentriert sich auf vergleichsweise wenige und flächenkleine Industriestädte und Industriegebiete, deren Standorte an bestimmte Rohstoff- und Energievorkommen und an eine sehr gute Erreichbarkeit gebunden sind. Untereinander werden diese flächenkleinen Gebiete mittels Eisenbahnlinien und Wasserwegen (Binnen- und Hochseeschifffahrt) verbunden, wobei entlang dieser Verkehrslinien an ausgewählten Verkehrsknoten weitere Industriestandorte entstehen. Mit dem Bau zahlreicher Nebenbahnen wird im letzten Drittel des 19. Jahrhunderts versucht, größere Teile des Raumes für den modernen Verkehr zu erschließen. Aber da Eisenbahntrassen relativ teuer sind, die Strecken der meisten Nebenbahnen kostengünstig gebaut werden, so dass die Züge hier nur ziemlich langsam fahren können, und da auch die transportierten Mengen nicht besonders groß sind, erfüllen sich die Hoffnungen einer dezentralen industriellen Erschließung nicht. Die Eisenbahn kann ihre Stärke als schnelles und günstiges Massenverkehrsmittel nur auf den Hauptstrecken mit einem großen Verkehrsaufkommen ausspielen. Alle Orte, die nicht an einer Eisenbahnlinie liegen, geraten jetzt ins Abseits.

Das zweite einschneidende Ereignis für das Ende der mittelalterlichen Ordnung ist die Französische Revolution von 1789, die den Ständestaat durch einen bürgerlichen Staat ersetzt. Zwar werden die Errungenschaften der Französischen Revolution durch Napoleon schnell auf große Teile Europas ausgeweitet, aber mit dem Wiener Kongress von 1815 erhalten die konservativen Herrscher wieder ihre politische Dominanz in Europa zurück, und es dauert meist bis zum letzten Drittel des 19. Jahrhunderts, bis das Bürgerliche Gesetzbuch und gewisse bürgerliche Rechte eingeführt werden. Und die Ausbildung einer demokratischen Staatsform geschieht oft erst im 20. Jahrhundert.

Zwar wäre die demokratische Entwicklung Europas ohne den mittelalterlichen Kommunalismus (siehe Seite 70 f.) nicht möglich gewesen, aber es gibt dabei doch eine deutliche Zäsur: Während die neue Demokratie auf dem Hintergrund der Ideale der Aufklärung, die im städtischen Bürgertum entsteht, alle Menschen als formal gleich ansieht, spielt in der mittelalterlichen Ordnung statt der formalen Gleichheit die Gleichwertigkeit zwischen Menschen des gleichen Standes die zentrale Rolle, und Standesunterschiede gelten häufig als selbstverständlich, selbst wenn ihre Auswüchse heftig kritisiert werden. Noch wichtiger wird aber, dass der mittelalterliche Bauer in eine ständische Ordnung eingebunden ist, die ihm die Selbstversorgung – und damit die Lebensgrundlage – seiner Familie garantiert, während das bürgerliche Subjekt zwar völlig frei, aber zugleich gezwungen ist, seine Arbeitskraft zu Marktbedingungen zu verkaufen, um seinen Lebensunterhalt zu bestreiten.

Aus diesem Grund erleben die Menschen auf dem Land die Zerschlagung der mittelalterlichen Ordnung oft als Verschlechterung ihrer persönlichen Lage, und sie fühlen sich weiterhin der alten Ordnung verbunden. Dadurch entsteht ein kultureller und politischer Unterschied zwischen Land und Stadt, also zwischen «konservativen» Bauern und «fortschrittlichen» Bürgern, den es in der vorindustriellen Gesellschaft nicht gegeben hatte und der einen tiefen Graben zwischen ländlichem und städtischem Leben aufreißt.

Die Industriegesellschaft ist also dadurch geprägt, dass sich das moderne Wirtschaften auf relativ wenige Industriestädte und Industriegebiete konzentriert, die jedoch die gesamte Volkswirtschaft dominieren, und dass die städtischen Ideen von Freiheit und Demokratie nicht nur das Zusammenleben der Menschen prägen, sondern in Form des politischen Liberalismus auch zur Grundlage der freien Marktwirtschaft werden. Damit wird der Gleichwertigkeit von Land und Stadt, die Europa seit dem Jahr 1000 geprägt hatte, die Grundlage entzogen. Sowohl im Bereich der Wirtschaft wie auch im Bereich der Gesellschaft dominiert jetzt wieder die Stadt über das Land.

Diese grundsätzliche Ungleichheit verstärkt sich im Verlauf der Industriegesellschaft zusätzlich noch dadurch, dass alle sozialen, kulturellen und technischen Fortschritte, die die Menschen damals so faszinieren – der Ausbau des Bildungs- und Gesundheitswesens, Theater, Museen, Bibliotheken, die Blüte der Human- und Naturwissenschaften sowie der Technik, Wasser- und Elektrizitätsversorgung, neue Verkehrsmittel – zuerst in den Städten entwickelt werden und hier zu einer großen Blüte führen, während sie das Land gar nicht oder erst mit sehr großer Verspätung und nur in abgeschwächter Form erreichen. Die Stadt steht jetzt für Fortschritt, Innovation, hohe Lebensqualität und Attraktivität, das Land dagegen für Beharrung, niedrige Lebensqualität und Langeweile.

5.2 Der wirtschaftliche Wandel: Reagrarisierung des Landes

Die Darstellung des wirtschaftlichen Wandels im ländlichen Raum folgt den drei Wirtschaftssektoren Urproduktion, verarbeitendes Gewerbe und Dienstleistungen und ihren jeweiligen Veränderungen.

Die Landwirtschaft wird durch die Agrarrevolution des 19. Jahrhunderts erheblich verändert, die in Europa zwischen 1775 und 1848 in den einzelnen Staaten durchgeführt wird. Sie besteht aus juristischen und Nutzungsänderungen sowie aus technischen Innovationen.[8]

Die zentrale juristische Änderung besteht in der Aufhebung der Grundherrschaft: Die Bauern erhalten das Land, das sie selbst bewirtschaften, als Eigentum, müssen dafür aber dem Grundherrn, der jetzt zum Großbauern wird, eine Entschädigung zahlen. Diese fällt in Europa sehr unterschiedlich aus, aber in vielen Fällen folgt daraus eine hohe Verschuldung der kleinen Bauernbetriebe. Weiterhin wird die Dorfgenossenschaft als juristische Person aufgelöst und in eine Einwohnergemeinde umgewandelt, in der alle Dorfbewohner die gleichen Rechte besitzen.[9] Die Allmende wird zu großen Teilen parzelliert und an private Eigentümer verkauft, wovon die großen Betriebe am meisten profitieren und was zu Lasten der ökologischen Vielfalt geht. Die Bauern zahlen jetzt ihre Abgaben in Form von Steuern an den Staat, wofür sie Bargeld benötigen. Dies zwingt die Bauern, bestimmte Produkte für den Markt zu produzieren, und erschwert die Selbstversorgung. Mit diesen Veränderungen wird der Bauer juristisch zum Unternehmer, der auch Konkurs machen kann, was vorher nicht möglich war.

Die Nutzungsveränderungen verbessern die traditionelle Dreifelderwirtschaft erheblich. Das Brachjahr im Bereich der drei Felder fällt weg und wird durch die Einsaat von Kleegras ersetzt; dadurch wird Viehfutter gewonnen und gleichzeitig der Boden gedüngt.[10] Die Wiesen werden durch die Einsaat von Klee und Futterkräutern wesentlich ertragreicher als vorher. Da durch beide Maßnahmen mehr Viehfutter erzeugt wird, können die Milchkühe jetzt auch im Sommer die Nacht im Stall verbringen; dadurch und durch ihre bessere Ernährung steigt der Milchertrag, und zusätzlich fällt mehr Dung für die Felder an. Neue Produkte – zuerst die Kartoffel, später der Mais, dann die Zuckerrübe – erhöhen den Ertrag des Ackerbaus; die Viehwirtschaft wird durch die Einkreuzung von produktiveren Rassen in die alten «Landschläge» und den Ausbau der Schweinehaltung ebenfalls produktiver. Weil jetzt Textilien aus industrieller Produktion so günstig sind, dass die eigene Produktion zu aufwendig wird, wird der arbeitsintensive Hanf- und Flachsanbau, der oft die besten Flächen beanspruchte, eingestellt, und diese Flächen werden für den Ackerbau genutzt. Dadurch werden die meisten Nutzflächen etwas intensiver als früher genutzt; weil man aber weiterhin an den Rahmenbedingungen der Dreifelderwirtschaft festhält, sind die ökologischen Auswirkungen dieser Intensivierungen noch vergleichsweise gering.

Bei den technischen Innovationen ist die Erfindung der Mineraldüngung durch Justus von Liebig am wichtigsten, die sich ab 1880 allmählich bei größeren Betrieben durchsetzt. Damit wird die Landwirtschaft erstmals in ihrer Geschichte vom hofeigenen Dünger unabhängig, jetzt lassen sich auch ertragsarme Böden intensiv nutzen, und der Faktor Kapital kann eine schlechte Bodenqualität ausgleichen.[11] Dadurch wird die ökologische Vielfalt reduziert; lange Zeit aber verfügen die meisten Bauern nicht über genügend Geld, um Mineraldünger flächenhaft einzusetzen, so dass die ökologischen Auswirkungen nicht allzu groß sind. Die Dampfmaschine wird in der Landwirtschaft zuerst in Form riesiger Dampfpflüge (ab 1890), etwas später in Form großer Dreschmaschinen eingesetzt, was sich aber nur für Guts- und Großbetriebe lohnt. Ab 1920 gibt es dann die ersten Traktoren in der Landwirtschaft, aber sie bleiben noch bis in die 1960er Jahre hinein auf die größeren Betriebe beschränkt. Dank der neuen technischen Möglichkeiten bei Wasserbauten werden jetzt diejenigen Gebiete erstmals in Landwirtschaftsflächen umgewandelt, die sich bislang noch einer intensiveren Nutzung entzogen hatten, nämlich Moore und überschwemmungsgefährdete Talauen, und es wird die Neulandgewinnung an den Küsten vor den Deichen ausgeweitet. Diese Maßnahmen, die größere Flächen betreffen, werden «Binnenkolonisation» genannt und erst in den 1950er Jahren eingestellt.[12] Dadurch verschwinden zahlreiche vergleichsweise naturnahe Landschaften, die als kleinere oder größere «Inseln» innerhalb der Kulturlandschaft zur landschaftlichen und ökologischen Vielfalt beigetragen hatten.

Mit diesen Veränderungen steigt die Produktivität der Landwirtschaft deutlich an, so dass genügend Lebensmittel für die wachsende Bevölkerung der Industriestädte erzeugt werden können. Zugleich führt die Intensivierung auf den Flächen der Guts- und Großbetriebe, der Binnenkolonisation und der aufgeteilten Allmende zu ersten Rückgängen bei der Biodiversität, während sich auf den übrigen Landwirtschaftsflächen in ökologischer Perspektive relativ wenig ändert. Als selbständiger Betrieb besitzt ein Bauernhof jetzt zwar eine moderne Struktur, aber die Art und Weise seiner Nutzung ändert sich noch nicht grundsätzlich gegenüber dem Mittelalter: Der landwirtschaftliche Ertrag ist – im Gegensatz zur Fabrik – nach wie vor von Natur, Boden und Klima abhängig und kann jederzeit von außergewöhnlichen Naturereignissen gefährdet werden. Deshalb stellt die Landwirtschaft innerhalb der industriellen Nutzungsform einen Fremdkörper dar (Abbildung 10).

Die Agrarrevolution des 19. Jahrhunderts erhöht zwar die Produktionsmenge und die Produktivität der Landwirtschaft, aber sie sorgt gleichzeitig auch dafür, dass die zu teuer produzierenden Betriebe Konkurs machen und aufgegeben werden. Dabei handelt es sich zum einen um sehr kleine Betriebe in landwirtschaftlichen Gunstlagen, deren Flächen von größeren Nachbarbetrieben übernommen werden, zum anderen um Betriebe in ausgesprochenen Ungunstlagen und in schlechter Erreichbarkeit, deren Flächen nach kurzer Zeit brachfallen und dann verbuschen und verwalden (siehe Seite 199 f.). Diese Entwicklung beginnt in den europäischen Gunstlagen mit der ersten europäischen Agrarkrise 1870, als die Preise für Getreide durch billige Importe mittels Eisenbahn und Dampfschiff fallen, und in den meisten europäischen Gebirgen und in Skandinavien ab 1880–1890. Die betroffenen Bauern wandern in die Industriestädte ab.

Mit der Revolution im Transportwesen wird auch die enge Verflechtung der Stadt mit ihrem Umland aufgehoben. Die in der Stadt verbrauchten Lebensmittel stammen nicht mehr aus dem benachbarten Umland, sondern aus weit entfernten Regionen und sogar – im Falle der Kolonien – aus anderen Erdteilen. Deshalb produzieren die Bauern nicht mehr für ihnen bekannte Abnehmer, sondern für einen anonymen Markt, dessen Mechanismen sie nicht verstehen.

Große staatliche Forstwirtschaften entstehen im 19. Jahrhundert durch die Auflösung der Grundherrschaft und durch die Aufhebung der Klöster im Rahmen der Säkularisierung; ihr Ziel besteht in einer maximalen Holzproduktion. Zu diesem Zweck werden schnell wachsende Nadelbäume – meist Fichten, auf trockenen Standorten auch Kiefern – anstelle der früheren Niederwälder gepflanzt; Landwirtschaftsflächen, die zu wenig Ertrag bringen, die sogenannten «Grenzertragsböden», werden vor allem in Mittelgebirgen ebenso mit Monokulturen aufgeforstet. Dadurch wächst die Waldfläche in Europa ab der zweiten Hälfte des 19. Jahrhunderts wieder spürbar an, aber der Wald verliert seine traditionelle Vielfalt und wird zum Forst.[13]

Im verarbeitenden Gewerbe verschwinden auf dem Land zahlreiche traditionelle Handwerksberufe, die durch die industrielle Produktion ersetzt werden; andere Handwerksberufe können sich halten, indem sie ihren Schwerpunkt von der Neuproduktion auf Reparaturen und Änderungen legen, und einige wie z. B. Landmaschinentechniker oder Elektriker entstehen sogar neu. Da sich viele Bauern jetzt auf die landwirtschaftliche Produktion konzentrieren und nicht mehr alle auf dem Hof anfallenden Handwerksarbeiten selbst erledigen, steigt die Nachfrage nach Handwerksleistungen im Dorf sogar an. Dies führt dazu, dass sich das Handwerk auf dem Land deutlich wandelt, aber seine wirtschaftliche Bedeutung behält.[14]

Ganz anders sieht es beim protoindustriellen Gewerbe aus, das durch die Industrieproduktion verdrängt wird und vollständig verschwindet. Damit gehen sehr viele Arbeitsplätze auf dem Land verloren, was immer wieder mit heftigen Protesten verbunden ist. Davon ist die protoindustrielle Leinen- und Baumwollproduktion besonders betroffen, weil die Textilbranche die erste Branche ist, in der sich die industrielle Produktionsweise durchsetzt. Deshalb ist es kein Zufall, dass gegen Ende des 18. und in der ersten Hälfte des 19. Jahrhunderts zahlreiche Weberaufstände viele ländliche Regionen erschüttern. Überregional wird der Weberaufstand 1844 in Schlesien am stärksten wahrgenommen; aus Protest werden sogar Fabriken zerstört, wobei der «Brand von Uster» 1832 im Zürcher Oberland das bekannteste Beispiel ist.

Es gibt in Europa nur wenige ländliche Regionen, in denen der Strukturwandel vom protoindustriellen Gewerbe zur Industrieproduktion gelingt.[15] Neue Industriebetriebe siedeln sich nur dann auf dem Land an, wenn zentrale Voraussetzungen wie Rohstoffvorkommen, Verfügbarkeit von Arbeitskräften und Erreichbarkeit mittels Eisenbahn optimal sind, was jedoch eher selten der Fall ist. Etwas anders sieht es mit der industriellen Verarbeitung von landwirtschaftlichen Rohstoffen – etwa Zuckerfabriken auf der Basis des Zuckerrübenanbaus – aus, aber solche Industriebetriebe werden nie besonders groß, sie bleiben kleine industrielle Inseln in einem Meer vorindustrieller Wirtschaftsaktivitäten. Deshalb kann man feststellen, dass der große Aufschwung der industriellen Produktionsweise das Land nur randlich erfasst.

Dienstleistungen sind in der vorindustriellen Zeit auf dem Land nur in geringem Maße ausgebildet. Die wenigen Dienstleister wie Lehrer oder Pfarrer können von dieser Tätigkeit allein nicht leben und betreiben deshalb nebenbei auch Landwirtschaft. Dies ändert sich im Lauf der Industriegesellschaft.

Mit der Einführung der staatlichen Schulpflicht wird im Verlauf des 19. Jahrhunderts aus dem früheren Nebenerwerbslehrer – die Schule fand oft nur im Winter statt, weil die Kinder im Sommer in der Landwirtschaft gebraucht wurden – ein hauptberuflicher Lehrer mit einer staatlichen Ausbildung, und jedes Dorf erhält seine Pflichtschule. Die Aufwertung des Lehrers wird für das Dorfleben sehr wichtig, weil er dank seiner Ausbildung Bauern und Gemeinderat bei Konflikten mit Staat und städtischer Gesellschaft beraten kann und weil er sich oft für die Aufarbeitung der lokalen Geschichte und für die Stärkung der lokalen Traditionen engagiert. Gegen Ende des 19. Jahrhunderts entstehen in den größeren Dörfern die ersten Läden («Tante-Emma-Läden»), die die traditionellen Einkaufsformen – Einkauf auf den Märkten und beim Wanderhändler – durch den Einkauf im Dorfladen ersetzen. Gleichzeitig wird aus dem Dorfwirtshaus, das früher meist neben der Landwirtschaft mitbetreut wurde, jetzt ein mehr oder weniger hauptberuflich geführtes Wirtshaus, das nicht mehr bloß am Wochenende geöffnet ist und daher als Dorfmittelpunkt aufgewertet wird.

Mit diesen Veränderungen steigt die Zahl der Dienstleistungsarbeitsplätze auf dem Land zwar deutlich, aber dieses Wachstum setzt auf einem so niedrigen Niveau ein, dass Dienstleistungen für die ländliche Wirtschaft weiterhin nur eine geringe Bedeutung besitzen. Viel wichtiger ist, dass die neuen Strukturen – Schule, Laden, Wirtshaus – für das Landleben eine wichtige soziale Bedeutung erhalten.

Bilanziert man den wirtschaftlichen Wandel des Landes, der durch die Industrielle Revolution ausgelöst wird, dann ergibt sich folgendes Bild: Die Landwirtschaft behält ihre wirtschaftliche Bedeutung, weil weniger Erwerbstätige mehr produzieren, das Handwerk bleibt stabil, ist quantitativ aber nicht sehr bedeutend, das protoindustrielle Gewerbe, das viele Arbeitsplätze zur Verfügung gestellt hatte, verschwindet vollständig, und die Dienstleistungen wachsen auf einem sehr niedrigen Niveau spürbar.

Dadurch wird das Land wirtschaftlich geschwächt, weil es einen relevanten Teil seiner Arbeitskräfte – vor allem im II. Wirtschaftssektor – verliert, und es wird in seiner wirtschaftlichen Bedeutung auf den I. Wirtschaftssektor reduziert, was als «Reagrarisierung» bezeichnet wird. Vergleicht man jedoch die wirtschaftliche Entwicklung des Landes mit der gesamten Wirtschaftsentwicklung eines Industriestaates, dann fällt das Ergebnis noch sehr viel negativer aus: Weil die gesamte Wirtschaft mit dem Aufblühen der industriellen Produktionsweise erheblich wächst, bedeutet die wirtschaftliche Schwächung und Reagrarisierung des Landes eine wirtschaftliche Entwertung und die Abkopplung des Landes vom wirtschaftlichen Fortschritt.

5.3 Der demographische Wandel: Verstädterung und Bevölkerungsrückgang

Mit dem wirtschaftlichen und gesellschaftlichen Wandel sind zwei demographische Veränderungen verbunden, die das Landleben betreffen, nämlich der sogenannte «demographische Übergang» und die Verstädterung.

Als demographischer Übergang wird der Wandel von den hohen Geburten- und Sterberaten der vorindustriellen Gesellschaft zu den niedrigen Raten der modernen Gesellschaft bezeichnet, wobei in der Übergangszeit die Bevölkerung durch das Auseinanderfallen von Geburten- und Sterberate stark wächst. Dieser Übergang vollzieht sich in vier Phasen.[16]

In der ersten Phase, der vorindustriellen Gesellschaft, sind Geburten- und Sterberate ähnlich hoch und zugleich erheblichen Schwankungen unterworfen. Die Sterberate steigt bei Kriegen, Seuchen, Hungersnöten schnell an und geht in Friedenszeiten mit guten klimatischen Bedingungen für die Landwirtschaft wieder zurück. Die Geburtenrate bleibt aufgrund soziokultureller Rahmenbedingungen relativ stabil, sinkt aber in Krisenzeiten ab und steigt nach dem Ende von Kriegen, Seuchen und Hungersnöten wieder an. Dadurch wächst die Bevölkerung im besten Fall nur leicht, wobei der Bevölkerungsüberschuss vom Land in die Stadt geht.

In der zweiten Phase, die etwa zwei bis drei Jahrzehnte nach dem Beginn der direkten industriellen Veränderungen einsetzt, fällt die Sterberate relativ schnell, während die Geburtenrate unverändert hoch bleibt. Der Fall der Sterberate hängt mit der besseren Ernährung dank produktiverer Landwirtschaft zusammen, mit dem leichten Import von Getreide aus entfernten Regionen bei Ernteausfällen, mit den Fortschritten der modernen Medizin sowie der besseren Hygiene, und sie betrifft besonders die Säuglingssterblichkeit, die jetzt spürbar zurückgeht. Die Geburtenrate bleibt hoch, weil die kulturellen Grundlagen auf dem Lande weiterhin unverändert sind, oder sie steigt jetzt in vielen Regionen sogar noch einmal an, so dass in dieser Übergangszeit ländliche Familien häufig sechs bis zehn und mehr Kinder haben.[17] Dieses Auseinanderfallen von Geburten- und Sterberate ist mit einem hohen Bevölkerungswachstum verbunden, was zu vielen Abwanderungen vom Land führt. Diese Wanderungen gehen in einer kürzeren Anfangsphase nach Übersee, danach jedoch in die Industriestädte und -gebiete.

In der dritten Phase, die Jahrzehnte später einsetzt, fällt die Sterberate nur noch leicht und beginnt sich auf einem niedrigen Niveau zu stabilisieren, während die Geburtenrate aus kulturellen Gründen relativ schnell zu sinken beginnt. Die Bevölkerung der Industriestaaten wächst auch in dieser Phase, allerdings werden die Wachstumsraten jetzt allmählich geringer.

Die vierte Phase ist schließlich dadurch charakterisiert, dass sich Geburten- und Sterberate wieder auf einem niedrigen Niveau aneinander angleichen, so dass die Bevölkerung nicht weiter wächst. Allerdings beginnt diese Phase oft erst in den 1970er Jahren und damit in der Zeit, in der sich die Industriegesellschaft zur Dienstleistungsgesellschaft wandelt.

Der Übergang von den traditionellen zu den modernen Geburten- und Sterberaten stellt einen tiefgreifenden gesellschaftlichen Wandel dar, und das damit verbundene Bevölkerungswachstum trägt erheblich zum Wirtschaftswachstum der Industriestaaten bei. Da aber die wirtschaftliche und kulturelle Entwertung des Landes und die Faszination der Industriestadt viele Menschen – in erster Linie die Menschen der dörflichen Unterschicht, Gesinde, Kleinbauern, Geschwister der Hoferben, Handwerker oder Manufakturarbeiter – in die Städte treibt oder zieht, verzeichnen die Industriestädte in dieser Zeit ein Bevölkerungswachstum, für das es keinen historischen Vergleich gibt. Anders ausgedrückt: Industrialisierung bedeutet Verstädterung.

In den traditionellen Hochkulturen der Erde ist der Anteil der städtischen Bevölkerung jahrtausendelang stets relativ klein und liegt meist zwischen 5 und 10 % der Gesamtbevölkerung. Noch im Jahr 1800 dürfte dieser Wert in Europa – mit Ausnahme Englands – nur leicht überschritten worden sein. Dann jedoch wachsen die Industriestädte sehr schnell, und die Einwohnerzahl Londons, der am schnellsten wachsenden Großstadt des frühen Industriezeitalters, übertrifft bereits im Jahr 1830 erstmals die maximale Einwohnerzahl einer Stadt, die jemals in der vorindustriellen Zeit erreicht wurde. Der Anteil der städtischen Bevölkerung wird schnell immer größer, und er verdoppelt sich bis 1900. Betrachtet man diese Entwicklung auf der globalen Ebene, dann liegt der Anteil der städtischen Bevölkerung im Jahr 1800 bei 3 % der Weltbevölkerung, im Jahr 1900 bei 14 % und im Jahr 1950 bei 29 %.[18] Im Jahr 2008 überschreitet er schließlich die 50-Prozent-Schwelle, so dass erstmals in der menschlichen Geschichte mehr Menschen in der Stadt als auf dem Land leben – die Industrialisierung markiert den Beginn dieser völlig neuen Entwicklung.

Es ist sehr nützlich, sich die demographische Entwicklung der Industriegesellschaft näher anzusehen, weil man dadurch die qualitativen Veränderungen wenigstens ein Stück weit quantifizieren kann.[19] In den hundert Jahren nach dem direkten Einsetzen der industriellen Produktionsweise zeigen sich folgende demographische Veränderungen:

- Erfolgreiche *Industriestädte und Industriegebiete* verfünf- bis verzehnfachen ihre Bevölkerung; verläuft die industrielle Entwicklung weniger erfolgreich, dann fällt das Wachstum schwächer aus, führt aber oft mindestens zu einer Verdopplung der Bevölkerung.
- Die *Industriestaaten* verdoppeln bis verdreifachen ihre Bevölkerung; liegen Staaten unter diesem Wert, dann verläuft ihre industrielle Entwicklung in der Regel auf eine abgeschwächte Weise.
- *Ländliche Räume*, deren Bevölkerungswachstum nahe am staatlichen Durchschnitt oder nur leicht darunter liegt, sind relativ selten. Ihr Wachstum hängt mit einer dezentralen Industrialisierung,

einem ausgeprägten Tourismus oder mit Sonderfaktoren (Standorte von staatlichen oder kirchlichen Dienstleistungen mit nationaler Bedeutung) zusammen.

- *Ländliche Räume* mit guten Bedingungen für die Landwirtschaft, einer guten Erreichbarkeit durch die Eisenbahn und dezentralen Industrialisierungsansätzen wachsen oft zwischen 30 und 50 %; da dieses Bevölkerungswachstum aber sehr deutlich unter dem Durchschnittswert eines Industriestaates liegt, bedeutet dies eine relative demographische Schwächung dieser Räume.
- *Ländliche Räume* mit weniger guten Bedingungen für die Landwirtschaft und/oder einer peripheren Lage verzeichnen entweder nur ein schwaches Bevölkerungswachstum oder eine -stagnation.
- *Ländliche Räume* mit ungünstigen Bedingungen und einer sehr schlechten Erreichbarkeit, also vor allem Gebirgsräume und extreme Peripherien, verlieren ab 1880/90 einen Teil ihrer Bevölkerung; sie werden nicht nur relativ, sondern auch absolut entwertet.

Damit stehen den stark wachsenden Industriestädten und -gebieten ländliche Räume gegenüber, die relativ oder absolut entwertet werden. Die räumlichen Gegensätze zwischen Land und Stadt nehmen gegenüber der vorindustriellen Gesellschaft zu und verschärfen sich.

5.4 Der kulturelle Wandel: Modernisierung und Neuerfindung der Tradition

Die kulturellen Werte der modernen Industriegesellschaft und des traditionellen Landlebens stehen sich in doppelter Hinsicht fremd gegenüber: Die industrielle Produktion vernutzt kurzfristig die Ressourcen der Erde, ohne an ihre Reproduktion zu denken, während das traditionelle Wirtschaften langfristig ausgerichtet ist und sich für die Reproduktion der menschlich veränderten Natur verantwortlich fühlt. Die Industriegesellschaft betrachtet die Menschen als freie und gleiche Individuen, die stets ihren maximalen persönlichen Vorteil auf dem

Markt suchen, während für das traditionelle Landleben die Gemeinschaft und die Selbstversorgung zentrale Bedeutung besitzen und individuelle Entfaltungsmöglichkeiten diese Grundlage nicht gefährden dürfen.

Lange Zeit sind diese beiden Welten räumlich sehr deutlich voneinander getrennt: Das industrielle Leben spielt sich in den flächenkleinen Industriestädten und -gebieten ab und betrifft das Landleben nicht direkt. Und auch die modernen Massenkommunikationsmittel, die die direkte Kommunikation zwischen den Menschen durch technische Hilfsmittel ersetzen und lange Zeit Ausdruck städtischen Lebens sind, dringen erst relativ spät auf das Land vor: Tageszeitungen kommen ab 1900, Telefon ab 1920 und Radio ab 1935 ins Dorf, wobei sie sich lange Zeit nur beim Pfarrer, Lehrer oder Wirt finden.[20] Deshalb sind die *direkten* Veränderungen des Landlebens durch die Industriegesellschaft lange Zeit relativ gering, und beide Räume stehen relativ unverbunden und fremd nebeneinander.

Dies betrifft jedoch nicht die *indirekten* Auswirkungen: Je stärker sich die industrielle Produktion und das damit verbundene städtische Leben in Europa durchsetzen, desto mehr gerät das Landleben mit seinen traditionellen Werten unter Druck, weil es als überholt erscheint. Wer jetzt noch an der Tradition festhält, gilt als rückständig und hinterwäldlerisch, und sein Tun erscheint schnell als sinnlos und idiotisch. In dieser Situation verlassen viele Menschen das Land, um in der Industriestadt am Fortschritt teilhaben zu können. Viele Menschen bleiben jedoch auch bewusst auf dem Land, weil ihnen das städtische Leben als bedrohlich oder als nicht lebenswert erscheint, und sie halten weiterhin – teilweise starrsinnig – an ihren traditionellen Wirtschafts- und Lebensformen fest. Weil die Menschen, die in die Stadt gehen, oft aktive und innovative Personen sind, werden dadurch die Dorfgemeinschaften geschwächt, und sie beginnen trotz der Aufwertung durch Schule, Laden und Wirtshaus allmählich einen Teil ihrer früheren Lebendigkeit zu verlieren. Die auf dem Land zurückbleibenden Menschen halten verstärkt an ihren Traditionen fest, und eine gewisse Abwehrhaltung gegenüber der modernen Welt beginnt in vielen Regionen das Landleben zu prägen.

Diese Traditionen werden überraschenderweise ab der Mitte des 19. Jahrhunderts vom städtisch geprägten Bildungsbürgertum aufgegriffen und völlig neu bewertet. Der schnelle Wandel der Lebenswelt durch die Industrialisierung bedroht viele Menschen im städtischen Raum, sie fühlen sich orientierungslos und überfordert, und sie entwickeln ein ausgeprägtes Bedürfnis nach Konstanz, Festigkeit und Stabilität. Als Anti-Position zum schnellen Wandel besetzen jetzt viele Bürger das Gegenteil, die Tradition, auf einmal positiv. Und eine Tradition gilt ihnen als umso wertvoller, je älter sie ist und je unverfälschter sie sich bis heute erhalten hat – je mehr dies zutrifft, desto besser ist sie geeignet, ihnen Orientierung und Halt in der sich so schnell wandelnden Lebenswelt zu geben.

Damit erhält Tradition eine völlig neue Aufgabe und einen neuen Sinn, nämlich die Bewältigung des schnellen gesellschaftlichen Wandels. In allen traditionellen Gesellschaften hat Tradition dagegen eine andere Aufgabe: Die kulturellen Normen und Werte, die das alltägliche Wirtschaften und Leben prägen und die für ein dauerhaftes Wirtschaften, für soziale Gerechtigkeit und für Frieden im Dorf so wichtig sind, müssen stets erneut in Erinnerung gerufen und immer wieder neu gefestigt werden. Damit die Tradition diese gegenwartsbezogene Aufgabe erfüllen kann, muss sie sich permanent in einem gewissen Rahmen verändern. Denn eine Tradition, die zu stark mit der Vergangenheit identifiziert wird, verliert ihre Fähigkeit, die für den Alltag so wichtigen Werte im Hier und Jetzt zu festigen. Deshalb muss sie stets an die aktuellen Herausforderungen der Gegenwart angepasst werden, weil sonst ihr Sinn verloren geht.

Diese traditionelle Aufgabe der Tradition unterscheidet sich daher fundamental von der modernen Bedeutung der Tradition im Industriezeitalter.

Wenn nun aber Bürger auf der Suche nach «echten» Traditionen auf das Land kommen, stellen sie schnell fest, dass die Traditionen, wie sie konkret auf dem Land gelebt werden, sich von Dorf zu Dorf erheblich unterscheiden, dass es keine «reine», uralte Form mehr gibt und dass auch ihr Ursprung meist nicht mehr erkennbar ist. Deshalb meinen sie, dass die ländlichen Traditionen degeneriert und verdorben seien und dass das «wilde, ungeregelte Treiben» (wie man es damals ausdrückt) die wertvollen uralten Traditionen entwertet hätte.

Deshalb beginnen ab der zweiten Hälfte des 19. Jahrhunderts zahlreiche Menschen aus dem Bildungsbürgertum, in alten Urkunden und Dokumenten nach der «richtigen» Form der Traditionen zu suchen, und sie versuchen dabei ein möglichst hohes Alter zu belegen (in Mittel- und Nordeuropa ist das die Germanenzeit, in West- und Südeuropa die vorrömische Zeit). Diese Traditionssuche wird von zwei Gruppen getragen: Es sind einmal Wissenschaftler aus den städtischen Universitäten und Beamte, die im Auftrag eines aufgeklärten Herrschers durch das Land ziehen, um Traditionen zu dokumentieren und zu vergleichen; ihre Ergebnisse werden anschließend in der Stadt präsentiert und finden manchmal Eingang in politische Aktivitäten. Zum anderen sind es Pfarrer und Lehrer, die im Dorf leben, sich aktiv mit den lokalen Traditionen auseinandersetzen und die sich dafür engagieren, dass sie auf die «richtige» Weise durchgeführt werden.

Auf diese Weise wird ein großer Teil der ländlichen Traditionen verändert: Aus dem lebendigen Brauchtum werden jetzt Veranstaltungen, bei denen Teilnehmer, Trachten, Schmuck, Ablauf und Organisation im Detail festgelegt werden und die in regelmäßigen Abständen auf identische Weise aufgeführt werden.[21] Zusätzlich werden wegen des großen Bedürfnisses nach Tradition zahlreiche neue Traditionen erfunden, die schon wenige Jahre nach ihrer ersten Aufführung als «uralt» gelten.

Mit dieser Reglementierung ändert sich das Brauchtum fundamental: War früher das gesamte Dorf an einem Brauch beteiligt – der Unterschied zwischen Akteuren und Zuschauern existierte nicht, weil er keinen Sinn gemacht hätte –, so wird der Brauch jetzt zu einem sogenannten «Schaubrauch», der von wenigen Aktiven vor vielen Zuschauern aufgeführt wird. Solche Schaubräuche sind kein Bestandteil des Alltags mehr, und sie werden an Sonn- und Feiertagen durchgeführt. Dies entspricht der neuen Aufgabe der Tradition: Der schnelle Wandel der Alltagswelt im Industriezeitalter soll durch das sonntägliche Zelebrieren von uralten Traditionen vergessen werden, indem der Alltag am Sonntag auf eine ewig gleiche, unwandelbare Grundlage gestellt und so erträglich gemacht wird. Es geht bei der Neubewertung der Tradition also nicht um Kritik oder Veränderung einer als bedrohlich erlebten Alltagswelt, sondern lediglich darum, diese Alltagswelt durch Traditionserlebnisse am Sonntag erträglich zu machen, kurz um Tradition als Kompensation.[22]

Es liegt auf der Hand, dass diese Neubewertung der Tradition die gelebte ländliche Tradition und Kultur, die bereits geschwächt ist und mit dem Rücken zur Wand steht, zusätzlich schwächt – die Dorfbewohner werden bei ihren eigenen Traditionen zu Statisten.

5.5 Das neue Sonntagsbild der Städter: Das Land als «schöne Landschaft»

Parallel zur Neubewertung der Tradition gibt es eine weitere Entwicklung, die das Land tiefgreifend verändert, obwohl sie es im Unterschied zu den wirtschaftlichen und demographischen Entwicklungen erst einmal gar nicht real verändert, nämlich seine neue Wahrnehmung als «schöne Landschaft».

Die Industriegesellschaft, die auf dem rationalen Denken der Aufklärung und auf den modernen Naturwissenschaften aufbaut, behandelt Natur als «Material», das vom Menschen beliebig genutzt und vernutzt werden kann.[23] Gegen diese rein instrumentelle Umgangsweise entwickelt sich im Bürgertum sehr früh eine Gegenbewegung, die im Lauf der Zeit immer bedeutender wird und die Natur in Form der «schönen Landschaft» bewundert und verherrlicht.

Seinen ersten Ausdruck findet dieses neue Naturverhältnis ab 1780 im Spaziergang, den die Bürger am Sonntagnachmittag vor den Mauern der Stadt unternehmen und der sie durch Wald und Flur führt.[24] Ziel dieses neuen Sonntagsvergnügens ist es, die gesunde Luft auf dem Lande einzuatmen und die Schönheit der Natur zu genießen. Dass es sich weder im Wald (Wirtschaftswald) noch in der Flur (landwirtschaftliche Nutzflächen) um Natur, sondern um Kulturlandschaften handelt, stört die Spaziergänger nicht, denn für sie sind alle grünen Flächen außerhalb der «grauen Mauern» der Stadt schön und bewundernswert. Für die Bauern ist das neue Verhalten der Städter unverständlich; da sie täglich in Wald und Flur unterwegs sind, macht es für sie keinen Sinn, dies auch noch am Sonntag zu tun. Und da die Bewunderung der schönen Landschaft nicht satt macht, sind für Bauern lediglich solche Stellen schön, die besonders ertragreich sind.[25]

Gleichzeitig oder nur wenig später werden von den Bürgern erstmals große Landschaften in ihrer Gesamtheit als schön wahrgenommen, nämlich die Meeresküsten und die Alpen.[26] Zuvor waren dies bedrohliche Landschaften, deren Besuch die Bürger vermieden oder die sie nur widerwillig durchquerten. Jetzt werden sie zu «schrecklich-schönen» Landschaften – «delightful horror» wie die Engländer sagen, die als Erste diese neue Sicht auf die Natur populär machen. Man sucht solche Landschaften gezielt auf, um eine vom Menschen nicht dominierte Natur bewundern zu können, die es in den Industriestädten nicht mehr gibt. Auch hier nehmen die Städter oder Bürger nicht wahr, dass es sich gar nicht um Natur- sondern um Kulturlandschaften handelt, weil alle Landschaften, die nicht industriell genutzt werden, für sie Natur und daher schön sind. Die Einheimischen am Meer und in den Alpen stehen diesem neuen städtischen Interesse zuerst völlig fassungslos gegenüber, weil sie nicht nachvollziehen können, weshalb sich die Bürger für nutzlose Felsen, Gletscher, Sandstrände und Sandbänke interessieren, aber nach kurzer Zeit merken sie, dass die steigende Zahl der Besucher ein einträgliches Geschäft ermöglicht, und sie bauen diese neue Erwerbsquelle konsequent aus.[27]

Einige Jahrzehnte später, nachdem sich die Meeresküsten und die Alpen europaweit als schöne Landschaften etabliert haben, wird diese

Sichtweise dann auf andere, weniger spektakuläre Landschaften übertragen. Weil für viele europäische Bürger eine schöne Landschaft mit den Schweizer Alpen identisch ist – hier wird diese Naturwahrnehmung erstmals populär gemacht –, werden von ihnen die neu entdeckten schönen Landschaften als «Schweiz» benannt. Während anfangs Landschaften wie die «Fränkische Schweiz» oder die «Sächsische Schweiz» aufgrund ihrer Felsen wenigstens noch entfernt an die Schweizer Alpen erinnern, spielt dies später keine Rolle mehr – bei den flachen Endmoränenlandschaften der «Holsteinischen Schweiz» oder der «Pommerschen Schweiz» erinnert nichts mehr an die Ursprungslandschaft außer ihr «malerischer» Landschaftscharakter. Im Laufe der Zeit werden weit über einhundert Landschaften in ganz Europa und sogar auf anderen Erdteilen als «Schweiz» benannt,[28] und das Land wird immer stärker von den Städtern als schöne Landschaft wahrgenommen.

Gefördert und vertieft wird diese Entwicklung von Künstlern, meist Malern, die sich ab 1830 in sogenannten Künstlerkolonien gezielt auf dem Land niederlassen, um hier «malerische» Motive für ihre Bilder zu finden. Insgesamt entstehen in Europa und in den USA mehr als achtzig solcher Künstlerkolonien, die ihre Blütezeit zwischen 1870 und 1910 erleben und von denen die in Worpswede in Deutschland am bekanntesten geworden ist.[29] Damit leisten diese Künstler einen relevanten Beitrag dazu, dass die Bürger das Land immer besser als schöne Landschaft wahrnehmen können (Abbildung 11).

Dieser Prozess, der um 1780 beginnt und der zu Beginn des Ersten Weltkriegs abgeschlossen ist, führt am Ende dazu, dass der gesamte ländliche Raum jenseits der «hässlichen» Industriestädte und Industriegebiete – so die damalige Wahrnehmung – als schöne Landschaft wahrgenommen wird und dadurch eine völlig neue Bedeutung erhält. Dies ist die Grundlage, auf der sich dann zwei völlig neue Phänomene, der Tourismus und der Natur- und Heimatschutz, entwickeln.

Der Tourismus, der ab 1880 europaweit im ländlichen Raum zu einem wichtigen Phänomen wird, prägt in Form des Urlaubstourismus ausgewählte Orte in peripheren Regionen in erheblichem Ausmaß, und er besitzt in Form des Ausflugstourismus im weiteren Umkreis um die Städte herum eine fast flächenhafte Dimension. Er sorgt für neue Arbeitsplätze auf dem Land, was vor allem in den peripheren Regionen als etwas Ungewöhnliches wahrgenommen wird. Viele Einheimische können dadurch ihre wirtschaftliche Lage verbessern, aber in den meisten Fällen machen städtische Investoren die großen Gewinne. Dort, wo sich die touristische Nachfrage besonders konzentriert wie in ausgewählten Orten im Hochgebirge, an Seen, an Meeresküsten oder in Thermalbädern, entstehen punktuell städtische Bauformen, Siedlungsstrukturen, Kulturaktivitäten und Lebensformen.[30]

Am Ende des 19. Jahrhunderts entwickeln sich aus der Wahrnehmung des ländlichen Raumes als «schöner Landschaft» zwei neue soziale Bewegungen, nämlich der Naturschutz und der Heimatschutz, die vom Bildungsbürgertum getragen werden. Beide Bewegungen gehen in einer sehr langen Anfangszeit davon aus, dass die «schöne Landschaft» vor der Zerstörung durch industrielle Nutzungen geschützt werden müsse.[31] Damit ist die Grundlage sowohl des Naturschutzes als auch des Heimatschutzes die Ästhetik, also das Bild der schönen Landschaft, was auf uns heute befremdlich wirkt, da wir Naturschutz mit ökologischen und Heimatschutz mit soziokulturellen Argumenten verbinden.

Der Naturschutz gründet auf den massiven Umweltzerstörungen durch die industrielle Produktionsweise, die das Leben nicht nur im ländlichen Raum (Abbau von Bodenschätzen und Rohstoffen), sondern vor allem in den dicht bebauten Industriestädten (extreme Wasser- und Luftverschmutzungen) hochgradig belasten. Für die Bürger, die sich gegen diese Umweltzerstörungen engagieren, sind alle Flächen, die nicht industriell genutzt werden, also die «schönen Landschaften», intakte Landschaften oder Natur, weshalb der Unterschied zwischen Natur- und Kulturlandschaft für sie nicht relevant ist. Um diese schönen Landschaften vor der Zerstörung zu schützen, stellen sie die große Bedeutung der Natur heraus und engagieren sich für die Ausweisung von Naturschutzgebieten mit strengen Schutzvorschriften. Dabei gehen sie aufgrund ihrer Erfahrungen davon aus, dass Natur nur dort geschützt werden könne, wo es keine wirtschaftliche Nutzung gebe. Dass die Gleichsetzung von Naturschutz und Nichtnutzung zwar für die industrielle Produktion, nicht jedoch für das traditionelle Wirtschaften zutrifft, wird von ihnen nicht wahrgenommen, und deshalb beharren sie darauf, dass Natur nur dort wirklich geschützt werden könne, wo jegliche Form des Wirtschaftens eingestellt würde. Dieser Naturschutz findet auf dem Land, wo die Nutzung der Natur die Lebensgrundlage der Menschen darstellt, keine Akzeptanz, und er stößt selbst in den neu ausgewiesenen Naturschutzgebieten auf sehr große Probleme. In den traditionellen Kulturlandschaften kommen zahlreiche schützenswerte Arten vor, deren Existenz davon abhängig ist, dass ihre Lebensräume durch traditionelle Bewirtschaftungsformen offen gehalten werden. Wird diese Bewirtschaftung jedoch aus Naturschutzgründen unterbunden, dann verbuschen diese Flächen in Mitteleuropa schnell, und schützenswerte Arten wie Orchideen auf Magerrasen oder von Wacholdern durchsetzte Sandheiden in der Lüneburger Heide (einem der frühesten Naturschutzgebiete Europas) verlieren ihren Lebensraum und verschwinden innerhalb weniger Jahre (Abbildung 12). Diese Form des Naturschutzes wird schnell selbstwidersprüchlich und ist vor allem auf dem Land mit zahlreichen Konflikten verbunden.

Der Heimatschutz, der etwa gleichzeitig mit dem Naturschutz entsteht und viele Gemeinsamkeiten mit ihm aufweist, bewertet die «schöne Landschaft» als Ausdruck einer «Harmonie» zwischen Natur und Mensch, bei der sich der Mensch in die Natur einpasst und sich ihr unterordnet, während die Industriegesellschaft die Natur total dominiert und zerstört. Deshalb ist es sein Ziel, diese «Harmonie» vor der industriellen Zerstörung zu bewahren.[32] Konservative Persönlichkeiten und Institutionen nutzen dies, um mit dem Heimatschutz eine Fundamentalopposition gegen die Industriegesellschaft und ihre Großstädte aufzubauen. Nur das Leben auf dem Lande sei ein gutes und wahres Leben, weil es sich auf «organische» Weise der Natur und den «naturhaften» Traditionen unterordne, während die moderne Großstadt ein Symbol der «Widernatur», der «Übercivilisation» und die Quelle allen gesellschaftlichen, kulturellen und politischen Übels sei.[33] Diese Position zielt auf eine konservative Revolution, also auf die Wiederherstellung der alten Ständegesellschaft ab, und sie wird später von den Nationalsozialisten im Dritten Reich aufgegriffen.

Solch extreme Leitideen (Abschaffung der Großstädte und der bürgerlichen Gesellschaft) sind für das Land jedoch kontraproduktiv, weil sie nichts zur Lösung der konkreten Probleme auf dem Land beitragen und weil sie zugleich so irreal sind, dass sie alle Vorurteile eines bornierten Landlebens bestätigen. Deshalb wird dadurch die ebenso radikale Gegenposition gestärkt: Nur in der Stadt gebe es ein gutes, also ein freies und fortschrittliches Leben, während auf dem Land nur ein schlechtes Leben in dumpfer Tradition und Unterdrückung möglich sei.

Diese gegensätzlichen Bilder von Stadt und Land gründen darauf, dass das neue Bild vom ländlichen Raum als «schöner Landschaft» ein Zerrbild ist, das aus dem Land ein Idyll macht: Das Land wird nicht mehr als Lebens- und Wirtschaftsraum gesehen, wo Natur genutzt und verändert wird und wo Menschen ihre Probleme und Konflikte austragen, sondern es geht nur noch um die ästhetische Bewunderung einer «schönen Landschaft» oder eines harmonischen Idylls.

Damit wird der ländliche Raum aus der Sonntags- und Freizeitperspektive wahrgenommen, während der Werktag nur noch in den «hässlichen» Industriestädten und Industriegebieten stattfindet. Oder anders ausgedrückt: Am Werktag wird die Natur in den Industriegebieten im Arbeitsprozess als Material behandelt und hemmungslos vernutzt, während sie am Sonntag im ländlichen Raum in der Freizeit bewundert und verklärt wird. Beide Seiten gehören untrennbar zusammen, denn offensichtlich ist die Behandlung der Natur als Material für die städtisch geprägten Menschen der Industriegesellschaft nur dann möglich und erträglich, wenn sie dies durch die Bewunderung der Natur am Sonntag ausgleichen oder kompensieren können.[34]

Die damit verbundenen gegensätzlichen Bilder von «Himmel oder Hölle» oder «Idyll oder Gefängnis» können sowohl auf die Stadt als auch auf das Land bezogen werden und lassen sich leicht wechselseitig austauschen. Sie gründen darauf, dass Land und Stadt im Alltag der Industriegesellschaft nicht mehr wie vorher bloß als Unterschied, sondern jetzt als Gegensatz wahrgenommen werden, woraus in Krisenzeiten schnell ein totaler Widerspruch werden kann. Solche Widersprüche im Land-Stadt-Verhältnis sind typisch für die Zeit der Industriegesellschaft.

*

Mit der Industriellen Revolution erreicht der Fortschritt in den Bereichen Wirtschaft, Gesellschaft, Wissenschaft und Technik in kurzer Zeit ein so hohes Niveau, dass die größten Errungenschaften der traditionellen Hochkulturen bereits im 19. Jahrhundert weit übertroffen werden.

Im Unterschied zur heutigen Situation ist jedoch festzuhalten, dass sich alle Fortschritte, die mit der Industriellen Revolution verbunden sind, nur auf die Industriestädte und Industriegebiete konzentrieren und dass diejenigen Gebiete, die *direkt* industriell geprägt werden, mit nur 10 bis 15 % der Gesamtfläche eines Industriestaates ziemlich flächenklein sind, während auf allen übrigen Flächen auch in dieser Zeit weiterhin auf eine traditionelle Weise gewirtschaftet und gelebt wird. Dies wird sich erst in den 1960er Jahren ändern (siehe Kapitel 6).

Anders sieht es dagegen bei den *indirekten* Auswirkungen aus: Die Industriegesellschaft dominiert mit ihren wirtschaftlichen, gesellschaftlichen und politischen Rahmenbedingungen die gesamte Fläche der Industriestaaten, wodurch die vorindustriellen Wirtschafts- und Lebensformen als unzeitgemäße Formen allmählich immer mehr unter Druck kommen.

Die *vermittelten* Auswirkungen der Industriegesellschaft, die auf die neue Sichtweise des ländliches Raums als «schöner Landschaft» zurückgehen, führen nicht nur zur Entstehung von Tourismus und Natur- und Heimatschutz, sondern sie nehmen auch das Landleben als heile Sonntagswelt und als Gegenwelt zum hässlichen Industriealltag wahr, wodurch es noch stärker unter Druck gerät.

Deshalb kann zum Abschluss dieses Kapitels festgehalten werden, dass die Industriegesellschaft auf der einen Seite ein inselhaftes Phänomen ist, dessen direkte Auswirkungen lange Zeit auf ziemlich kleine Flächen begrenzt bleiben, während auf der anderen Seite ihre indirekten und vermittelten Auswirkungen flächenhaft das gesamte Land betreffen. Diese in sich widersprüchlichen Strukturen sind ein Charakteristikum der Industriegesellschaft.

Die großen Fortschritte und Erfolge, die den Glanz und die Faszination der industriellen Entwicklung ausmachen, werden jedoch dadurch erkauft, dass sich die Industriegesellschaft im Rahmen der marktwirtschaftlichen Konkurrenz auf ein kurzfristiges und extrem kostengünstiges Wirtschaften konzentriert: Nur die direkten Produktionskosten gehen in den Preis der Industrieprodukte ein, während die Kosten für die Reproduktion der menschlich veränderten Umwelt nicht berücksichtigt werden, was zu gravierenden Umweltproblemen führt. Da jeder Wirtschaftsbetrieb individuell handelt, ohne die Gesamtheit des Wirtschaftens zu berücksichtigen, verschärfen sich die Umweltprobleme weiter. Zusätzlich werden die Kohle- und Ölvorräte der Erde kurzfristig vernutzt, ohne an die begrenzten Quantitäten dieser wertvollen Ressourcen zu denken. Diese drei Punkte stellen für die Industriegesellschaft mit ihrer Fortschrittseuphorie jedoch kein Problem dar; die Natur, so glaubt man, werde mit ihrer unendlichen Regenerationsfähigkeit alle Umweltprobleme im Laufe der Zeit wieder von selbst beseitigen, der Markt werde mit seiner «unsichtbaren Hand» aus unendlich vielen individuellen Handlungen das Gemeinwohl erblühen lassen, und die Technik werde in Zukunft völlig neue Energiequellen erschließen.

Während alle Bauerngesellschaften in der Gegenwart die Zukunft antizipieren und ihr gesamtes Wirtschaften und Handeln so gestalten, dass es dauerhaft ausgeführt werden kann, wirtschaftet die Industriegesellschaft lediglich kurzfristig und individualistisch und verschiebt die Lösung aller Probleme, die daraus erwachsen, in die Zukunft.

6. Die forcierte Modernisierung des Landlebens zwischen 1960 und 1980

6.1 Die allerletzte Phase der Industriegesellschaft und ihre neuen Rahmenbedingungen

Die Entwicklung der Industriegesellschaft ist dadurch geprägt, dass die Zahl der Erwerbstätigen im II. Wirtschaftssektor im Laufe der Zeit immer weiter wächst, bis sie in der Nachkriegszeit einen maximalen Wert erreicht, der in Europa je nach Staat zwischen 45 % und 55 % aller Erwerbstätigen beträgt. Anschließend sinkt ihr Anteil wieder. Der III. Wirtschaftssektor oder die Dienstleistungen, die seit der Industriellen Revolution ebenfalls permanent – lange Zeit aber sehr viel schwächer – wachsen, übertreffen in den 1960er Jahren bei der Zahl der Erwerbstätigen erstmals den II. Wirtschaftssektor. In der Mitte der 1970er Jahre überschreiten sie dann in fast allen europäischen Industriestaaten die 50-Prozent-Schwelle bei den Erwerbstätigen. Dies gilt als der Zeitpunkt, an dem aus der Industrie- eine Dienstleistungsgesellschaft wird. Dieser Wandel ist in allen Bereichen mit tiefgreifenden Veränderungen verbunden (siehe Seite 155 ff.), und er bedeutet auch für das Landleben eine fundamentale Zäsur.

Allerdings verläuft diese Entwicklung keineswegs kontinuierlich: Die beiden Weltkriege blockieren jeweils das Wachstum der Dienstleistungen und stärken aus militärischen Gründen den II. Wirtschaftssektor deutlich, und auch der Wiederaufbau der deutschen Wirtschaft nach 1945 lässt die typische Wirtschaftsstruktur der Industriegesellschaft erneut aufblühen. Damit ist ein Wiedererstarken der industriellen Werte, Mentalitäten und Verhaltensweisen verbunden, die zuvor im nationalsozialistischen Deutschland systematisch geschwächt worden waren. «Soziologisch gesehen steht die Nachkriegsgesellschaft dem 19. Jahrhundert näher als dem Jahr 1968.»[1] Deshalb ist die allerletzte Phase der

Industriegesellschaft nicht mit einer allmählichen Abschwächung, sondern mit einer Wiederaufwertung der herkömmlichen industriellen Werte verbunden; ab 1965 kommt es dann zu sehr heftigen Konflikten zwischen den Werten der Industriegesellschaft und den neuen Werten.[2]

In dieser Zeit ändert sich das Verhältnis der Industriegesellschaft zum ländlichen Raum fundamental, wobei fünf sehr unterschiedliche Faktoren eine Rolle spielen:

Die Wirtschaft verzeichnet ein sehr dynamisches Wachstum («Wirtschaftswunder»); zugleich sorgen zahlreiche technische Innovationen jetzt dafür, dass viele Wirtschaftsbranchen, die bislang noch auf traditionelle Weise gearbeitet hatten, eine «moderne» Struktur erhalten. Davon ist die Landwirtschaft besonders betroffen.

Der demographische Wandel kommt an sein Ende und die Bevölkerung wächst – jetzt allein durch Zuwanderung aus dem Ausland – nur noch leicht. Davon profitieren aber nur die Städte und nicht das Land.

Auf der Grundlage des Ersatzes der Steinkohle durch Erdöl, großer Fortschritte im Fahrzeugbau und des staatlichen Straßenbaus entwickelt sich jetzt eine Massenmotorisierung. Da Motorrad, PKW und LKW im Gegensatz zur Eisenbahn den Raum relativ gut flächenhaft erschließen, sind die Veränderungen für den ländlichen Raum sehr gravierend.

Während sich der Staat bislang mit Maßnahmen zur Modernisierung des ländlichen Raumes zurückgehalten hatte, wird er jetzt als «Sozialstaat» sehr aktiv und engagiert sich für die Herstellung von «gleichwertigen Lebensverhältnissen» in Stadt und Land.

Und schließlich erfassen die modernen Massenmedien jetzt auch das Land flächendeckend. Damit verschwindet die traditionelle zeitliche und räumliche Distanz zur Stadt, die das Landleben bislang geprägt hatte.

Diese fünf Veränderungen, die inhaltlich alle in die gleiche Richtung zielen, verändern in der allerletzten Phase der Industriegesellschaft das Land sehr tiefgreifend. Erst jetzt wird das Landleben flächenhaft modernisiert.

Diese Phase beginnt um das Jahr 1960 herum. Der Wiederaufbau nach dem Krieg ist abgeschlossen,[3] die Wirtschaft beginnt dynamisch zu wachsen, der große Aufschwung der Massenmotorisierung setzt ein, der Sozialstaat beginnt mit der Vorbereitung seiner Reformprojekte, und die modernen Massenmedien treten ihren Siegeszug an. Das Ende dieser Phase ist um das Jahr 1980 herum erreicht: Jetzt sind die wirtschaftlichen Probleme der Deindustrialisierung unübersehbar, die Gesellschaft wandelt sich von einer Industriegesellschaft zu einer Dienstleistungs- oder «Erlebnisgesellschaft»,[4] während auf dem Land völlig neue Entwicklungen beginnen, die zuvor undenkbar waren.

Um die Veränderungen dieser Phase konkret beschreiben zu können, konzentriert sich die Darstellung jetzt auf die bundesdeutsche Entwicklung. Die Entwicklung in den anderen europäischen Staaten verläuft zwar grundsätzlich auf eine ähnliche Weise, aber die Unterschiede sind im Einzelnen doch so groß, dass eine europaweite Darstellung sehr unübersichtlich werden würde.

6.2 Der wirtschaftliche Wandel: Spezialisierung und Intensivierung

Wie in Kapitel 5 wird auch hier der wirtschaftliche Wandel im ländlichen Raum in der Reihenfolge der drei Wirtschaftssektoren dargestellt.

Die Art und Weise der landwirtschaftlichen Produktion verändert sich jetzt in kurzer Zeit so tiefgreifend, dass man von der Agrarrevolution des 20. Jahrhunderts sprechen kann. Diese betrifft alle Bereiche der Landwirtschaft.[5]

Durch den Einsatz verbesserter Pflanzensorten und Nutztierrassen, die aus der Forschung großer Agrarkonzerne stammen, wird der Ertrag pro Flächeneinheit gesteigert. Mit einer umfangreichen Düngung wird trotz schnell wachsender und ertragreicher Nutzpflanzen die Auslaugung der Böden verhindert. Durch die Mechanisierung der Landwirtschaft – universal einsetzbare Traktoren, Spezialmaschinen für

Ackerbau, Heugewinnung, Melkmaschinen usw. – wird sehr viel menschliche Arbeit durch Maschinen ersetzt. Herbizide (Unkrautbekämpfungsmittel) und Pestizide (Schädlingsbekämpfungsmittel) machen die früher aufwendige Handarbeit überflüssig und sorgen dafür, dass sich die neuen Nutzpflanzen durchsetzen können. In der Viehhaltung schließlich wird die Massentierhaltung in großen Ställen eingeführt, wobei eine intensivierte Ernährung (Kraftfutter statt Heu), durch Züchtung verbesserte Nutztierrassen und wachstumsfördernde Maßnahmen ihren Ertrag (Fleisch, Milch, Eier) erhöhen. Dadurch steigt die Menge der von der Landwirtschaft produzierten Lebensmittel sprunghaft an.

Die Durchsetzung dieser Veränderungen wird durch mehrere außerlandwirtschaftliche Faktoren noch zusätzlich vorangetrieben und beschleunigt. Der Preis der menschlichen Arbeitskraft steigt überproportional stark an, so dass Knechte und Mägde nicht mehr aus den landwirtschaftlichen Erträgen bezahlt werden können und die meisten Arbeiten durch Maschinen erledigt werden müssen. Die steigenden Lebensmittelmengen treffen auf eine stagnierende Nachfrage, weil das Bevölkerungswachstum zu Ende geht und der Lebensmittelkonsum pro Person kaum erhöht werden kann. Im Rahmen einer Marktwirtschaft führt eine steigende Produktion bei stagnierender Nachfrage zu sinkenden Lebensmittelpreisen. Zusätzlich fördert die Politik mittels spezifischer Rahmenbedingungen und Förderprogrammen den landwirtschaftlichen Strukturwandel hin zu immer größeren Betrieben, weil eine solche Landwirtschaft kostengünstiger als eine kleinbetriebliche Landwirtschaft produziert; dadurch können die Lebensmittelpreise niedrig gehalten werden, was für einen exportorientierten Industriestaat ein wichtiges Kriterium im internationalen Wettbewerb ist, weil niedrige Lebensmittelpreise auch niedrigere Lohnkosten ermöglichen. Und schließlich steht die Landwirtschaft als eine kleinstrukturierte Branche sowohl beim Bezug ihrer Vorprodukte und Hilfsmittel – Saatgut (Agrarkonzerne), Düngemittel (chemische Industrie), Maschinen (Fahrzeugindustrie) – als auch beim Absatz ihrer

Produkte (Einzelhandelskonzerne) ausgesprochenen Großstrukturen gegenüber, gegen die sie ihre wirtschaftlichen Interessen nur schwer durchsetzen kann.

Diese Veränderungen innerhalb der Landwirtschaft und bei den außerlandwirtschaftlichen Rahmenbedingungen üben auf die landwirtschaftlichen Betriebe einen enormen Druck aus. Dieser wird oft mit der Maxime «Wachsen oder Weichen» beschrieben, aber er besteht aus zwei unterschiedlichen Reaktionen, nämlich der Betriebsvergrößerung *und* der Spezialisierung, die beide der gleichen Logik, nämlich der Steigerung der Arbeitsproduktivität folgen (zur quantitativen Dimension siehe Seite 165 f.).

Um den landwirtschaftlichen Ertrag zu erhöhen und die teuren Maschinen und die eigene Arbeitskraft optimal einsetzen zu können, kann ein Betrieb erstens nicht mehr an der traditionellen Breite der landwirtschaftlichen Produktion festhalten, sondern er muss sich auf möglichst wenige Produkte spezialisieren. Das bedeutet das Ende der traditionellen Verbindung von Ackerbau und Viehwirtschaft, die seit der Entstehung der Landwirtschaft stets eng miteinander verflochten waren, weil sie sich wechselseitig ideal ergänzten (das Futter für die Tiere wird im eigenen Betrieb erzeugt, die Exkremente der Tiere sind ein wichtiger Dünger im Ackerbau) – die Bedeutung dieser Zäsur kann man sich nicht groß genug vorstellen. Die modernen Betriebe sind jetzt entweder reine Ackerbaubetriebe, die meist auf wenige Produkte spezialisiert sind, oder reine Viehwirtschaftsbetriebe, die in der Regel Milch- oder Fleischproduktion betreiben. Um Arbeitskraft und Maschinen optimal einsetzen zu können, reicht zweitens die traditionelle Betriebsgröße nicht mehr aus, und die Betriebe müssen deutlich vergrößert werden. Dies geschieht in den meisten Fällen durch die Pacht zusätzlicher Landwirtschaftsflächen, weil Betriebe, die aufhören, ihre Flächen in der Regel nicht verkaufen, sondern verpachten. Die permanent sinkenden Lebensmittelpreise (bezogen auf die Kaufkraft) zwingen im Verbund mit steigenden Produktionskosten dazu, regelmäßig weitere Betriebsvergrößerungen vorzunehmen, um sich am

Markt behaupten zu können. Aus diesem Grund beginnt ab dem Jahr 1960 die Zahl der Betriebe zu sinken, während gleichzeitig die Größe der bestehenden Betriebe erheblich ansteigt.

Das bedeutet, dass die Landwirtschaft, die sich bislang noch der direkten Logik der industriellen Produktion entzogen hatte, jetzt voll in die Marktwirtschaft integriert und wie ein Gewerbebetrieb des II. Wirtschaftssektors geführt wird. Insgesamt wird dadurch die Landwirtschaft als Wirtschaftsbranche geschwächt und gerät in eine immer größere Abhängigkeit gegenüber den vor- und nachgelagerten Wirtschaftsbereichen mit ihren Großstrukturen.

Und noch in einer weiteren Hinsicht gleicht sich jetzt die Landwirtschaft der Industrie an: Bislang hatte die Landwirtschaft nur Sonnenenergie, also Pflanzenwachstum sowie tierische und menschliche Arbeit genutzt, um Lebensmittel zu produzieren, ohne dabei die fossilen Energieressourcen der Erde anzutasten. Jetzt aber verbraucht auch die moderne Landwirtschaft eine große Menge dieser Energie in Form von Treibstoff für ihre Maschinen und in Form von Energie für die Herstellung von Dünger, Herbiziden, Pestiziden und landwirtschaftlichen Maschinen. Insgesamt wird ihr Verbrauch von fossiler Energie größer als die Energie, die sie durch das pflanzliche und tierische Wachstum neu gewinnt, so dass ihre Energiebilanz negativ wird: Nicht nur die Industrie, auch die Landwirtschaft trägt jetzt zum schnellen Verbrauch der Energieressourcen der Erde bei, ohne an ihre Reproduktion zu denken.[6]

Alle diese Veränderungen betreffen nicht nur die Wirtschaft, sondern auch das soziale Leben: Die immer größer werdenden Landwirtschaftsbetriebe haben auf ihren traditionellen Hofstellen im Dorf keinen ausreichenden Platz mehr. Entweder errichten sie am Dorfrand neue große Wirtschaftsgebäude, oder sie beziehen als «Aussiedlerhöfe» völlig neue Standorte mitten in der Flur. Dadurch und wegen der sinkenden Zahl der Landwirtschaftsbetriebe werden die Bauernfamilien im Dorf allmählich zur Minderheit, und der bäuerliche Charakter des Landlebens beginnt jetzt deutlich schwächer zu werden.

Diese Veränderungen wirken sich immer stärker auf die Ökologie der Kulturlandschaft aus:[7] Die traditionelle Nutzungsstruktur, die aus abgestuften arbeitsintensiveren und arbeitsextensiveren Bewirtschaftungsformen bestanden hatte, wird jetzt abgelöst durch den Gegensatz von Bewirtschaftung (dann jedoch sehr kapitalintensiv) oder Nichtbewirtschaftung (Brachfallen der Nutzflächen). Eine dritte Möglichkeit ist betriebswirtschaftlich nicht mehr sinnvoll.

Die Nutzungsintensivierungen führen zu großen und homogen genutzten Parzellen, für die zahlreiche Kleinformen der Landschaft wie Hohlwege, Wasserläufe, Feld- und Wegraine, Ackerterrassen oder feuchte Standorte eingeebnet und beseitigt werden, um Maschinen optimal einsetzen zu können. Infolgedessen steigt nicht nur die Erosionsanfälligkeit, die hohen Düngergaben belasten auch das Grundwasser, und der Herbizid- und Pestizideinsatz reduziert die Artenvielfalt der Bodenorganismen, der Ackerbegleitflora, der Insekten und der Vögel. Dadurch nimmt die landschaftliche und ökologische Vielfalt der landwirtschaftlichen Nutzflächen deutlich ab (Abbildung 13).

Die Reproduktion dieser Kulturlandschaften wird jetzt aus Kostengründen eingestellt. Lassen sich die so entstehenden Probleme nicht durch massiven Technik-, Dünger- und Kapitaleinsatz lösen, so werden sie, etwa im Falle der Artenvielfalt, gar nicht erst als Problem wahrgenommen, da die Maxime gilt, Landwirtschaftsflächen seien Produktionsflächen, für die allein wirtschaftliche Zielsetzungen gelten dürften.

Auf nahezu allen brachgefallenen Landwirtschaftsflächen setzt in Deutschland nach wenigen Jahren eine Verbuschung ein, die nach vielen Jahrzehnten in einen Wald übergeht. Da meist solche Flächen brachfallen, die früher wenig Ertrag brachten, die meist extensiv genutzt wurden und die deshalb eine große Artenvielfalt besaßen, und da verbuschte Flächen in der Regel sehr artenarm sind, geht dadurch die Artenvielfalt deutlich zurück und die früher sehr kleinräumig strukturierte Landschaft wird homogener und weniger vielfältig.

Diese Entwicklungen werden durch Flurbereinigungen und Aufforstungen, die beide staatlich gefördert werden, unterstützt und vorangetrieben. Die Flurbereinigung sorgt dafür, dass in einer Gemarkung die zahllosen zersplitterten Flurparzellen zu relativ wenig neuen und großen Parzellen zusammengelegt werden. Gleichzeitig werden breite Feldwege für die neuen großen Landmaschinen gebaut, der Wasserablauf wird verändert, viele kleine Bäche werden in Rohre verlegt, und das Relief wird zur besseren Bearbeitung großflächig planiert, wobei teilweise sogar natürliche Hindernisse gesprengt werden.[8] Die Aufforstungen sorgen dafür, dass auf brachfallenden Landwirtschaftsflächen keine Verbuschung einsetzt, sondern dass sie als Wald, besser als Forst neu genutzt werden. Dies betrifft vor allem in den Mittelgebirgen größere Flächen. Da die Aufforstungen meist mit standortfremden Nadelbäumen in Form von Monokulturen durchgeführt werden, sind die aufgeforsteten Flächen ziemlich artenarm.[9]

Durch die Agrarrevolution des 20. Jahrhunderts wird die Landwirtschaft stärker verändert als durch alle Veränderungen, die jemals zuvor seit der Entstehung der Landwirtschaft eingetreten sind. Die Landwirtschaft wird dadurch ab 1960 in das moderne Wirtschaften integriert, was auch bedeutet, dass sie erst 150 bis 200 Jahre nach der Industriellen Revolution aufhört, ein wirtschaftlicher Fremdkörper in der Industriegesellschaft zu sein.

Der II. Wirtschaftssektor (Handwerk, Gewerbe, Industrie) entwickelt sich in dieser Zeit auf dem Land uneinheitlich: Das Baugewerbe erlebt einen großen Aufschwung, weil die Modernisierungen in den verschiedenen Bereichen fast immer mit aufwendigen Umbauten und vor allem mit großen Neubauten verbunden sind. Das Handwerk schrumpft deutlich, weil die industrielle Konkurrenz jetzt immer stärker wird, aber eine Reihe von Betrieben bleibt noch aus kulturellen Gründen vor Ort und setzt ihre Tätigkeit fort. Die großbetriebliche Lebensmittelindustrie, die sich ab dem Ende des 19. Jahrhunderts entwickelt, hat ihre Standorte oft in größeren Städten und seltener auf dem Land, so dass sie hier nicht weiter thematisiert werden muss.

Anders sieht es dagegen beim kleinbetrieblichen lebensmittelherstellenden Gewerbe aus, das sich als gewerbliche Spezialisierung aus der ländlichen Selbstversorgung heraus entwickelt hat. Es wird vom Staat im 20. Jahrhundert aus Gründen der Ernährungs- und Versorgungssicherheit in Krisen- und Kriegszeiten reglementiert und behält seine dezentrale Struktur bis Anfang der 1960er Jahre bei. Dabei existieren meist zwei Stufen, nämlich die Bearbeitung (Rohstoffe) und die Verarbeitung (Endprodukte): Beim Getreide sind dies die Mühle und die Bäckerei, beim Fleisch die Schlachterei und die Metzgerei, beim Bier die Mälzerei und die Brauerei und bei der Milch die Molkerei und (manchmal) die Käserei. Mit der Aufhebung der staatlichen Regulierungen entstehen im Bereich Bearbeitung dank industrieller Produktionsformen schnell relativ große Betriebsstrukturen, während im Bereich Verarbeitung die Betriebe in dieser Zeit aufgrund ihrer handwerklichen Produktionsweise nur langsam wachsen. Insgesamt ist mit diesem Wandel ein Rückgang der Arbeitsplätze verbunden.

Die Industrie, die aufgrund des Wirtschaftswachstums der Nachkriegszeit aufblüht, findet im Rahmen der Vollbeschäftigung ab der Mitte der 1960er Jahre in den Industriestädten und Industriegebieten immer schwerer Arbeitskräfte. Deshalb werden gezielt Industriebetriebe in den ländlichen Raum verlagert, was vom Staat im Rahmen der Förderung strukturschwacher ländlicher Räume und der Zonenrandförderung unterstützt wird. Die Standorte setzen eine gute Erreichbarkeit voraus und schließen damit Mittelgebirge und sehr peripher gelegene Räume aus. Es handelt sich bei diesen Betrieben in der Regel um «verlängerte Werkbänke» oder Filialbetriebe mit vielen, aber niedrig qualifizierten Arbeitsplätzen, während die hoch qualifizierten Tätigkeiten in den industriellen Zentren bleiben. Ziel dieser Betriebsansiedlungen ist es, die nicht genutzten Arbeitskraftpotenziale auf dem Land zu erschließen – Frauen, Nebenerwerbsbauern, Jugendliche – und dabei von den niedrigen Löhnen und von den fehlenden Gewerkschaftstraditionen zu profitieren. Dadurch entstehen zahlreiche neue Arbeitsplätze, und der II. Wirtschaftssektor wird in vielen ländlichen Regionen in dieser Zeit zum stärksten Wirtschaftssektor.

Bei den Dienstleistungen finden die größten Veränderungen im Einzelhandel statt (zum Bereich Schule und Verwaltung siehe Seite 139 f.): Ende der 1950er Jahre entstehen in den Großstädten die ersten Supermärkte als neue Großstrukturen im Einzelhandel, die die «Tante-Emma-Läden» ablösen. Dank Selbstbedienung, dem Verkauf von verpackten Waren und einem sehr großen Warenangebot erhöht sich die Effizienz des Personaleinsatzes in erheblichem Ausmaß, und deswegen sowie wegen des hohen Umsatzes können niedrige Preise angeboten werden. Erst ab den 1970er Jahren kommen Supermärkte in kleinerer Form auch auf das Land (aber noch nicht in viele Gemeinden), aber bereits mit ihrer Entstehung gilt das Einkaufen im Dorfladen als mangelhaft (zu geringes Warenangebot), zu teuer (zu hohe Preise) und als sozial problematisch (dörfliche Kontrolle des Einkaufs), also als überholt und rückschrittlich.

Mit der Entstehung der Supermärkte bilden sich große Einzelhandelskonzerne aus, die so mächtig sind, dass sie der Landwirtschaft und dem lebensmittelherstellenden Gewerbe zahlreiche Bedingungen diktieren können. Gleichzeitig wird von diesen Konzernen in enger Zusammenarbeit mit dem Staat und der Europäischen Wirtschaftsgemeinschaft/EWG ein völlig neues System von «Handelsklassen» für Lebensmittel und von Hygienestandards für die Lebensmittelsicherheit entwickelt. Dieses orientiert sich in erster Linie an den Interessen der großen Einzelhandelskonzerne und der Lebensmittelindustrie, so dass Äußerlichkeiten (perfekte äußerliche Form, normierte Größen), lange Haltbarkeit, gute Transportfähigkeit, geringe Keimzahlen und Ähnliches im Zentrum stehen, während Qualitäten eine nachgeordnete Bedeutung besitzen und jahreszeitliche Schwankungen des Geschmacks als störend bewertet werden.[10] Dies hat weitreichende Folgen für die Landwirtschaft und die Betriebe der Lebensmittelherstellung, die immer stärker gezwungen werden, sehr große

Mengen homogener und standardisierter Produkte auf den Markt zu bringen.

Fasst man den wirtschaftlichen Wandel im ländlichen Raum in der Zeit zwischen 1960 und 1980 zusammen, so ist er in allen Sektoren und Branchen durch ausgeprägte Spezialisierungen und Intensivierungen geprägt, die die Art und Weise der jeweiligen Wirtschaftsaktivitäten verändern. Was die Zahl der Arbeitsplätze betrifft, so werden die erheblichen Verluste in der Landwirtschaft nur in wenigen ländlichen Regionen durch das Wachstum des II. Wirtschaftssektors (Baubranche und Industriebetriebe) ausgeglichen, so dass die Zahl der Arbeitsplätze im ländlichen Raum insgesamt sinkt. Sehr viel gravierender wird jetzt aber eine andere Entwicklung: Weil auf dem Land in erster Linie geringer qualifizierte Arbeiten mit geringerer Wertschöpfung ausgeführt werden, ist der Unterschied zur spezialisierten Wirtschaft in den Städten um 1960 herum bereits deutlich ausgeprägt, und er nimmt bis 1980 noch erheblich zu – das Land wird immer stärker wirtschaftlich benachteiligt. Je mehr sich die gesamte Wirtschaft ausdifferenziert und spezialisiert, desto schlechter wird im Vergleich damit die Situation der ländlichen Wirtschaft, vor allem im Bereich der Wertschöpfung und der qualifizierten Arbeitsplätze.

6.3 Der demographische Wandel: Suburbane und periphere Räume

Der demographische Übergang, der für das ausgeprägte Bevölkerungswachstum der Industriegesellschaft verantwortlich war, kommt jetzt an sein Ende. Im Jahr 1972 liegt in der Bundesrepublik Deutschland die Geburtenrate erstmals unter der Sterberate, und daran ändert sich bis heute nichts. Seitdem gibt es ein Bevölkerungswachstum nur noch durch Zuwanderung aus dem Ausland, also durch Zuwanderer aus der Deutschen Demokratischen Republik, durch Spätaussiedler aus Russland, durch «Gastarbeiter» und durch sonstige Ausländer. Aus diesem Grund fällt das Bevölkerungswachstum zwischen 1961 und 1987 mit 9 % vergleichsweise schwach aus; wenn man die Zuwanderung aus der DDR ausschließt und das Gebiet der heutigen Bundesrepublik Deutschland berücksichtigt, dann läge das Wachstum sogar nur bei 6 %.[11]

Die räumliche Dimension der Bevölkerungsveränderungen wird jetzt durch die Massenmotorisierung geprägt. Die deutliche Steigerung der Realeinkommen in der Nachkriegszeit und die großen Fortschritte in der Automobilproduktion ermöglichen es vielen Menschen, einen PKW zu kaufen, und dank des umfangreichen staatlichen Straßenbaues und des sehr billigen Benzins können diese PKW auch effektiv genutzt werden. Dies führt dazu, dass die großen und die größeren Städte erstmals Einwohner verlieren und der stadtnahe ländliche Raum ein erhebliches Bevölkerungswachstum verzeichnet, weil viele Menschen, die in der Stadt arbeiten, ihren Wohnsitz «ins Grüne» verlegen und täglich mit dem PKW zur Arbeit pendeln.

In einer ersten Phase entstehen in den stadtnahen Gemeinden sehr große Einfamilien- und Reihenhaussiedlungen, in einer zweiten Phase lassen sich hier viele Betriebe des II. Wirtschaftssektors nieder, weil sie am Stadtrand über mehr Platz und eine bessere LKW-Erreichbarkeit als in der Innenstadt verfügen. Und allmählich entstehen hier auch Supermärkte, Bankfilialen, Arztpraxen, Freizeiteinrichtungen usw., Schulen und Bildungseinrichtungen werden deutlich vergrößert oder neu geschaffen, so dass der stadtnahe Raum immer intensiver genutzt wird.

Diese Entwicklung wird Suburbanisierung genannt, weil der stadtnahe ländliche Raum verstädtert und unter die Herrschaft der Stadt gerät (*sub* = unter, *urbs* = Stadt). In vielen dieser Gemeinden betonen Vereine und Bürgermeister zwar oft die lokalen ländlichen Traditionen, aber dabei handelt es sich in der Regel um Folklore, die mit der aktuellen Situation der Gemeinde wenig zu tun hat. Aufgrund ihrer Verflechtung mit der benachbarten Stadt und ihrer hohen Bevölkerungsdichte werden die suburbanen Räume bzw. die suburbanen Gemeinden nicht zum ländlichen Raum gezählt.

Dort, wo der ländliche Raum gut erreichbar ist und entlang von Eisenbahnlinien oder Autobahnstrecken dezentrale Industriebetriebe neu entstehen, verzeichnet er ein gewisses Bevölkerungswachstum, weil hier dank der neuen Arbeitsplätze die Abwanderung in die Stadt abnimmt. Wo solche Industriebetriebe aber nicht neu entstehen, bleibt die Abwanderung vom Land in die Stadt stark ausgeprägt. Da die Geburtenrate jetzt auch auf dem Land deutlich sinkt, beginnen diejenigen ländlichen Räume, die zuvor ihre Einwohnerzahlen aufgrund hoher Geburtenraten noch konstant halten konnten, Einwohner zu verlieren. In jenen ländlichen Räumen aber, die zuvor bereits Einwohner verloren hatten, geht der Bevölkerungsrückgang beschleunigt weiter. Dadurch steigt die Zahl der ländlichen Räume mit Bevölkerungsrückgang in dieser Zeit spürbar an.

Das schwache Bevölkerungswachstum von 9 % führt in der Zeit zwischen 1961 und 1987 zu folgenden demographischen Veränderungen im Raum:[12]

- Die Städte (kreisfreie Städte) verlieren jetzt fast immer Einwohner.
- Der suburbane Raum um diese Städte herum verzeichnet ein erhebliches Wachstum, das mindestens drei- bis viermal so hoch wie das bundesweite Wachstum ausfällt und das im Maximalfall sogar zu einer Verdopplung der Bevölkerungszahl führen kann (Landkreis München +102 %, Landkreis Fürstenfeldbruck +109 %).
- Der ländliche Raum in guter Erreichbarkeit und mit neuen dezentralen Industriebetrieben verzeichnet ein Bevölkerungswachstum, das in der Regel unter dem bundesweiten Durchschnitt liegt.
- Der ländliche Raum, der jetzt erstmals Einwohner verliert, verzeichnet leichte Verluste, die bis zu 10 % der Bevölkerung betragen können.
- Der ländliche Raum, der aufgrund ungünstiger Rahmenbedingungen bereits seit 1880 Einwohner verloren hatte, verliert jetzt weiterhin Einwohner, wobei die Rückgänge mehr als 10 % ausmachen können.

Fasst man die Städte und die suburbanen Räume zusammen, so spielt sich das leichte Bevölkerungswachstum in der Zeit zwischen 1961 und 1987 fast ausschließlich im städtischen Raum ab, und der ländliche Raum wird demographisch zum kleineren Teil relativ, zum größeren Teil absolut geschwächt.

6.4 Politische Interventionen: Dorfsanierung, Schul- und Gebietsreform und das System der Zentralen Orte

Die gesamte Zeit der Industriegesellschaft war bislang dadurch geprägt, dass der Staat – mit Ausnahme der großen Krisenzeiten und der Kriege – in die wirtschaftliche und gesellschaftliche Entwicklung vergleichsweise wenig auf direkte Weise eingegriffen hatte. Ursache dafür war die Idee des Liberalismus, die davon ausgeht, dass der freie Markt alle auftretenden Probleme am besten selbst lösen könne und staatliche Eingriffe die bestehenden Probleme nur vergrößern würden. Dies ändert sich in der neuen Situation des «Kalten Krieges», als sich marktwirtschaftlich und sozialistisch geprägte Staaten in Form von zwei großen Machtblöcken gegenüberstehen. Der Machtkampf wird nicht nur im militärischen und im wirtschaftlichen, sondern auch im Bereich der sozialen Frage ausgetragen. Dabei geht es nicht nur um soziale Ungleichheiten (arm – reich) und um mangelhafte Aufstiegsmöglichkeiten für Arbeiter, sondern auch um räumliche Ungleichheiten (Stadt – Land). Alle diese Ungleichheiten, die die Politik bislang nicht gestört hatten, werden jetzt zu einem Problem, weil sie unter den neuen Rahmenbedingungen auf einmal als ungerecht wahrgenommen werden und weil die Marktwirtschaft im Wettbewerb mit dem Sozialismus als unsozial erscheint. Deshalb wandelt sich der liberale Staat in einen Sozialstaat, der soziale Ungleichheiten – auch zwischen Land und Stadt – mit staatlichen Maßnahmen aktiv zu reduzieren versucht. Der globale Gegensatz zwischen Marktwirtschaft und Sozialismus stellt in Deutschland eine besondere Herausforderung dar, weil die Grenze der zwei großen Machtblöcke mitten durch das Land hindurch geht und der Vergleich zwischen den beiden «Systemen» hier einen besonders großen Stellenwert besitzt.

Die Entwicklung des liberalen Staates zum Sozialstaat ist die Ursache für eine ganze Reihe von sozialpolitischen Maßnahmen auf der Ebene von Bund, Ländern und Kommunen – Dorfsanierung, Schulreform, Gebietsreform und der Aufbau eines Systems Zentraler Orte –, die dazu beitragen, dass das Landleben auf eine forcierte Weise modernisiert wird.

Die neue Leitidee für diese Maßnahmen, die bereits den Wiederaufbau der zerstörten Städte direkt nach dem Zweiten Weltkrieg prägt, ist die Nutzungsentmischung oder die Nutzungstrennung, was eine Radikalisierung der Arbeitsteilungen und Spezialisierungen bedeutet. Diese Leitidee wurde erstmals im Jahr 1933 in der «Charta von Athen» programmatisch formuliert,[13] aber sie erlangt erst nach 1945 eine zentrale Bedeutung. Zwei Aspekte sind dabei von zentraler Bedeutung, nämlich der Entwurf einer völlig neuen Raumstruktur am Beispiel der Stadt und die scharfe Kritik des großen Stellenwerts privater (Gewinn-)Interessen bei der Stadtentwicklung: «Das Privatinteresse wird in Zukunft dem Interesse der Gemeinschaft unterstellt sein.»[14]

Damit die Menschen in einer Stadt gut leben können, müssen die drei Schlüsselfunktionen Wohnen, Arbeiten und Erholung (Freizeit) voneinander getrennt und jeweils in eigenen Stadtvierteln autonom ausgeführt werden, wobei der Verkehr als vierte Schlüsselfunktion diese Stadtviertel untereinander verbindet. Damit er diese Aufgabe reibungslos erfüllen kann, benötigt die Stadt ein gut ausgebautes Verkehrsnetz mit getrennten Fahrbahnen für die verschiedenen Verkehrsströme mit ihren so unterschiedlichen Geschwindigkeiten. Nur so ist es möglich, dass der Verkehr den anderen Funktionen «keinerlei Gewalt antut».[15]

Diese neue Leitidee wird nur verständlich, wenn man weiß, dass in der vorindustriellen Stadt – genauso wie in jedem Dorf – die Funktionen Wohnen, Arbeiten, Freizeit stets auf den gleichen Flächen gemeinsam ausgeführt werden. Die Industrielle Revolution ändert daran nichts, und sie schafft sogar neue Formen der kleinräumigen Nutzungsdurchmischung wie zum Beispiel die «Kreuzberger Mischung», die im gründerzeitlichen Berlin entsteht: Ein großer, auf allen Seiten durch Straßen begrenzter Baublock wird zur Straße hin mit Wohngebäuden und dahinter mit mehreren Hinter- und Gewerbehöfen bebaut. Im Vorderhaus gibt es im Erdgeschoss Läden, Dienstleistungsbetriebe und Eckkneipen, darüber wohnen Beamte und Angestellte, während in den Seitenflügeln und Hinterhöfen Arbeiter wohnen. In den Gewerbehöfen gibt es einige Kuhställe, aber vor allem zahlreiche Gewerbebetriebe, und an ausgewählten Stellen befinden sich Tanzsäle und andere Freizeiteinrichtungen. Ein solcher Baublock ist also durch eine kleinräumige Nutzungsdurchmischung und durch eine hohe städtische Dichte geprägt.

Die Kritik an diesen Verhältnissen entzündet sich daran, dass das enge Mit- und Nebeneinander der verschiedenen Nutzungen alle Nutzungen beeinträchtigt und behindert – Arbeiten stört Wohnen und Erholen, Wohnen stört Arbeiten und Erholen usw. – und dass deshalb jede einzelne Nutzung nur auf eine schlechte Weise ausgeführt werden kann. Lediglich eine konsequente Trennung der verschiedenen Nutzungen und ihre räumliche Konzentration in jeweils unterschiedlichen Stadtvierteln ermögliche es, Wohngebiete optimal für das Wohnen, Wirtschaftsgebiete optimal für das Arbeiten und Freizeitgebiete optimal für die Freizeit anzulegen und auszugestalten – Nutzungstrennungen als große Qualitätsverbesserung und als Fortschritt.

In der Nachkriegszeit wird diese Idee schnell sehr populär und erhält große Überzeugungskraft.[16] Da der Umbau der Städte in funktional getrennte Stadtviertel sehr aufwendig ist, werden beim Wiederaufbau der zerstörten Städte in einem ersten Schritt erst einmal neue, breite Straßen im Zentrum angelegt. Dabei werden häufig die historischen Stadtgrundrisse mit ihren engen, verwinkelten Gassen zerstört, um mit einer «autogerechten» Stadtmitte den Fortschritt zu ermöglichen.[17] In einem zweiten Schritt entstehen dann am Rand der Großstädte neue Großwohnsiedlungen mit Hochhäusern und Grünanlagen, die sich an den Vorschlägen von Le Corbusier orientieren.[18] Die vollständige Neugestaltung einer Stadt nach den Leitideen der «Charta von Athen» wird allerdings nirgendwo in Deutschland realisiert.

Diese neue Leitidee einer fortschrittlichen Raumstruktur wird ab etwa 1960 auch auf das Landleben übertragen: Das alte Dorf mit seinem chaotischen Neben- und Durcheinander von Landwirtschaft, Wohnen, Gewerbe, Freizeit und Verkehr gilt Politikern und Planern jetzt als unzeitgemäß. Zu seiner Modernisierung werden zwei Programme eingesetzt. Dies sind zum einen die «Dorfsanierungen» oder «Ortsauflockerungen». Sie bestehen aus Flächensanierungen im Dorfkern, also in den meisten Fällen aus Gebäudeabrissen und seltener in der radikalen Modernisierung bestehender Gebäude, und sie werden in Verbindung mit einem überdimensionierten Straßenausbau – Leitbild: das autogerechte Dorf – in den 1960er und 1970er Jahren durchgeführt und von Aussiedlungen von Bauernhöfen aus dem Dorfkern an den Rand des Dorfes oder in die Flur begleitet.[19] Zum anderen wird 1961 der bundesweite Wettbewerb «Unser Dorf soll schöner werden» eingeführt, der mit einer ansprechenden Frei- und Grünflächengestaltung und einem exzessiven Blumenschmuck die Fassade des Dorfes aufzuwerten versucht.[20] Durch beide Modernisierungen wird die Dorfmitte in sterile Teilflächen umgewandelt und als soziales Zentrum entwertet, und der bäuerliche Charakter des Dorfes wird erheblich geschwächt.

Die zweite Maßnahme stellt die Schulreform dar: Ende der 1950er Jahre setzt sich in der Politik die Position durch, dass eine wettbewerbsfähige Wirtschaftsentwicklung in Deutschland in Zukunft nur mit einem hohen Bildungsstand der Bevölkerung möglich sei. Deshalb müsse die Zahl der Abiturienten erhöht und die Ausbildung auf allen Schulstufen stärker verwissenschaftlicht werden. Im Sinne des Sozialstaates hofft man damit zugleich auch mehr Chancengleichheit (sozialer Aufstieg durch bessere Bildung) und eine Stärkung der Demokratie (größere Mündigkeit des Bürgers durch bessere Bildung) erreichen zu können. Im Jahr 1964 wird die traditionelle Volksschule durch die neue Grund- und Hauptschule (4 + 5 Schuljahre) ersetzt, die Schulsysteme der Bundesländer werden ein Stück weit aneinander angeglichen, und weitere Maßnahmen folgen auf allen Ebenen des Bildungssystems.

Diese Schulreform betrifft das Landleben in erheblichem Ausmaß: Bislang hatte jedes größere Dorf seine eigene Volksschule; waren die Schülerzahlen gering, dann wurde der Unterricht für mehrere Jahrgänge gemeinsam durchgeführt.[21] Dies gilt jetzt als völlig unzureichend. Die kleinen Dorfschulen werden aufgelöst, und es werden zentrale Verbandsschulen geschaffen, die so groß sind, dass jeder Schülerjahrgang getrennt unterrichtet und Fachunterricht in eigenen Fachräumen und Unterricht für verschiedene Leistungsgruppen angeboten werden kann. Zu diesem Zweck werden in zentral gelegenen Orten neue große Schulgebäude außerhalb des Ortskerns errichtet, die häufig drei bis vier traditionelle Volksschulen ersetzen (Abbildung 14).[22] Damit verschwindet die Schule aus dem Dorf: Der Lehrer wohnt jetzt nicht mehr im Dorf, die Kinder werden zu Fahrschülern, und der Unterricht, der bislang auf die jeweilige dörfliche Realität bezogen war, wird abstrakter und allgemeiner (stärker verwissenschaftlicht) und verliert den Bezug zur konkreten Alltagswelt der Schüler.

Die Zahl der Mittel- und Oberschulen (Realschulen und Gymnasien), die bislang wenig im ländlichen Raum vertreten waren, wird im Rahmen der Schulreform erhöht.[23] Davon profitiert das Land sehr deutlich, weil die Entfernungen zu den neuen weiterführenden Schulen so kurz werden, dass die früheren Internate für Schüler vom Land überflüssig werden und sehr viel mehr Kinder als früher diese Schulen besuchen können. Häufig werden auf dem Land Schulzentren errichtet, in denen Grund-, Haupt-, Mittel- und Oberschulen auf einem großen Schulgelände konzentriert werden und zu denen die Schüler täglich mit Schulbussen transportiert werden.[24] Dadurch verbessern sich die Bildungsmöglichkeiten im ländlichen Raum spürbar.

Mit der Schulreform verschwindet also die Schule aus dem Dorf, und die Fortschritte, die dadurch im Bildungsbereich erzielt werden, folgen den Leitideen der «Charta von Athen»: Die Schulen werden aus dem multifunktionalen Dorfleben herausgenommen, ihre Bildungsaufgabe wird in Form von Schulzentren, also als räumliche Monofunktion, professionalisiert, ausdifferenziert und verwissenschaftlicht.

Die dritte Maßnahme ist die Gebietsreform, die von allen großen Parteien, den großen Kirchen, den Gewerkschaften, den Wohlfahrtsverbänden und von weiteren wichtigen Gruppen unterstützt und in der ersten Hälfte der 1970er Jahre umgesetzt wird. Sie betrifft die Gemeinden, die kreisfreien Städte, die Landkreise und die Regierungsbezirke. Dabei wird auf den unteren sehr viel mehr als auf den oberen Ebenen verändert.

Die Gemeinden, die in Deutschland meist in der ersten Hälfte des 19. Jahrhunderts geschaffen worden waren, waren bislang kaum verändert worden.[25] Sie hatten die Aufgabe, als lokale Selbstverwaltungsstrukturen alle sie betreffenden Angelegenheiten eigenständig zu entscheiden und zu gestalten. Der ehrenamtliche Bürgermeister und der ehrenamtliche Gemeinderat wurde vom Dorfschullehrer unterstützt, der die Protokolle der Sitzungen des Gemeinderats führte und die wenigen «Schreibereyen» erledigte. Alle anfallenden Gemeindearbeiten wurden gemeinschaftlich im Rahmen der traditionellen «Hand- und Spanndienste» ausgeführt.[26] Mit den großen Veränderungen ab den 1960er Jahren – also mit dem Aufbrechen des Dorfes als Wirtschafts- und Lebenseinheit, mit den zunehmenden Spezialisierungen im Bildungs-, Gesundheits- und Arbeitsbereich und mit den steigenden Anforderungen an die kommunale Verwaltung – sind aber die ländlichen Gemeinden immer weniger in der Lage, ihre Selbstverwaltungsaufgaben angemessen zu erfüllen.

Deshalb legen die Experten eine Mindestgröße von 5000 Einwohnern fest, damit in der Gemeindeverwaltung hauptamtliches Personal mit einer Verwaltungsausbildung angestellt und moderne EDV-Technik zur effektiveren Erledigung der Verwaltungsaufgaben eingesetzt werden kann. Bei der Umsetzung der Gemeindereform wird zwar der Schwellenwert von 5000 Einwohner pro Gemeinde nicht immer erreicht, aber in den acht Flächenbundesländern geht die Zahl der Gemeinden von 24 411 im Jahr 1966 auf 8506 im Jahr 1985 zurück. Dies entspricht einem Rückgang von 65 %, wobei die Rückgänge im Saarland (85 %), in Hessen (84 %) und in Nordrhein-Westfalen (83 %) besonders groß sind.[27] Viele kleine Gemeinden werden aufgelöst und entweder auf mehrere Nachbargemeinden aufgeteilt oder vollständig einer anderen Gemeinde zugeordnet. Die Dörfer werden jetzt offiziell «Ortsteil» genannt, was ihre Entwertung angemessen ausdrückt. Die Betroffenen protestieren oft heftig gegen den Verlust ihrer Eigenständigkeit, aber sie können sich nicht durchsetzen – zu groß ist der breite gesellschaftliche Konsens für die Notwendigkeit dieser Reform.[28]

Auch die Gemeindereform folgt der Leitidee der «Charta von Athen», weil die Gemeindestrukturen so stark vergrößert werden, dass ihre Arbeit professionalisiert werden und sich das neue Gemeindezentrum monofunktional allein auf die Verwaltung konzentrieren kann. Während die (wenigen) Orte, die Zentrum einer neuen Großgemeinde werden, aufgewertet werden, wird die große Mehrzahl der Dörfer abgewertet, und sie verlieren nach der Schule ein weiteres wichtiges Element ihrer traditionellen Multifunktionalität und ihrer dörflichen Identität. Zwar kennt der neue hauptberufliche Bürgermeister als Spezialist die Verwaltungsprobleme seiner Gemeinde sehr gut, mit den Alltagsproblemen seiner Bürger ist er nicht mehr so gut vertraut wie der alte Bürgermeister. Die unterste Ebene des demokratischen Staates wird zwar durch die Gemeindereform funktional gestärkt, entfernt sich aber gleichzeitig ziemlich weit vom Bürger und seinem Alltag, was zu einer Schwächung der Demokratie führt.

Die Landkreise wurden meist erst in der zweiten Hälfte des 19. Jahrhunderts als Selbstverwaltungsstrukturen konzipiert. Seitdem nehmen sie überörtliche Aufgaben im Gesundheits-, Bildungs- und Sozialwesen wahr und sind für den öffentlichen Personennahverkehr und für spezialisierte Verwaltungsaufgaben zuständig. Auch sie müssen jetzt zur effizienteren Erledigung ihrer Aufgaben vergrößert werden, damit in allen Teilbereichen jeweils Spezialisten mit einer einschlägigen Fachausbildung eingesetzt und damit auch hier Rationalisierungseffekte bei der Verwaltungsarbeit erzielt werden können. Allerdings wird die Zahl der Landkreise in den acht Flächenländern «nur» von 425 auf 237 reduziert, so dass die Verringerung deutlich geringer ausfällt als bei der Gemeindereform.[29]

Bei der Struktur der neu geschaffenen großen Landkreise wird bewusst auf zwei Dinge geachtet: Erstens sollen sich die neuen Landkreise als «Verflechtungsbereich» möglichst in Form eines großen Kreises oder Sechsecks um die Kreisstadt herum erstrecken, um die dortigen zentralen Einrichtungen wie Krankenhaus oder Gymnasium möglichst optimal erreichbar zu machen und sie optimal auslasten zu können. Zweitens sollen wirtschaftsstarke und wirtschaftsschwache Gebiete in *einem* Landkreis zusammengefasst werden, um zu vermeiden, dass wirtschaftsschwache ländliche Großlandkreise entstehen, die von staatlichen Zuwendungen abhängig werden würden.

Auch die neuen Landkreise treffen häufig auf Ablehnung. Die Grenzen der alten Landkreise orientierten sich oft an den Grenzen von historischen Territorien, besaßen daher eine lange Tradition und spielten bei der Identität der Menschen eine wichtige Rolle. Immer wieder gibt es im Rahmen der Gebietsreform Versuche, aus Gründen der regionalen Identität neue Landkreise in Form naturräumlicher Einheiten zu schaffen wie zum Beispiel einen Landkreis «Fränkische Schweiz» oder einen «Oberpfälzer Juralandkreis»,[30] was aber den Vorgaben der Landkreisreform widerspricht und daher nicht umgesetzt wird.

Damit verändern die neuen Landkreise die traditionellen Identitäten fundamental: Oberhalb der eigenen (Klein-)Gemeinde war bislang der (kleine) Landkreis diejenige politische Struktur, die den Bezugs- und Ankerpunkt der traditionellen Identität bildete. Indem diese identitätsbildenden Strukturen aufgelöst werden und durch neue Strukturen ersetzt werden, denen eine Identität fehlt, wird die regionale Identität erheblich geschwächt.[31]

Diese Landkreisreform hat eine unbeabsichtigte Folgewirkung: Da die neuen großen Landkreise wirtschaftsstarke und wirtschaftsschwache Teilräume zusammenfassen sollen, müssen die relativ flächengroßen wirtschaftsschwachen ländlichen Gebiete – meist Mittelgebirgsregionen – aufgeteilt und verschiedenen Landkreisen zugeteilt werden: Das Gebiet der Fränkischen Schweiz wird auf die neuen Landkreise Bayreuth, Bamberg, Forchheim und Erlangen-Höchstadt, der Oberpfälzer Jura auf die neuen Landkreise Neumarkt, Amberg-Sulzberg, Schwandorf und Regensburg aufgeteilt, und für den Schwarzwald, das Rothaargebirge oder die Rhön gilt das Gleiche.

Auf diese Weise werden die flächengroßen wirtschaftsschwachen ländlichen Räume durch Grenzen zerschnitten und zerstückelt, und ihre Teile werden Randgebiete in den neuen Großlandkreisen. Da die neuen Landkreisgrenzen aber den Alltag sehr stark prägen – sie sind zugleich auch die Grenzen von Schulbezirken, Tageszeitungen, Fußball-Kreisklassen, Bauernverbands- oder Handelskammerstrukturen – entfalten sie eine trennende Wirkung und behindern die engere Zusammenarbeit über diese Grenzen hinweg: Eine wirtschaftsschwache Region, die in mehrere Teilräume aufgeteilt ist, wird wirtschaftlich, kulturell und politisch geschwächt, und es fällt ihr sehr schwer, ihre gemeinsamen wirtschaftlichen Potenziale aufzuwerten.

Damit greift die Gebietsreform in erheblichem Ausmaß in das Alltagsleben auf dem Land ein und verändert es nach den Leitideen der «Charta von Athen».

Die vierte Maßnahme ist der Aufbau eines Systems von Zentralen Orten, der das Ziel verfolgt, in allen Teilräumen der Bundesrepublik Deutschland «gleichwertige Lebensverhältnisse» zu realisieren. Dieses Konzept wird in den 1960er Jahren im Rahmen der neu entstehenden Raumordnung des Bundes entwickelt, 1968 erstmals verabschiedet und in den 1970er Jahren von den Bundesländern auf föderale, also unterschiedliche Weise umgesetzt.[32]

Mit der industriellen Entwicklung hatte sich die gesamte wirtschaftliche und gesellschaftliche Entwicklung auf die Industriestädte und

Industriegebiete konzentriert, und das Land war systematisch entwertet worden, so dass die räumlichen Ungleichheiten im Laufe der Zeit immer größer wurden. Zu Beginn der 1960er Jahre setzt auf der Ebene des Bundes eine Grundsatzdiskussion über die zukünftige Raumentwicklung ein: Sollen «funktionsräumliche Arbeitsteilungen» oder «ausgeglichene Funktionsräume» angestrebt werden?[33]

Das Konzept der «funktionsräumlichen Arbeitsteilungen» verfolgt das Ziel, aus Gründen der Effizienz die wirtschaftliche Entwicklung auf die Verdichtungsräume (städtische Regionen mit hoher Dichte, also de facto Großstadtregionen) zu konzentrieren (hier soll die «Entwicklungsfunktion» dominieren), während den ländlichen Räumen eine «Ausgleichsfunktion» in den Bereichen Landwirtschaft, Trinkwasser, Freizeit und Naturschutz zukommen solle. Damit würden innerhalb Deutschlands großräumige Unterschiede festgeschrieben, und wer ein modernes Leben führen wolle, müsse in die Verdichtungsräume umziehen. Das Konzept der «ausgeglichenen Funktionsräume» lehnt solche großräumigen Unterschiede ab und will im gesamten Gebiet der Bundesrepublik Deutschland ein modernes Leben ermöglichen, wobei innerhalb dieser ausgeglichenen Funktionsräume natürlich kleinräumige funktionale Spezialisierungen nach der Leitidee der «Charta von Athen» vorgesehen sind, weil diese die Voraussetzung für ein modernes Leben sind.

Bei dieser Grundsatzdiskussion setzt sich nach einigen Jahren die zweite Position durch, weil der Sozialstaat die politische Zementierung der großräumigen Unterschiede als sozial ungerecht und für die Betroffenen als nicht akzeptabel bewertet. Die Leitidee der Raumordnung und Raumentwicklung wird deshalb die Herstellung «gleichwertiger Lebensverhältnisse» mittels ausgeglichener Funktionsräume. Das ist die räumliche Dimension der sozialen Gerechtigkeit. Dabei wird bewusst von gleich*wertigen* und nicht von gleich*artigen*, gleichen oder identischen Lebensverhältnissen gesprochen, weil die Unterschiede zwischen Stadt und Land nicht aufgehoben werden können (und auch nicht sollen), aber doch vergleichbar gute oder «wertgleiche» Lebensbedingungen aufgebaut werden sollen. Oder wie es das Raumordnungsgesetz 2008 etwas modifiziert formuliert: «Im Gesamtraum der Bundesrepublik Deutschland und in seinen Teilräumen sind ausgeglichene soziale, infrastrukturelle, wirtschaftliche, ökologische und kulturelle Verhältnisse anzustreben.»[34]

Wie aber sollen auf dem Land gleichwertige Lebensverhältnisse aufgebaut werden, wenn die Qualität des modernen Lebens in Spezialisierungen, Ausdifferenzierungen und räumlichen Funktionstrennungen besteht, die auf dem Land wegen der geringen Bevölkerungszahlen und der geringen Dichte aller Nutzungen nur schwer oder gar nicht umsetzbar sind? Dazu bedarf es einer ganz bestimmten Interpretation des Begriffs «gleichwertig», die auf zwei normativen Festlegungen aufbaut.

Die erste Festlegung besteht darin, dass nur eine Großstadt mit mindestens 100 000 Einwohnern, ein sogenanntes «Oberzentrum», die notwendigen Bedingungen für eine hohe Lebensqualität in *allen* Lebensbereichen bietet. Erst ab dieser Größe können alle Funktionen – Aus- und Weiterbildung, Medizin, Kultur, Sport, Freizeit, Einkaufen, Wissenschaft, Verwaltung, hochqualifizierte Arbeitsplätze – so stark ausdifferenziert und spezialisiert werden, dass sie die modernen Qualitätsansprüche voll erfüllen.[35] In kleineren Städten und erst recht auf dem Land sind diese hohen Qualitäten aufgrund geringerer Nutzerzahlen, die höhere Spezialisierungen verunmöglichen, grundsätzlich gar nicht möglich. Um diesen Menschen trotzdem hohe Lebensqualitäten oder gleichwertige Lebensverhältnisse zu ermöglichen, besteht die einzige Lösung darin, ihnen das Erreichen des nächsten Oberzentrums so zu erleichtern, dass ein Besuch dort gut in ihr Alltagsleben integriert werden kann. Dabei wird als zweite Festlegung eine Fahrtzeit von 60 Minuten als akzeptabel angesetzt. Trifft dies zu, dann sind im ländlichen Raum gleichwertige Lebensverhältnisse gegeben. Gleichwertigkeit wird also normativ so interpretiert, dass es eine genügend große Zahl von Oberzentren mit mehr als 100 000 Einwohnern geben muss und dass man vom Land aus eines davon innerhalb von 60 Minuten erreichen kann.

Nach dieser Leitidee wird die Raumstruktur der Bundesrepublik Deutschland umgebaut: Da die Großstädte sehr ungleich in Deutschland verteilt sind, werden in peripheren ländlichen Räumen mittelgroße Städte ausgewählt, die gezielt zu Oberzentren aufgewertet und ausgebaut werden und die so liegen, dass ihre 60-Minuten-Einzugsgebiete den gesamten ländlichen Raum flächenhaft abdecken. Auf diese Weise werden 58 Oberzentren ausgewiesen, die mit ihren Einzugsgebieten oder Regionen («Planungsregionen»; eine neu geschaffene politische Ebene zwischen Landkreis und Regierungsbezirk) das gesamte Gebiet der Bundesrepublik Deutschland abdecken.[36]

Bei der Aufwertung von Städten zu Oberzentren spielen Neugründungen von Universitäten (in Bayern zum Beispiel in Bamberg, Bayreuth, Passau), Vergrößerungen von Krankenhäusern, Ausbau der staatlichen Verwaltung, Ausweisung von großzügigen Gewerbegebieten und ähnliche Maßnahmen eine große Rolle. Parallel dazu wird durch den Neubau von Autobahnen und den Ausbau von Bundes- und Kreisstraßen die Erreichbarkeit der Oberzentren erheblich verbessert.[37]

Ergänzt wird dieses Netz von Oberzentren durch ein Netz von Mittelzentren (weiterführende Schulen, breites Einkaufsangebot, Krankenhaus, Arbeitsplatzzentrum; häufig sind dies die Kreisstädte der neuen Großlandkreise) und Unterzentren (Einkaufen für den täglichen Bedarf, Hauptschule, Arzt, Apotheke), in denen die für das moderne Leben notwendigen Funktionen in niedrigeren Spezialisierungsgraden angesiedelt sind und für die kürzere Erreichbarkeitszeiten angesetzt werden. Auch diese Zentralen Orte werden – wo erforderlich – gezielt ausgebaut und gestärkt, und ihre Erreichbarkeit auf der Straße wird verbessert.[38] Im Zeitalter der Massenmotorisierung und der Autobegeisterung spielt jedoch nur die Erreichbarkeit der Zentralen Orte durch den motorisierten Individualverkehr eine Rolle (einzige Ausnahme sind Schulbusse für den Transport der Schüler vom Wohnort ins Schulzentrum). Andere Möglichkeiten werden kaum diskutiert, weil die Erschließung des ländlichen Raumes durch den öffentlichen Verkehr mit häufigen Fahrten zu teuer wäre.

Alle Gemeinden, die nicht als ein Zentraler Ort klassifiziert sind, werden jetzt «nichtzentrale Orte» genannt und gelten als Wohngemeinden; bei den öffentlichen Maßnahmen und Förderungen von überörtlichen Infrastrukturen werden sie nicht berücksichtigt, da sich diese auf die Zentralen Orte konzentrieren.

Beim Aufbau dieses mehrstufigen Netzes von Zentralen Orten liegt der Schwerpunkt der Maßnahmen von Bund und Ländern eindeutig auf den Oberzentren. Es gibt damals zwar auch Stimmen, die es vorgezogen hätten, im ländlichen Raum alternativ zu den Oberzentren prioritär viele kleine lokale Zentren zu stärken und aufzuwerten,[39] aber diese Position kann sich nicht durchsetzen, weil als Maßstab der gleichwertigen Lebensverhältnisse das Oberzentrum festgelegt ist.

Mit dem Aufbau dieses Netzes mehrstufiger Zentraler Orte wird also erreicht, dass die Bewohner des ländlichen Raumes Anteil am modernen arbeitsteiligen Leben haben können. Allerdings wird dadurch nicht das Land selbst aufgewertet, sondern das Land wird lediglich näher an die Stadt herangerückt, und es profitiert allein von der nun deutlich geschrumpften Distanz zur Stadt. Das traditionelle Landleben hingegen wird zurückgedrängt, und das moderne Landleben nähert sich immer mehr dem modernen, städtisch geprägten Leben an.

Diese vier Maßnahmen der Dorfsanierung, der Schul- und Gebietsreform und des Aufbaus eines Systems von Zentralen Orten folgen der Leitidee der «Charta von Athen», eine höhere Lebensqualität durch Auflösung multifunktionaler Lebensformen und durch räumliche und funktionale Spezialisierungen zu realisieren. Alle Maßnahmen werden von Spezialisten konzipiert, geplant und umgesetzt, denn man ist der Meinung, dass nur sie das dafür erforderliche Fachwissen besitzen. Dadurch werden elementare Bestandteile des multifunktionalen Landlebens – lebendige Dorfmitte, eigene Schule, eigener Bürgermeister, räumliche Distanz zur Stadt – zerstört, und auch der ländliche Raum wird jetzt durch Nutzungstrennungen und räumliche Monostrukturen geprägt: In einem Dorf wohnt man in einem Neu-

baugebiet am Dorfrand, der Arbeitsort liegt in der benachbarten Stadt, die Kinder gehen im Nachbardorf, später in der Kleinstadt zur Schule, eingekauft wird in einem Einkaufszentrum an der Kreuzung zweier Bundesstraßen, in der Freizeit sucht man weiter entfernte Wälder und Seen auf, und der Freundes- und Bekanntenkreis verteilt sich in einem großen Umkreis um den eigenen Wohnort herum auf viele verschiedene Orte. Der Fachbegriff für solch eine Raumstruktur lautet: der ländliche Raum als «Teillebensraum», also als ein Raum, in dem die verschiedenen Funktionen, die ein Leben ausmachen, an jeweils unterschiedlichen Orten ausgeführt werden. Solche Orte haben nichts mehr mit einem multifunktionalen Ort traditioneller Prägung zu tun, sondern es sind monofunktional spezialisierte Orte, Standorte für ganz bestimmte Funktionen. Damit diese Raumstruktur funktioniert, ist sehr viel Verkehr nötig, um die einzelnen Standorte miteinander zu verbinden. Durch den steigenden Verkehr wird jedoch das Dorfzentrum noch mehr belastet, und die Neubauten am Dorfrand werden wegen ihrer verkehrsberuhigten Lage zusätzlich aufgewertet, so dass sich die Funktionstrennungen aus sich heraus weiter verstärken.

Dieser von oben forcierte Strukturwandel trifft auf erheblichen Widerstand bei den Betroffenen. Diese wollen jedoch in den meisten Fällen nur ihre traditionellen Lebensformen beibehalten und entwickeln selbst keine alternativen Konzepte zu dieser Form der Modernisierung, weshalb sie gesellschaftlich und politisch an den Rand gedrängt werden. Es gibt in dieser Zeit nur eine politische Bewegung, die eine wirkliche Gegenposition aufbaut, und diese entsteht aus einem völlig anderen Zusammenhang heraus.

Die sogenannte «eigenständige» oder «endogene Regionalentwicklung» baut auf den alternativen Erfahrungen der internationalen Entwicklungszusammenarbeit der 1960er Jahre und ihrer Erkenntnis auf, dass sich die Staaten der Dritten Welt nur dann erfolgreich entwickeln können, wenn sie nicht die Entwicklung der Industriestaaten nachmachen und nicht die wirtschaftlichen Verflechtungen mit ihnen ausbauen, sondern wenn sie ihre eigenen Strukturen und ihre spezifischen Potenziale stärken. Diese Erfahrungen werden zu Beginn der 1970er Jahre von einigen prominenten Wissenschaftlern und von alternativen Gruppen auf das Verhältnis zwischen städtischen Zentren und ländlichen Räumen innerhalb der Industriestaaten übertragen, und sie werden unter Bezugnahme auf Zentrum-Peripherie-Theorien zu einer fundamentalen Kritik an der forcierten Modernisierung des ländlichen Raums durch die Zentren ausgebaut.[40]

Kernpunkt der eigenständigen Regionalentwicklung ist das Ziel, dass eine ländliche Region nicht mittels Verflechtungen mit dem nächsten Oberzentrum zu einem Teillebensraum gemacht wird, sondern dass ihre regionale Eigenständigkeit als Lebens-, Wirtschafts- und Kulturraum gestärkt wird. Schlüsselfaktor für diese Aufwertung ist die regionale Identität, denn nur wenn Menschen gerne in einer Region leben und sich mit ihr identifizieren, sind sie in der Lage, sich auf eine aktive und lebendige Weise mit ihrer Region zu identifizieren, Verantwortung für sie zu übernehmen und regionale Potenziale auf innovative Weise neu aufzuwerten. Deshalb steht die Stärkung der regionalen Identität stets am Anfang. Nicht ein möglichst großer wirtschaftlicher Ertrag, sondern ein gutes Leben steht im Mittelpunkt dieser Regionalentwicklung.

Bei der wirtschaftlichen Aufwertung stehen die vielfältigen regionalen Potenziale im Zentrum, die in der Regel zu wenig oder gar nicht mehr genutzt werden. Ziel ist es nicht, wenige konkurrenzfähige Massenprodukte für einen internationalen Markt zu produzieren, sondern eine Vielzahl qualitativ hochwertiger Produkte mit einer hohen Wertschöpfung in der Region zu entwickeln, die auf umwelt- und sozialverträgliche Weise produziert und in der Region oder außerhalb von ihr vermarktet werden. Auf diese Weise sollen ökonomische, ökologische und kulturelle Faktoren eng miteinander verbunden und regionsspezifische Eigenschaften gestärkt werden.

Allerdings wird die eigenständige Regionalentwicklung aufgrund ihrer Kritik an den Grundlagen der herkömmlichen Regionalentwicklung von der Politik mit großer Skepsis betrachtet; sie wird kaum umgesetzt, und bleibt eine alternative Idee.[41]

Aus diesem Grund dominiert die forcierte Modernisierung zwischen 1960 und 1980 den ländlichen Raum, und viele Betroffenen haben den Eindruck, dass diese Entwicklung eigentlich alternativlos sei.

6.5 Der kulturelle Wandel: Landleben als Auslaufmodell

Das traditionelle Landleben ist dadurch geprägt, dass Leben und Arbeiten eine Einheit bilden – eine räumliche Trennung der Funktionen Wohnen, Arbeiten, Freizeit ist gar nicht vorstellbar –, dass aufgrund der Kleinheit der Siedlungen jeder jeden kennt und die gesamte Kommunikation auf persönlichen Kontakten beruht, dass die Stadt zeitlich und mental weit entfernt ist und dass jedes Dorf mit seiner Gemarkung eine kleine, eigenständige Einheit ist, die sich bewusst von den Nachbardörfern abgrenzt (siehe Seite 35). Diese Struktur wird in der Zeit der Industriegesellschaft zwar deutlich geschwächt, aber bleibt doch noch relativ unverändert erhalten (siehe Seite 111).

Dies ändert sich jetzt mit dem Beginn der 1960er Jahre: Durch die Massenmotorisierung sinkt die Distanz zur Stadt, der wirtschaftliche Wandel löst das traditionelle multifunktionale Wirtschaften auf, der demographische Wandel schwächt den ländlichen Raum, und die politischen Interventionen zerstören elementare Bestandteile des multifunktionalen Landlebens.

Zusätzlich beginnen die modernen Medien und Kommunikationsmittel, die das Landleben bislang nur randlich beeinflusst hatten, es jetzt zu dominieren. Radio und Fernseher, die in erster Linie eine städtisch geprägte Welt präsentieren, finden sich bald in jedem Haushalt, und der Fernsehabend im Wohnzimmer innerhalb der Kleinfamilie ersetzt das traditionelle abendliche Zusammensitzen der Nachbarn auf der Bank vor dem Haus oder in der Küche. Telefon, Tageszeitung und Gemeindeblätter treten an die Stelle der mündlichen Informationsweitergabe[42] und machen viele persönliche Kontakte überflüssig. Damit wandelt sich die dörfliche Kommunikation fundamental: Während früher jeder im Dorf mit jedem sprach, weil man wechselseitig aufeinander angewiesen war, hat man jetzt tendenziell nur noch mit solchen Menschen Kontakt, die man auch sympathisch findet.

Die große Zäsur im Landleben wird in der Gestaltung der Neubauten besonders gut sichtbar. Zwischen 1960 und 1980 entstehen zahlreiche Neubauten am Rande des alten Dorfes, weil die Dorfbewohner lieber einen Neubau errichten als ihr altes Haus im Dorfzentrum zu modernisieren und weil Zuzügler lieber neu bauen als ein altes Haus zu kaufen und zu renovieren. Das alte Dorf war durch regional sehr unterschiedliche Haus-, Hof- und Siedlungsformen geprägt, und viele Gebäude verfügten über gewisse lokale Besonderheiten, so dass sich jedes Dorf auch architektonisch von seinen Nachbardörfern unterschied. Mit der wachsenden Zahl der Neubauten gehen diese Beson-

Abb. 1: Land bedeutet für die meisten Menschen: Natur, Landwirtschaft und Dörfer.

Abb. 2: Kleinstädte gehören auf Grund ihrer geringen Bevölkerungsdichte zum Land.

Ausführliche Bildlegenden auf den Seiten 295–298.

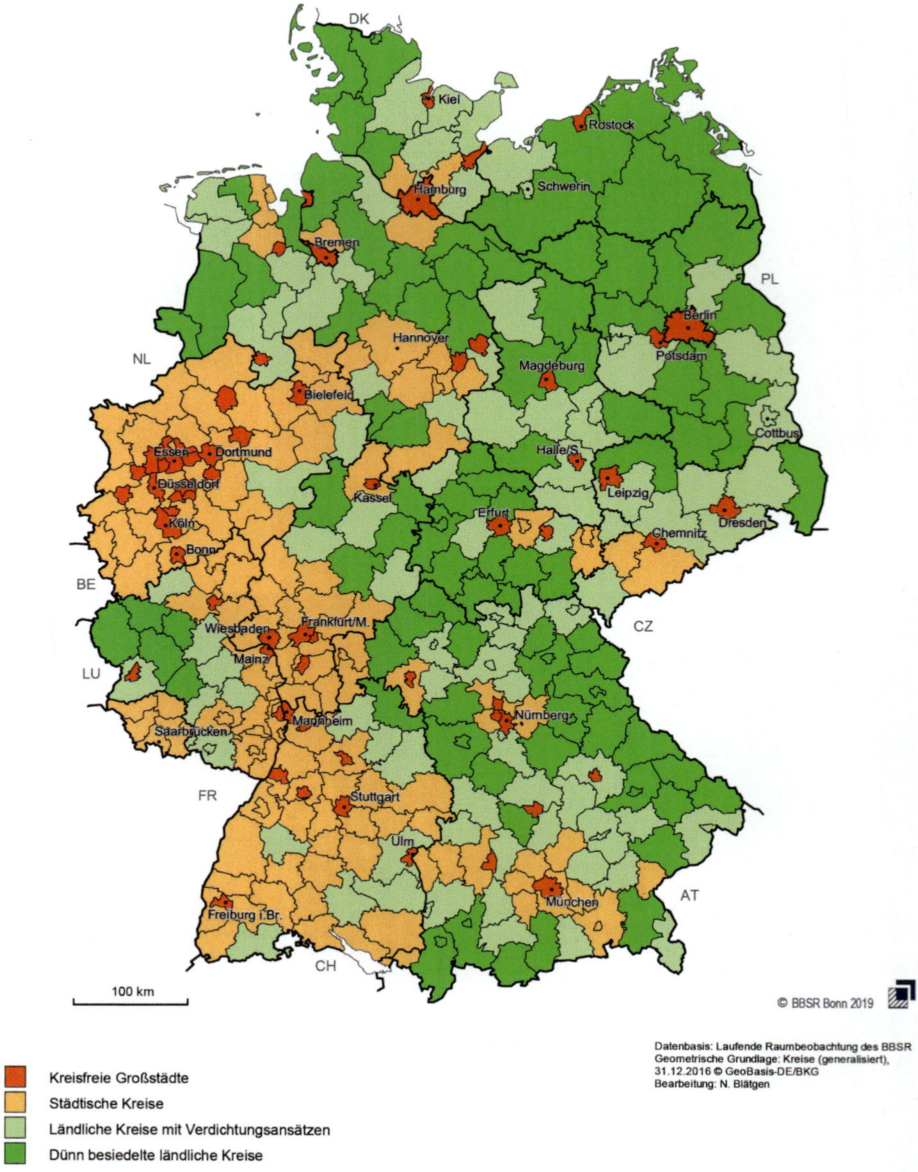

Karte 1: Siedlungsstruktureller Kreistyp

Abb. 3: Zahllose Burgen verweisen noch heute auf die mittelalterliche Grundherrschaft.

Abb. 4: Klöster haben im Mittelalter für die Landwirtschaft eine große Bedeutung.

Abb. 5: Die Landwirtschaft des Mittelalters wird in «Monatsbildern» genau dargestellt.

Abb. 6: Die tausendjährige Linde ist Symbol für die Obstbaumveredelung dieses Dorfes.

Abb. 7: Der Schornstein ist der letzte Rest der protoindustriellen Eisenverarbeitung.

Abb. 8: Durch Waldweide werden die Wälder (Allmend-Flächen) stark aufgelichtet.

Abb. 9: Ein ehemaliger Niederwald, der schon lange nicht mehr geschnitten wurde.

Abb. 10: Eine Darstellung bäuerlichen Landlebens aus dem Jahr 1886.

Abb. 11: «Gänsefrühling» von Adolf Lins aus der Malerkolonie Willingshausen.

Abb. 12: Das Naturschutzgebiet Lüneburger Heide ist eine Kulturlandschaft.

Abb. 13: Die Flurbereinigung bringt relativ große und homogene Parzellen hervor.

Abb. 14: Ein typisches kleines Schulzentrum der 1970er Jahre (heute renoviert).

Abb. 15: Das Landleben war 1955 dem Mittelalter viel näher als dem heutigen Leben.

Abb. 16: Die neuen Gewerbegebiete nehmen inzwischen sehr große Flächen ein.

Abb. 17: Windräder sind heute in großen Teilen des ländlichen Raumes präsent.

Abb. 18: Neubaugebiete sind inzwischen sehr viel größer als die alten Ortskerne.

Abb. 19: Die modernen Verkehrsflächen benötigen sehr viel Platz.

Abb. 20: Ehemalige Kalkmagerrasen, die heute vollständig verbuscht sind.

Abb. 21: Große Artenvielfalt auf einer traditionell genutzten Weide.

Abb. 22: Der Rückzug der Landwirtschaft führt zur Verwaldung der Landschaft.

Abb. 23: «Schaufelbuchen» im Steigerwald als Relikt traditioneller Waldnutzung.

Abb. 24: Auf vielen kleineren Flächen gibt es noch kleinräumige Kulturlandschaften.

Abb. 25: Streuobstwiesen sind für die Vielfalt von Insekten und Vögeln sehr wichtig.

Abb. 26: Wandel der Landnutzung von Intensivierungen bis zu Nutzungseinstellungen.

derheiten allmählich verloren, weil alle Neubauten bundesweit einheitlich in moderner, städtisch-funktionaler Bauweise, oft als ein- oder eineinhalbstöckiger Bungalow errichtet werden und weil sie keinerlei Bezug zur traditionellen Architektur mehr besitzen. Dadurch wird bereits optisch sichtbar, dass sich die Bewohner der Neubauten vom traditionellen Dorfleben distanzieren.

Der alte Dorfkern wird dadurch immer stärker entwertet, hier leben immer weniger, meist ältere Menschen, und die Häuser werden nur noch selten renoviert, was ihren Abriss im Rahmen der Dorfsanierung erleichtert. Am Ende ist der Dorfkern so gut wie tot, das Dorf lebt in erster Linie in den Neubaugebieten am Dorfrand, und das dortige Leben ähnelt immer mehr einem Leben am Rande einer Stadt als dem traditionellen Landleben.

Deshalb ist es kein Wunder, dass in dieser Zeit die herkömmlichen Lebensformen und Traditionen auf dem Land allmählich zusammenbrechen. Die junge und mittlere Generation hat daran kein Interesse mehr, und die alten Menschen, die sie noch fortführen, werden immer weniger. Viele Bräuche und Festveranstaltungen, die an bestimmte Jahreszeiten gebunden waren, werden eingestellt, zahlreiche traditionelle Strukturen und Lebensformen verschwinden einfach, und ein Landleben, das nicht modern-funktional geprägt ist, scheint keinerlei Zukunft mehr zu besitzen. Der tiefste Punkt ist am Ende der 1970er Jahre erreicht: Damals sieht es so aus, als ob das endgültige Verschwinden der letzten ländlich-traditionellen Lebensformen nur noch eine Angelegenheit weniger Jahre sei.

Fasst man alle in diesem Kapitel vorgestellten Veränderungen zusammen,[43] so lässt sich feststellen, dass die große säkulare Zäsur beim Landleben erst sehr spät, mit dem Beginn der 1960er Jahre einsetzt. Deshalb steht das Landleben der 1950er Jahre dem mittelalterlichen Leben noch sehr viel näher als den heutigen Lebensverhältnissen (Abbildung 15). Das bedeutet, dass der ländliche Raum erst in der allerletzten Phase der Industriegesellschaft, als der Übergang zur Dienstleistungsgesellschaft schon unmittelbar bevorsteht, durchgreifend umgestaltet und nach den Leitideen der «Charta von Athen» fundamental modernisiert wird. Nur wenige Jahre später wird man dann jedoch erstaunt feststellen, dass nichts so alt und so überholt wirkt wie die «modernen» Strukturen der 1960er und 1970er Jahre.

7. Die Postmoderne – eine neue Aufwertung oder das endgültige Verschwinden des Landlebens?

7.1 Der Bruch zu Beginn der 1980er Jahre und seine Ursachen

Nach der langen Entwertung des Landlebens setzt auf einmal am Beginn der 1980er Jahre völlig unerwartet eine Trendwende ein: Der verfallene Backofen wird in vielen Dörfern wieder hergerichtet, und es werden Backofenfeste veranstaltet, die Kirchweih-Tradition – regional Kirmes, Kerwa, Kilbi oder Kirtag genannt, also das jährliche Fest zur Erinnerung an die Weihe der Dorfkirche – wird wieder neu aufgenommen oder die Teilnehmerzahlen steigen plötzlich wieder an, es ziehen Menschen von der Stadt aufs Land, weil sie die Qualität des Landlebens schätzen, Jugendliche bleiben nach dem Abschluss der Schule bewusst im Dorf, weil sie dort besser leben können als in der Stadt, und nehmen lange Pendelstrecken zur Ausbildung in Kauf, die Neubauten der Wohnhäuser erhalten ein völlig neues Gesicht, das mehr der traditionellen als der Architektur der 1970er Jahre ähnelt, das Landbier von kleinen Dorfbrauereien wird plötzlich den im Fernsehen beworbenen Bieren der Großbrauereien vorgezogen, und alte Landwirtschaftsprodukte, die längst vom Markt verschwunden waren, werden auf einmal neu angebaut und als Spezialitäten vermarktet.[1]

Diese neue Entwicklung irritiert viele Menschen, weil sie dem bisherigen Zeitgeist so deutlich widerspricht. In Frankreich, wo der Gegensatz zwischen Stadt und Land wegen des Zentralismus besonders deutlich ausgeprägt ist, ist das Erstaunen so groß, dass man dafür sogar ein eigenes Wort prägt, nämlich die «néoruraux» (Neu-Ländler).[2] In den 1980er Jahren sind es noch relativ wenige Menschen, die dieses neue Verhalten zeigen; manche Pioniere und Protagonisten dieser Entwicklung werden anfangs heftig angefeindet und sogar körperlich bedroht, weil man befürchtet, dass sie den Fortschritt auf dem Land verhindern würden. In den 1990er Jahren wird daraus ein breites und ab den 2000er Jahren ein Massenphänomen, wie der Boom der neuen Land-Zeitschriften ab dem Jahr 2005 oder die häufige Verwendung der alten Kfz-Kennzeichen aus der Zeit vor der Gebietsreform ab dem Jahr 2012 verdeutlicht.[3]

Mit diesen Veränderungen sind drei grundlegende Neubewertungen verbunden. Die erste betrifft das Verständnis von Region und Regionalität: Eine Region ist ein Gebiet, in dem Bedingungen herrschen, die nur hier und nirgendwo sonst Gültigkeit haben und die sich häufig zu sehr spezifischen regionalen Besonderheiten verdichten. Im Rahmen der Industriegesellschaft, die allgemeinen oder universalistischen Werten verpflichtet ist, die immer und überall gelten, ist Region etwas Beschränktes und Borniertes, das den Geltungsbereich der «richtigen» Werte einschränkt. Regionale Besonderheiten müssen deshalb als überholte Raumstrukturen aufgelöst werden, weil sie dem Fortschritt im Wege stehen. Mit der beschleunigten Globalisierung erscheinen aber ab den 2000er Jahren auf einmal die universalistischen Werte, die sich inzwischen weltweit durchgesetzt haben, als extrem altmodisch und überholt, weil sie für eine weltweite McDonald- und Coca-Cola-Kultur, also für das ewig Gleiche und Austauschbare stehen; das Aufregende ist jetzt das Regionale, weil es authentisch und einmalig und deshalb besonders wertvoll und attraktiv ist. Damit wird aus dem rückwärtsgewandten Begriff der Region auf einmal ein fortschrittlicher Begriff.

Zweitens wird der zentrale Begriff der «Charta von Athen», die Nutzungstrennung, völlig neu bewertet:[4] Räumlich voneinander getrennte und hochspezialisierte Monofunktionen gelten jetzt als Ausdruck von Sterilität und Langeweile und als Verursacher eines Verkehrs, der alles Leben erstickt. Der neue Leitbegriff ist die Multifunktionalität, die Nutzungsdurchmischung, die eine lebendige Vielfalt oder die «integrative» Verbindung unterschiedlicher Nutzungen ermöglicht. Und drittens wird mit der räumlichen Spezialisierung auch der Spezialist relativiert: Wenn es um neue Nutzungsdurchmischungen geht, dann treten die Betroffenen gleichberechtigt neben die Spezialisten und erarbeiten auf «partizipative» Weise gemeinsam neue Konzepte.

Die neue Leitidee der 1980er Jahre lautet: Förderung einer integrativen und partizipativen Regionalentwicklung, die die Besonderheiten einer Region ins Zentrum rückt und stärkt.

Sehr früh, also bereits Mitte der 1980er Jahre, reagieren Dorfsanierung und Flurbereinigung auf diesen Wandel. Die Dorfsanierung wird ersetzt durch die Dorferneuerung, die das Ziel verfolgt, den individuellen Charakter eines Dorfes und seine regionstypische Bausubstanz zu erhalten, und die das Dorf als multifunktionalen Lebens-, Arbeits- und Freizeitraum stärken will. Und die Flurbereinigung legt jetzt nicht mehr bloß Parzellen zusammen, sondern engagiert sich gleichzeitig auch für Boden- und Erosionsschutz, für Naturschutz und Landschaftspflege und für die Identität der Menschen mit «ihrer» Landschaft.[5] Wenig später wandeln sich Bürgerinitiativen im ländlichen Raum, die entstanden waren, um zerstörerische Großprojekte zu verhindern, in Regionalinitiativen um, die sich dauerhaft für eine dezentrale Aufwertung ihrer Region engagieren; dadurch entstehen völlig neue Gruppen von Akteuren auf dem Land, die es vorher nicht gegeben hatte.[6]

Was ist nun die Ursache dieses tief greifenden Wandels, der für das Landleben eine regelrechte Zäsur darstellt? Fragt man die Akteure und Betroffenen, so fallen die Antworten meist wenig befriedigend aus: Wir haben den Backofen renoviert, weil selbstgebackenes Brot doch etwas ganz Besonderes ist, und wir haben nach dem Backen gleich ein kleines Fest veranstaltet, weil es so gemütlich und schön ist, wenn alle gemeinsam feiern. Natürlich ist das richtig, aber es klärt die zentrale Frage nicht: Warum ist selbstgebackenes Brot zehn Jahre zuvor nichts Besonderes, und warum kommt damals niemand auf die Idee, ein Backofenfest zu machen?

Meine Antwort lautet, dass es für diesen Wandel keine logisch-rationale und schon gar keine monokausale Antwort gibt, sondern dass er mit der Transformation der Industrie- zur Dienstleistungsgesellschaft bzw. mit dem Wandel von der Moderne zur Postmoderne zusammenhängt.[7] Dieser Wandel findet in der Mitte der 1970er Jahre statt (der Anteil der Erwerbstätigen in den Dienstleistungen überschreitet jetzt die 50-Prozent-Schwelle), und er ist keineswegs allein ein wirtschaftliches Phänomen, sondern betrifft das gesamte gesellschaftliche Leben, was sich auch daran sehen lässt, dass die neuen kulturellen Werte in einer Übergangszeit zu heftigen Konflikten mit den traditionellen Werten der Industriegesellschaft führen. In diesem Zusammenhang wird auch das Landleben neu gesehen. Allerdings dauert es einige Jahre, bis sich dieser Wandel durchsetzt, so dass der Beginn der Dienstleistungsgesellschaft um das Jahr 1980 herum angesetzt werden kann.

Ein zentraler Aspekt der Postmoderne ist die weitere sprunghafte Zunahme von Arbeitsteilungen und Spezialisierungen sowohl im Bereich der Wirtschaft wie auch in der Gesellschaft.[8] Die Wirtschaft bildet ab den 1980er Jahren globale Arbeitsteilungen aus, aber erst der Zerfall des sozialistischen Machtblocks und der damit verbundene Rückbau des Sozialstaats lassen die globalen Arbeitsteilungen in Verbindung mit sehr niedrigen Energie- und Transportkosten geradezu explodieren und stellen große Teile der europäischen und der deutschen Wirtschaft auf eine neue Grundlage. Damit verschärfen sich die Umweltprobleme, die mit dem kurzfristigen Wirtschaften seit der Industriegesellschaft verbunden sind, noch einmal auf drastische Weise.

Im Bereich der Gesellschaft führen kürzere Arbeitszeiten und höhere Reallöhne in Verbindung mit einem fundamentalen Wertewandel dazu, dass viele Verhaltensweisen, die bislang im Familien-, Nachbarschafts- oder Freundeskreis ohne Bezahlung ausgeübt wurden, jetzt spezialisiert und professionalisiert und als Dienstleistungen gekauft werden. Dies betrifft die Kinderbetreuung durch Tagesmütter, Kitas, Kindergärten, die Betreuung von alten und kranken Menschen durch ausgebildete Fachkräfte oder die kostenintensive Freizeitgestaltung. Dadurch verschwindet der Gegensatz zwischen Alltag und Freizeit, der in der Industriegesellschaft noch so stark ausgeprägt war; viele Bereiche des Lebens, die bislang dem wirtschaftlichen Handeln noch entzogen waren, werden in die Wirtschaft integriert. Weil der Konsum von Waren und Dienstleistungen jetzt eine zentrale Bedeutung erhält, wird die Dienstleistungsgesellschaft oder Postmoderne häufig auch als Konsumgesellschaft bezeichnet.[9] Damit entsteht auch im Bereich der Gesellschaft ein kurzfristiges Handeln, bei dem der einzelne Mensch mit seinen individuellen Bedürfnissen im Zentrum steht, wohingegen die traditionelle Verantwortung für die Umwelt, den eigenen Lebensraum und die hier lebenden Menschen erheblich geschwächt wird.

Um diesen Wandel, der für die Frage nach dem heutigen Landleben eine zentral wichtige Rolle spielt, angemessen verstehen zu können, stelle ich zuerst dar, warum sich die Industrie- in eine Dienstleistungsgesellschaft wandelt und wie sich dadurch die Standortanforderungen für Wirtschaft und Gesellschaft verändern, bevor dann in Abschnitt 7.2 die wirtschaftlichen Veränderungen im ländlichen Raum thematisiert werden.

Für den Wandel von der Industrie- zur Dienstleistungsgesellschaft gibt es sowohl wirtschaftliche wie auch gesellschaftliche Gründe.[10] Im II. Wirtschaftssektor werden permanent Rationalisierungen und Automatisierungen durchgeführt, so dass hier immer weniger Menschen arbeiten; gleichzeitig werden immer mehr einfache Arbeiten, die nicht rationalisiert werden können, in Billiglohnländer ausgelagert. Je weiter sich der II. Wirtschaftssektor ausdifferenziert und spezialisiert, desto stärker wachsen die traditionellen Dienstleistungen wie Handel, Banken, Versicherungen, Verwaltung und Verkehr, die lange Zeit nur wenig rationalisiert werden können. Zusätzlich entstehen neue Dienstleistungen durch Ausgliederungen und Spezialisierungen aus dem I. und II. Sektor wie Werbung, Marketing, Logistik, Consulting oder spezifische Rechtsberatungen. Die steigenden Anforderungen des Berufslebens sorgen dafür, dass die Ausbildungszeiten immer länger werden und ein lebenslanges Lernen zur Pflicht wird, wodurch der gesamte Aus- und Fortbildungsbereich wächst. Die steigenden Anforderungen an die Gesundheit sorgen in Verbindung mit dem Aufblühen der Medizintechnik und der Pharmaindustrie dafür, dass der Gesundheitssektor in erheblichem Ausmaß zunimmt. Weiterhin vergrößern sich die Dienstleistungen durch die Umwandlung von Tätigkeiten, die bislang ohne Bezahlung durchgeführt wurden, in wirtschaftliche Tätigkeiten, und schließlich wachsen Dienstleistungen durch den steigenden Lebens- und Konsumstandard, indem viele Menschen jetzt für Urlaub, Freizeit, Bildung, Lebensberatung oder Gesundheitsprävention, also für Dinge, die es früher so nicht gab, Geld ausgeben. Dies sind die Gründe dafür, dass die Arbeitsplätze in der Industrie zurückgehen und diejenigen in den Dienstleistungen immer zahlreicher werden.

Allein die Aufzählung der unterschiedlichen Dienstleistungen macht deutlich, dass sie keineswegs «immaterielle Güter» oder bloße Informationsverarbeitung – wie man heute gerne meint – sind. Selbst wenn sie das verkaufte Produkt materiell nicht verändern, so verbrauchen sie doch sehr viel Energie, besitzen einen hohen Flächen- und Ressourcenverbrauch, erzeugen sehr viel Verkehr, entwickeln also sehr viele externe Belastungen. Deshalb wird eine Wirtschaft keineswegs immer umweltfreundlicher, je größer in ihr der Anteil der Dienstleistungen wird.

Mit dem Übergang zur Dienstleistungsgesellschaft wandeln sich die Standortanforderungen der Wirtschaft erheblich: Die so wichtigen «harten» Standortfaktoren der großen Nähe zu den Kohle- oder Erzlagerstätten und der sehr guten Erreichbarkeit (Eisenbahn, Hafen) werden entwertet, die «weichen» Standortanforderungen hingegen, die zuvor kaum eine Rolle gespielt hatten, gezielt aufgewertet. Bei ihnen handelt es sich in erster Linie um eine kreative Atmosphäre, die die Spezialisten der Wirtschaftsbetriebe in die Lage versetzt, permanent Innovationen hervorbringen zu können. Dazu wird ein sogenanntes «kreatives Milieu» (lebendige kulturelle Atmosphäre mit Menschen sehr unterschiedlicher Gruppen, Kulturen und Herkunft) benötigt sowie eine intensive Vernetzung mit Forschung und Wissenschaft. Der entscheidende Punkt bei dieser Form der Innovationsförderung ist es, dass extrem hochspezialisierte Experten nicht mehr ausschließlich auf die gleichen Experten treffen, sondern dass sie ungezwungen und spontan auch mit völlig anderen Experten (Experten aus ganz anderen Branchen, Künstlern, Menschen aus anderen Kulturen) und mit «normalen» Menschen ins Gespräch und in einen Austausch kommen. Solche Begegnungen wirken sich innovationsfördernd aus, weil zentrale Innovationen nicht allein funktional geplant werden können, sondern zur Vorbereitung einen Raum brauchen, der Spontaneität und freie Assoziationen ermöglicht. Solche kreativen Milieus sind nur in sehr großen Städten möglich, weil nur hier die notwendige kulturelle Vielfalt und die erforderliche Zahl von Universitäten, Akademien, Fachhochschulen und Forschungslabors existiert, und weil nur hier die kulturelle Dichte so hoch ist, dass man sich ungeplant treffen kann. Das Land hat wenig Chancen an dieser Entwicklung teilzuhaben, und wenn doch einmal solche Innovationszentren abseits der Stadtzentren – meist im suburbanen Raum – errichtet werden, bleiben sie dort ein Fremdkörper, der eng mit vielen Großstädten, aber kaum mit seiner direkten Umgebung verflochten ist.[11]

Dieser wirtschaftliche Wandel mit seinen neuen Anforderungen entwertet die altindustrialisierten Standorte, also in Westdeutschland das Ruhrgebiet, das Saarland und die Werftstandorte an Nord- und Ostsee, später auch die Industriekomplexe der ehemaligen DDR und macht sie zu wirtschaftlichen Problemgebieten. Aufgewertet werden dagegen Städte wie Hamburg und Berlin, aber vor allem die Großräume in Süddeutschland um München und Stuttgart herum, deren suburbane Gürtel erheblich wachsen und die von ihrem hohen Freizeitwert, dem Fehlen industrieller Altlasten und einer sehr guten europäischen LKW-Erreichbarkeit profitieren.

Das Wachstum der Dienstleistungen, das mit dem Wandel des alltäglichen Verhaltens vieler Menschen zusammenhängt, bevorzugt ebenfalls die großen Städte: Hochspezialisierte Dienstleistungen im Bildungsbereich, im Gesundheitsbereich, im Bereich der Kultur oder der Lebensberatung können nur in großen Zentren angeboten und sinnvoll ausgelastet werden. Die neuen, wenig spezialisierten Dienstleistungen wie Tagesmütter, Kitas, Tagespflege oder Altenbetreuung sind hingegen auf dem Land nur schwer zu realisieren, weil die Zahl der notwendigen Teilnehmer an einem Ort oft zu klein ist oder ein Angebot nur mit einem unverhältnismäßig großen Fahraufwand realisiert werden kann. Es gibt zwar bei den wachsenden Dienstleistungen einige Bereiche, vor allem Urlaub und Freizeit, von denen der ländliche Raum direkt profitiert, aber diese sind eher im Bereich geringerer Wertschöpfung angesiedelt.

Betrachtet man den Strukturwandel von der Industrie- zur Dienstleistungsgesellschaft in Hinblick auf das Landleben, so zeigt sich ein widersprüchliches Bild: Auf der einen Seite bevorteilen die noch einmal stark wachsenden Spezialisierungen in Wirtschaft und Gesellschaft die städtischen Räume, auf der anderen Seite tragen völlig neue Wertsetzungen wie integrative und partizipative Nutzungsgestaltungen und das neue, positive Verständnis von Regionalität dazu bei, dass das Landleben auf einmal wieder positiv gesehen wird.

Es stellt sich deshalb die Grundsatzfrage, ob das Landleben seit 1980 wieder neu aufgewertet wird, oder ob der städtische Raum weiterhin dominiert? Diese Frage wird in den folgenden sechs Abschnitten Punkt für Punkt analysiert und im letzten Abschnitt beantwortet.

7.2 Der wirtschaftliche Wandel: Entstehen neue Arbeitsplätze auf dem Land?

In der Landwirtschaft setzt sich die 1960 begonnene Entwicklung fort (siehe Seite 125 ff.). Durch immer weitere Verbesserungen bei Pflanzensorten und Nutztierrassen sowie Fortschritte bei der Agrartechnik und in der Massentierhaltung wird die Arbeitsproduktivität eines landwirtschaftlichen Betriebs permanent weiter erhöht. Da sich gleichzeitig die landwirtschaftlichen und die außerlandwirtschaftlichen Rahmenbedingungen nicht verändern, führt dies dazu, dass der Strukturwandel der Landwirtschaft – Rückgang der Zahl der Betriebe, Vergrößerung der Betriebsfläche der verbleibenden Betriebe – beschleunigt weitergeht.

Mit dem Ende der DDR werden die «Landwirtschaftlichen Produktionsgenossenschaften» aufgelöst und in marktwirtschaftlich ausgerichtete Großbetriebe umgewandelt, wodurch sich die bundesdeutsche Landwirtschaftsstruktur erheblich verändert. Bei dieser Gelegenheit kaufen erstmals große agroindustrielle Verarbeitungsbetriebe, Agrargroßhändler, Industriebetriebe und Finanzdienstleister landwirtschaftliche Großbetriebe, wodurch der Stellenwert der traditionellen bäuerlichen Familienbetriebe innerhalb der Landwirtschaft deutlich zurückgeht.

Zusätzlich gibt es zwei neue technische Entwicklungen, die diese Entwicklung noch zusätzlich beschleunigen.

Der Präzisionsackerbau (precision farming) baut darauf auf, dass die Bodenqualität eines Betriebs auf den Quadratmeter genau digital erfasst ist. Auf dieser Grundlage können dann Saatgut, Düngemittel, Pestizide und Herbizide sehr präzise dosiert und je nach Bedarf ausgebracht werden. Die Landmaschinen sind mit einem GPS-System ausgerüstet, sie werden auf den Ackerflächen via Satellit automatisch gesteuert, und ein Computer übernimmt die Ausführung der einzelnen Arbeitsschritte und die Dosierung von Saatgut, Düngemitteln oder Pestiziden in permanentem Abgleich mit der Bodenqualität. Der Arbeitsplatz auf einer voll klimatisierten, digitalisierten und vernetzten Landmaschine ähnelt mehr einem Computer- oder Laborarbeitsplatz als einem herkömmlichen Arbeitsplatz in der Landwirtschaft. Ein solcher Präzisionsackerbau ist nur für Betriebe mit sehr großen Flächen ökonomisch sinnvoll und ermöglicht ihnen, ihre Arbeitsproduktivität weiter zu erhöhen. Die Einsparungen bei Düngemitteln, Herbiziden und Pestiziden sollen nach Angaben der Hersteller bis zu 15 % betragen. Dies ist zwar für den einzelnen Betrieb ökonomisch interessant, aber es reicht bei weitem nicht aus, um die Probleme der Verschmutzung des Grundwassers und der Verluste der Artenvielfalt zu lösen.

Die Gentechnik erreicht jetzt über die großen Agrarkonzerne auch die Landwirtschaft, «Genmais» und «Klonschaf Dolly» sind dafür die bekanntesten Beispiele. Das Versprechen besteht darin, dass gentechnisch veränderte Nutzpflanzen und Nutztiere bessere Erträge bringen würden und effektiver gegen Schädlinge, Krankheiten, Klimaerwärmung und Trockenheit geschützt seien. Allerdings ist noch überhaupt nicht geklärt, wie gentechnisch veränderte Pflanzen und Tiere in der freien Natur mit anderen Pflanzen und Tieren interagieren, so dass dadurch unabsehbare Veränderungen und Zerstörungen ausgelöst werden könnten. Aus diesen Gründen und weil viele Verbraucher ein tiefes Misstrauen gegenüber gentechnisch veränderten Lebensmitteln besitzen, wird die breite Umsetzung der Gentechnik in der bundesdeutschen Landwirtschaft derzeit erheblich blockiert.

Und noch von einer ganz anderen Seite aus wird die Landwirtschaft unter Druck gesetzt: Die Lebensmittelindustrie produziert bereits ab den 1870er Jahren Margarine als erstes künstliches Lebensmittel und Vanillin als ersten künstlichen Aromastoff; sie ersetzt dann ab den 1980er Jahren immer mehr Grundstoffe wie Milch, Eier oder Zucker durch künstliche Ersatzstoffe, sie reichert ihre Produkte immer öfter durch künstliche Aroma-, Farb-, Konservierungsstoffe und Geschmacksverstärker an, und sie entwickelt sogar künstliche Lebensmittel wie Analog-Käse oder Schinken-Imitate, die deutlich billiger als echte Lebensmittel sind und die die Landwirtschaft weiter ökonomisch unter Druck setzen.[12] Darüber hinaus erreicht der Umsatz von nur vier Konzernen – Edeka, Rewe, Lidl/Kaufland, Aldi – einen Marktanteil von 70–80 % am gesamten Lebensmitteleinzelhandel, so dass die Landwirtschaft konzentrierten Strukturen im II. und im III. Wirtschaftssektor gegenübersteht.

Darüber hinaus führt die Liberalisierung der Wirtschaft und der Finanzmärkte dazu, dass hochspekulative Warentermingeschäfte jetzt auch mit Grundnahrungsmitteln durchgeführt werden, dass weltweite Spekulationsgeschäfte mit Ackerland immer mehr zunehmen und dass aufgrund internationaler Freihandelsverträge Staaten mit niedrigen Produktionskosten und Umweltauflagen ihre Agrarprodukte leichter nach Deutschland importieren können. Auch dadurch wird die Landwirtschaft ökonomisch zusätzlich unter Druck gesetzt.

Sieht man sich die Ergebnisse des landwirtschaftlichen Strukturwandels an, dann zeigt sich eine dramatische Situation:[13] 51 % der Fläche der Bundesrepublik Deutschland werden im Jahr 2016 landwirtschaftlich genutzt (davon 71 % als Acker- und 28 % als Grünland), und zwar von nur noch knapp 250 000 Betrieben. Die Zahl der Landwirtschaftsbetriebe hat seit 1949 um 86 % abgenommen und geht permanent weiter zurück (Tabelle 1), so dass der Anteil der Erwerbstätigen in der Landwirtschaft im Jahr 2017 nur noch bei 1,4 % aller Erwerbstätigen und der Anteil an der Wertschöpfung nur noch bei 0,9 % der gesamten Wertschöpfung in Deutschland liegt. Dieser extreme Rückgang wird dadurch kompensiert, dass die Produktivität der Landwirtschaft extrem steigt: Im Jahr 1900 ernährt ein Landwirt erst 4, heute dagegen 135 Menschen (Tabelle 2). Parallel dazu sinkt der Anteil der Lebensmittelausgaben beim Verbraucher: Für 250 g Butter muss man 1961 noch 38 Minuten arbeiten, 2011 dagegen nur noch 11 Minuten, für einen Liter Milch 1961 10 Minuten, 2011 nur noch 3 Minuten und für ein Kilogramm Rindfleisch 1961 59 Minuten und 2011 nur noch 31 Minuten. Im Jahr 1900 gibt ein durchschnittlicher Haushalt 55 % seiner gesamten Einnahmen für Nahrungsmittel, Getränke und Tabak aus, im Jahr 1950 sind es 45 % und heute nur noch 14 % – die dramatisch fallenden Lebensmittelpreise sind ein relevanter Faktor bei der Erhöhung der Kaufkraft eines durchschnittlichen Arbeitseinkommens, besonders im Niedriglohnbereich.

Bei diesen ausgeprägten Rückgängen der Betriebszahlen ist es kein Wunder, dass die jahrtausendealte Identität von Landleben und Landwirtschaft jetzt abreißt: Die Bauern werden zur Minderheit auf dem

Tabelle 1: Landwirtschaftliche Betriebe in Deutschland 1949–2016 (alte Bundesländer)

Jahr	Zahl der Betriebe	1949 = 100 %	Jeweiliger Rückgang in %	Durchschnittsgröße je Betrieb ab 5 ha. LN
1949	1 791 815	100 %	–	14,0 ha.
1960	1 500 736	84 %	−16 %	14,7 ha.
1970	1 146 924	64 %	−24 %	17,1 ha.
1980	836 452	47 %	−27 %	21,3 ha.
1990	667 296	37 %	−20 %	25,7 ha.
1999	441 567	25 %	−34 %	33,9 ha.
2010	273 676	15 %	−38 %	44,5 ha.
2016	249 910	14 %	−9 %	48,7 ha.

Zum Vergleich: Auf dem Gebiet des Deutsches Reiches, dessen Fläche gut doppelt so groß wie die der alten Bundesrepublik Deutschland war, gab es im Jahr 1900 um die 5,6 Millionen landwirtschaftliche Betriebe.
Es werden hier die alten Bundesländer aufgeführt, weil die Entwicklung in der ehemaligen DDR deutlich anders abgelaufen ist.
Die landwirtschaftlichen Arbeitskräfte gehen in diesem Zeitraum ähnlich stark zurück wie die Zahl der landwirtschaftlichen Betriebe.
LN = Landwirtschaftliche Nutzfläche
Quelle: www.bmel-statistik.de > Landwirtschaft > Tabellen zur Landwirtschaft > Betriebe > SJT-3010100-0000 (06.05.2019)

Land. Inzwischen gibt es viele Dörfer mit nur noch ein oder zwei Vollerwerbslandwirten. Heute ist bereits absehbar, dass es in Zukunft viele Dörfer ohne einen einzigen Bauern geben könnte. Und auch die traditionell enge Beziehung zwischen einem Dorf und seiner Gemarkung löst sich jetzt auf: Weil die Landwirtschaftsbetriebe immer größere Flächen benötigen und zugleich mit ihren Maschinen relativ mobil sind, nutzen sie alle zur Verfügung stehenden Pachtflächen in der näheren und weiteren Entfernung ihres Hofes. Dadurch wird der enge Bezug des Dorfes zu seiner Gemarkung aufgelöst, die dorfeigene Flur wird jetzt oft von Bauern aus den Nachbardörfern genutzt.[14] Damit verschwindet die traditionelle Verantwortung der Dorfgemeinschaft für «ihre» Flur, und die Dorfbewohner betrachten ihre Gemarkung als einen Freizeitraum unter anderen.

Dieser Wandel der Landwirtschaft macht aus der arbeitsintensiven, großflächigen und in erheblichem Ausmaß von Boden und Wet-

Tabelle 2: Die wachsende Produktivität der Landwirtschaft

Ein Landwirt ernährt jeweils so viele Menschen:		
1900:	4 Menschen	
1949:	10 Menschen	
1960:	17 Menschen	+70 %
1970:	27 Menschen	+59 %
1980:	47 Menschen	+74 %
1991:	85 Menschen	+81 %
2000:	127 Menschen	+49 %
2016:	135 Menschen	+ 6 %

Quelle: Deutscher Bauernverband: Situationsbericht 2018/19. Trends und Fakten zur Landwirtschaft. Berlin 2018, S. 16

ter abhängigen Landwirtschaft einen hochtechnisierten agroindustriellen Wirtschaftszweig, der kapitalintensiv, räumlich konzentriert und naturfern produziert (zu den ökologischen Konsequenzen siehe Seite 198 ff.). Während die Viehwirtschaft in Form der Massentierhaltung und der Gemüsebau in Form riesiger Gewächshäuser mit computergesteuerten Boden-, Nährstoff- und Luftkreisläufen heute schon «bodenunabhängig» – also wie ein Industriebetrieb – produzieren, ist der Ackerbau derzeit noch etwas weiter davon entfernt, aber seine Entwicklung zielt ebenfalls in diese Richtung. Die Energiebilanz der Landwirtschaft (siehe Seite 128) wird dadurch noch stärker negativ als vorher.

Diese Entwicklung ist übrigens politisch gewollt, wie zwei kleine Beispiele verdeutlichen: Als Horst Seehofer im Herbst 2005 Bundesminister für Ernährung, Landwirtschaft und Verbraucherschutz wird, spricht er auf einmal nicht mehr wie vorher vom Erhalt der «bäuerlichen Familienbetriebe», sondern von der Förderung der «mittelständischen Landwirtschaft», was eine deutliche Akzentverschiebung bedeutet; allerdings muss man sehr genau hinhören, um solche Veränderungen zu bemerken. Die Empfänger der EU-Agrarsubventionen werden üblicherweise geheim gehalten; werden jedoch in großen zeitlichen Abständen diese Zahlungen einmal offengelegt, dann wird sehr deutlich sichtbar, dass davon in erster Linie die landwirtschaftlichen Großbetriebe und großen Lebensmittelkonzerne profitieren, die beide zusammen 80 % der EU-Agrarsubventionen erhalten. Im Gegenzug erhalten 80 % aller Landwirte in der EU lediglich 16 % der gesamten Agrarsubventionen.[15] Eine solch klare Prioritätensetzung über Jahrzehnte hinweg ist kein Zufall, sondern Ergebnis des engen Zusammenwirkens zwischen einer Agrarlobby, die die Interessen der Großbetriebe sehr effektiv in Brüssel und Berlin vertritt, und der Politik (und zwar nicht allein der Landwirtschaftspolitik, sondern auch der ressortübergreifenden Politik), die an niedrigen Lebensmittelpreisen interessiert ist.

Im Rahmen dieser Landwirtschaftsentwicklung, die sehr umstritten ist, bilden sich zwei Alternativentwicklungen aus, nämlich die ökologische Landwirtschaft und die Bewegung der Regionalprodukte.

Der Ursprung der ökologischen oder biologischen Landwirtschaft liegt in den 1920er Jahren. Damals kritisiert die Lebensreform-Bewegung das moderne, großstädtische Leben als naturfern und sieht darin die Ursache vieler Zivilisationskrankheiten. Deshalb werden als Alternative eine Reihe von naturnahen Wirtschafts- und Lebensformen entwickelt, darunter auch alternative Formen der Landwirtschaft, die auf die einschlägigen traditionellen Erfahrungen Bezug nehmen. Aber erst die Entwicklung der konventionellen Landwirtschaft in Richtung Agroindustrie macht daraus ab den 1980er Jahren eine agrarpolitisch relevante Alternative.

Der Kernpunkt der ökologischen Landwirtschaft besteht im Aufbau geschlossener Stoffkreisläufe und ihrer Optimierung. Dies wird durch die enge Vernetzung von Ackerbau und Viehwirtschaft erreicht, wodurch ein landwirtschaftlicher Betrieb den Dünger für seine Äcker und das Futter für seine Nutztiere selbst erzeugen kann. Es ist verbunden mit dem Verbot von künstlicher Düngung (Mineraldüngung), künstlich hergestellten Pflanzenschutzmitteln und Gentechnik, mit einem limitierten Futtermittelzukauf sowie mit der artgerechten Haltung und Ernährung der Nutztiere. Aus Produkten der ökologischen Landwirtschaft hergestellte Lebensmittel dürfen keine Geschmacksverstärker, keine künstlichen Aromen und keine künstlichen Farb- und Konservierungsstoffe enthalten. Während die Bio-Siegel der deutschen Bio-Verbände ziemlich strikte Kriterien festlegen, sind die Kriterien des später entwickelten EU-Bio-Siegels deutlich weniger streng.[16]

Obwohl Politik und Verbraucher immer wieder die Wichtigkeit und die Notwendigkeit einer ökologischen Landwirtschaft betonen und obwohl diese in den letzten drei Jahrzehnten stark gewachsen ist, beträgt ihr Anteil im Jahr 2016 nur 7,4 % an allen landwirtschaftlichen Betrieben, und diese 7,4 % bewirtschaften nur 6,8 % der gesamten Landwirtschaftsfläche.[17] Unter den gegenwärtigen wirtschaftlichen und politischen Rahmenbedingungen und dem vorherrschenden Verbraucherverhalten ist es offenbar nicht möglich, dass die ökologische Landwirtschaft in absehbarer Zeit 20 % der gesamten Landwirtschaftsfläche einnehmen könnte, so wie es das Ziel der rot-grünen Bundesregierung in den Jahren von 1998 bis 2005 war.

Gleichzeitig stellt der Bio-Markt ein klassisches Beispiel für die Integration einer alternativen Wirtschaftsform in die Marktwirtschaft dar. Die ökologische Landwirtschaft verfolgt das Ziel, in Respekt vor der Natur und dem Tierwohl hochwertige und gesunde Lebensmittel zu produzieren, wobei die möglichst geschlossenen Stoffkreisläufe auf dem Hof und nicht der maximale ökonomische Ertrag des Betriebes im Zentrum des Interesses stehen. Mit dem Wachstum des Bio-Marktes werden Bio-Produkte zu ganz normalen Produkten, bei denen die spezifische Bio-Qualität im Verkaufsregal der Supermärkte lediglich zu einem weiteren Merkmal neben vielen anderen wird. Bio-Produkte werden wie andere Produkte auf dem Markt gehandelt, so dass die steigende Nachfrage der deutschen Konsumenten bei einem nur leicht steigenden Inlandsangebot zur Globalisierung der Bio-Produktion und zur Ausbildung von Großstrukturen beim Handel mit Bio-Produkten führt, womit heftige Preiskämpfe verbunden sind. Damit wird die Leitidee der geschlossenen Stoffkreisläufe der ökologischen Landwirtschaft, die eigentlich eine regionale Vermarktung erfordert, vollständig unterlaufen. Während es für die traditionelle ökologische Landwirtschaft selbstverständlich ist, dass ihre Produkte immer nur regional und saisonal verfügbar sind, stellt der globale Bio-Markt den Konsumenten alle Bio-Produkte der gesamten Welt unbegrenzt und saisonunabhängig zur Verfügung. Die Sachzwänge einer globalisierten Marktwirtschaft sorgen also dafür, dass zentrale normative Grundlagen der ökologischen Landwirtschaft entwertet und ad absurdum geführt werden.

Angesichts dieser Entwicklung der Bio-Branche entsteht ab 1995 eine zweite alternative Bewegung, nämlich die der Regionalprodukte.[18] Triebkräfte sind die Regionalinitiativen, die in der ersten Hälfte der 1990er Jahre aufkommen und das Ziel verfolgen, ihre eigene Region kulturell, ökologisch und ökonomisch aufzuwerten.[19] Dabei greifen sie oft auf traditionelle regionale Produkte zurück, die kaum noch nachgefragt werden oder die bereits aus der Region verschwunden sind. Dabei handelt es sich meist um Landwirtschaftsprodukte, die auch vor Ort be- und verarbeitet werden; daneben gibt es aber auch Handwerksprodukte auf der Grundlage regionaler Rohstoffe und Traditionen. Das erste Ziel besteht darin, diejenigen Bauern und Be-/Verarbeiter, die noch traditionell wirtschaften, zu stärken, damit sie ihre Produktion weder einstellen noch durchgreifend modernisieren. Darüber hinaus geht es darum, weitere Produzenten zu motivieren, diese Form des Wirtschaftens wieder zu aktivieren oder neu zu entwickeln und auch verschwundene Produkte wieder neu herzustellen.

Da Regionalinitiativen «integrativ» denken, verfolgen sie mit den neuen Regionalprodukten gleichzeitig ökonomische, ökologische und kulturelle Zielsetzungen: Erhalt dezentraler Arbeitsplätze, Erhöhung der Wertschöpfung in der Region, ökologische Bewahrung der vielfältigen Kulturlandschaften, Stärkung der regionalen Identität. Diese dreifache Zielsetzung, die bestimmte Intensivierungen der Landnutzung und erst recht agroindustrielle Produktions- und Verarbeitungsformen ausschließt, macht die spezifische Qualität der Regionalprodukte und ihr besonderes Image aus. Beides wird durch die räumliche Nähe zum Verbraucher noch zusätzlich unterstrichen. Aus diesem Grund werden Regionalprodukte beim Verbraucher schnell attraktiv; sie profitieren sowohl von den Lebensmittelskandalen der Agroindustrie als auch vom steigenden Unbehagen vieler Menschen gegenüber der Globalisierung.

Dabei treten zwei Probleme auf, die erst im Laufe der Zeit gelöst werden: Eine Reihe von Regionalinitiativen geht anfangs davon aus, dass Regionalprodukte in der gleichen Region produziert *und* konsumiert werden müssten. Die Schwierigkeit besteht aber darin, dass die Bevölkerung der ländlichen Regionen oft wenig Interesse an Regionalprodukten besitzt, weil sie es als Fortschritt empfindet, im Supermarkt einkaufen zu können, und weil sie viele Möglichkeiten besitzt, sich mit Regionalprodukten zu versorgen, ohne sie kaufen zu müssen (eigener Garten, Verwandte, Nachbarschaft). Dagegen ist das Interesse an Regionalprodukten in den größeren Städten und im suburbanen Raum sehr groß; diese Verbraucher verfügen oft über eine hohe Kaufkraft und sind auch bereit, höhere Preise für Regionalprodukte zu bezahlen. Deshalb entwickelt sich im Laufe der Zeit das Konzept, dass Regionalprodukte in einer ländlichen Region hergestellt und verarbeitet und dann in der benachbarten (Groß-)Stadtregion verkauft und konsumiert werden, so dass solche Regionen aus aneinander angrenzenden ländlichen *und* städtischen Räumen bestehen.[20] Das zweite Problem besteht darin, dass eine Reihe von Regionalinitiativen räumliche Nähe als etwas unmittelbar Positives bewertet, ohne zu bemerken, dass sie eine ganz bestimmte räumliche Nähe meinen, nämlich eine solche, die mit dezentraler Lebendigkeit, ökologischer Vielfalt und sozialer Verantwortung identisch ist. Deshalb wird es schnell problematisch, wenn Regionalprodukte ausschließlich räumlich definiert werden – alles, was in einem Umkreis von 30 oder 50 km produziert wird, ist ein Regionalprodukt. Es bedarf darüber hinaus unbedingt bestimmter ökonomischer, ökologischer und kultureller Kriterien, damit die Qualitäten und Zielsetzungen der Regionalprodukte gesichert werden können und damit sie sich deutlich von agroindustriellen Produkten unterscheiden.

Die große Stärke der Regionalinitiativen und der Regionalprodukte liegt in ihrer dezentralen Vielfalt, die sehr eng mit den jeweiligen naturräumlichen Bedingungen, mit den besonderen Traditionen und mit den spezifischen Identitäten der einzelnen Regionen verbunden ist. Dadurch werden die regionalen Besonderheiten, die zwischen 1960 und 1980 erheblich geschwächt wurden, wieder neu gestärkt. In dieser Stärke liegt aber auch eine gewisse Schwäche: Die Kriterien, was ein Regionalprodukt ist und wie die dazugehörige Region abgegrenzt wird, sind innerhalb Deutschlands so unterschiedlich, dass die Konsumenten leicht den Überblick verlieren und sich von der Vielzahl der Regional-Logos überfordert fühlen.

Waren Regionalprodukte in der zweiten Hälfte der 1990er Jahre noch ausgesprochene Nischenprodukte, so werden sie anschließend schnell populär. Heute sagen der 73 % aller Verbraucher, dass sie «Wert auf regionale Lebensmittel legen».[21] Damit erlangen Regionalprodukte eine so große ökonomische Bedeutung, dass die großen Konzerne des Lebensmitteleinzelhandels Regionalprodukte in ihr Sortiment aufnehmen, um keine Marktanteile zu verlieren. Bei den von ihnen angebotenen Regionalprodukten handelt es sich jedoch eher selten um Regionalprodukte von Regionalinitiativen, weil deren Preise zu hoch und die notwendigen Mengen zu niedrig sind oder zu stark schwanken, sondern meist um konzerneigene Regionalmarken, die sie selbst oder die Subunternehmen für sie produzieren. Dies sind in den allermeisten Fällen fingierte Regionalprodukte, die auf industrielle Weise an zentralen (oft städtischen) Standorten hergestellt und auf perfekte Weise vermarktet und beworben werden. Denn ein Großbetrieb der Lebensmittelindustrie mit eigener Marketingabteilung kennt die Verbraucherwünsche und -sehnsüchte sehr viel besser als ein regionaler Produzent, und er kann deshalb das Produkt und die Produktwerbung so optimal gestalten, dass fingierte Regionalprodukte auf viele Verbraucher authentischer und überzeugender wirken als echte Regionalprodukte. Die Regionalinitiativen versuchen dieses Problem über vermehrte Kundeninformationen zu lösen, aber dies setzt voraus, dass sich die Menschen mit den Lebensmitteln, die sie kaufen und essen, aktiv auseinandersetzen; dies ist jedoch in einer Konsumgesellschaft keineswegs selbstverständlich.

Im Jahr 2011 entsteht aus dem Bundesministerium für Ernährung, Landwirtschaft und Verbraucherschutz heraus die Idee, mittels eines neuen Siegels die Herkunft von regionalen Lebensmitteln einheitlich auszuweisen, um dem Verbraucher die Orientierung bei den Regionalprodukten zu erleichtern. Politiker, Landwirte, Regionalinitiativen, Vertreter der Lebensmittelindustrie und des Groß- und Einzelhandels arbeiten gemeinsam an einem Konzept. Als sichtbar wird, dass die Politik eine Lösung forciert, die den Interessen der Lebensmittelindustrie und der Groß- und Einzelhandelskonzerne sehr nahe kommt, verlassen die Regionalinitiativen unter Protest die Arbeitsgruppe. Das «Regionalfenster», das im Januar 2014 als ein privates Label eingeführt wird, ist eine freiwillige Lebensmittelkennzeichnung, die es den Produzenten überlässt, wie sie die Region abgrenzen, aus der ihre Produkte stammen: Sie muss lediglich «kleiner als die Bundesrepublik Deutschland» sein und kann mehrere Bundesländer oder auch kleine Räume wie einen Landkreis oder «30 km um Fulda» umfassen.[22] Damit eröffnet das Regionalfenster der Lebensmittelindustrie und dem Einzelhandel alle Möglichkeiten, ihre industriell hergestellten Produkte mit dem Regionalfenster als «Regionalprodukte» auszuweisen.

Ähnlich wie bei den Bio-Produkten lässt sich auch bei den Regionalprodukten die Tendenz feststellen, aus ihnen im Erfolgsfall ganz normale Waren zu machen, die überall in großen Mengen angeboten werden. Die spezifischen ökonomischen, ökologischen und kulturellen Zielsetzungen und die besonderen Qualitäten der Regionalprodukte gehen dabei verloren und werden durch eine inhaltsleere «räumliche Nähe» ersetzt, die selbst wiederum so weit ausgedehnt werden kann, dass sie absurd wird. Derzeit ist es noch nicht ausgemacht, ob Lebensmittelindustrie und Einzelhandel die Regionalprodukte in ihrem Sinne vollständig instrumentalisieren werden oder ob es den Regionalinitiativen auch weiterhin gelingen wird, mit Regionalprodukten ganz spezifische Zielsetzungen und Qualitäten zu verbinden und damit ländliche Räume auf eine integrative Weise wieder aufzuwerten.

Da Regionalprodukte nicht einheitlich definiert sind und auch statistisch nicht gesondert erfasst werden, ist es im Unterschied zu den Bio-Produkten nicht möglich, ihre quantitative Bedeutung anzugeben. Es sieht jedoch so aus, als hätten authentische Regionalprodukte einen höheren Marktanteil als Bio-Produkte.

Abschließend lässt sich also feststellen, dass in der Landwirtschaft seit 1980 sehr viele Arbeitsplätze verloren gehen. Der Aufschwung der ökologischen Landwirtschaft und der Regionalprodukte kann diesen Rückgang keineswegs ausgleichen, aber er sorgt im letzten Jahrzehnt dafür, dass Alternativen zur konventionellen Landwirtschaft entstehen und dass sich die weiteren Rückgänge bei den landwirtschaftlichen Arbeitsplätzen etwas abschwächen.

Im Rahmen der Veränderungen im I. Wirtschaftssektor muss jetzt erstmals die Forstwirtschaft thematisiert werden, bei der es in dieser Zeit einen großen Umbruch gibt. Ein Drittel der Fläche Deutschlands ist 2016 mit Wald bedeckt, der von 146 000 forstwirtschaftlichen Betrieben genutzt wird. Dabei sind 33 % des Waldes Staatswald (Bund und Länder), 48 % Privatwald (wenige große und sehr viele kleine Besitzer, oft Bauern) und 19 % Körperschaftswald (Städte, Gemeinden, Zweckverbände).[23] Während der Wald früher ein wichtiger Rohstofflieferant war und Holz hohe Preise erzielte, sinken die Holzpreise ab den 1980er Jahren, und zwar wegen zahlreicher heftiger Stürme, durch die viele Bäume umgeworfen werden (das große Angebot drückt die Preise), und aufgrund der Globalisierung, durch die billiges Holz aus Finnland, Russland und anderen Staaten auf den deutschen Markt kommt. Dadurch wird das Wirtschaftspotenzial des Waldes, das für den ländlichen Raum eine erhebliche Bedeutung besitzt, geschwächt.

Bis etwa 1960 war Forstarbeit reine Handarbeit, die nur durch den

Einsatz von Pferden und kleinen Seilkränen unterstützt wurde. Ab 1960 werden allmählich Maschinen und Transport-LKWs im Wald eingesetzt, für die man breite Forststraßen bauen muss; aber die Handarbeit bleibt trotzdem dominant. Dies ändert sich zu Beginn der 1990er Jahre mit dem Aufkommen sogenannter Harvester oder Holzvollernter: Dies sind multifunktionale Fahrzeuge auf Rädern oder Raupen, die mit Bordcomputer, GPS-System und Klimaanlage ausgestattet sind. Ein Facharbeiter fällt, entastet und entrindet mit einer solchen Maschine einen Baum, teilt den Stamm in gleich lange Abschnitte, zerschneidet diese in der gewünschten Stärke zu Brettern und verarbeitet das Schwach- oder Abfallholz zu Hackschnitzeln. Damit wird die Forstarbeit weitgehend automatisiert, viele Forstarbeiter werden überflüssig, und der ländliche Raum verliert auch im Bereich Forstwirtschaft zahlreiche Arbeitsplätze.

Im II. Wirtschaftssektor besteht die größte Veränderung darin, dass die industriellen Filialbetriebe, die in der Zeit der Vollbeschäftigung ab den 1960er Jahren auf dem Land errichtet worden waren, jetzt wieder geschlossen werden: Entweder werden diese Betriebe in Billiglohnländer verlagert, oder die Produktion wird weitgehend automatisiert und wieder im städtischen Raum angesiedelt. Aufgrund des hohen Stellenwerts eines «kreativen Milieus» in der Dienstleistungsgesellschaft finden neue Betriebsansiedlungen jetzt prioritär im großstädtischen Raum statt.

Insgesamt ist jedoch der ländliche Raum als Wirtschaftsstandort keineswegs so ungünstig, wie es Wirtschaftsverbände, Politik und Medien oft behaupten. Von den knapp 1700 «Hidden Champions» in Deutschland, also von den relativ unbekannten mittelständischen Unternehmen, die in Nischenmarktsegmenten Weltmarktführer sind, haben 20 % ihren Standort auf dem Land, oft in Kleinstädten;[24] für diese Betriebe ist ihre regionale Verankerung oft sehr wichtig. Das zeigt, dass der ländliche Raum mehr Wirtschaftspotenziale hat als man oft meint und dass viele Möglichkeiten nicht ausgeschöpft werden, wenn man allein ökonomische Kriterien bei der Standortwahl heranzieht.

Eine auffällige Entwicklung besteht darin, dass an sehr vielen Autobahnabfahrten im ländlichen Raum und an vielen Kreuzungen von wichtigen Bundesstraßen ab dem Jahr 1990 große Gewerbegebiete entstehen, in denen sich Unternehmen des produzierenden Gewerbes, Logistikdienstleister sowie Einkaufszentren und Fachmärkte ansiedeln (Abbildung 16). Die Betriebe des produzierenden Gewerbes stammen meist aus den umliegenden Gemeinden, und sie nutzen den neuen Standort und die günstigen Boden- und Mietpreise, um ihren Betrieb großzügig zu erweitern. Die Logistikbetriebe und die Verteilzentren wachsen aufgrund der immer weiter voranschreitenden Arbeitsteilungen und des veränderten Einkaufsverhaltens besonders stark. Die Einkaufszentren und Fachmärkte, die sich jetzt auch auf dem Land ansiedeln, sind sehr viel größer als innerörtliche Geschäfte; sie bieten ein besonders breites und vielfältiges Sortiment an, sind allerdings nur mit einem privaten PKW zu erreichen.

Die Größe dieser Gewerbegebiete täuscht oft über die eher geringe Zahl der Arbeitsplätze hinweg: Entweder wird ein Betrieb aus dem Ortszentrum hierher verlegt, wobei kaum neue Arbeitsplätze entstehen, oder ein Betrieb wird als Filialbetrieb neu gegründet, womit ebenfalls meist wenig Arbeitsplätze verbunden sind; hinzu kommt, dass Gewerbe- und andere Steuern am Firmenhauptsitz (meist in einer Großstadt) gezahlt werden. Der große Flächenverbrauch, der mit Zersiedlung, Umweltbelastungen und viel Verkehr verbunden ist, steht in einem ungünstigen Verhältnis zur wirtschaftlichen Wertschöpfung.

In diesem Zusammenhang ist eine junge Entwicklung zu nennen, die seit kurzem im ländlichen Raum immer größere Flächen in Anspruch nimmt: Je weiter die elektronische Vernetzung und die Digitalisierung von Wirtschaft und Gesellschaft voranschreiten, desto größere Datacenter und Serverfarmen werden benötigt. Aufgrund ihres großen Flächenverbrauchs und ihrer anspruchsvollen Infrastruktur (hoher Energie- und Kühlungsbedarf) werden sie inzwischen immer öfter im ländlichen Raum errichtet. In diesem Fall stehen Flächen- und Energieverbrauch in einem besonders ungünstigen Verhältnis zur wirtschaftlichen Wertschöpfung.

Im lebensmittelherstellenden Gewerbe geht der Prozess, der bereits 1960 begonnen hatte, jetzt weiter: Im Bereich der Bearbeitung schließen viele kleinere Mühlen, Schlachthäuser, Mälzereien und Molkereien, und es entstehen wenige sehr große Strukturen, die stets weiter wachsen müssen, um sich am Markt zu behaupten. Im Bereich der Verarbeitung setzt dieser Strukturwandel erst ab dem Jahr 1990 richtig ein, und es verschwinden zahllose Bäckereien und Metzgereien auf dem Lande. Sie werden zum kleineren Teil in Filialbetriebe von immer größeren Bäckerei- und Metzgerei-Ketten umgewandelt, die nicht mehr handwerklich, sondern industriell produzieren; die meisten Geschäfte werden aber aufgelassen, wodurch sich die Versorgungslage in vielen Dörfern drastisch verschlechtert, denn die eher wenigen Bäcker- und Metzgergeschäfte, die in den Einkaufszentren neu entstehen, sind nur noch mit dem PKW zu erreichen. Für diesen Wandel gibt es drei Triebkräfte, nämlich erstens die verschiedenen Liberalisierungen im Bereich der Wirtschaft, die große Betriebe bevorteilen, zweitens ein geändertes Konsum- und Mobilitätsverhalten der Verbraucher (Wochenendgroßeinkauf mit dem PKW im Supermarkt) und drittens die zahllosen neuen EU-Vorschriften im Bereich Hygiene und Gesundheit, die traditionell wirtschaftende Kleinbetriebe kaum umsetzen können und die auf industriell produzierende Betriebe zugeschnitten sind.

Der einzige Bereich, der innerhalb des II. Wirtschaftssektors wächst, ist die Produktion erneuerbarer Energie. Mit dem Ausstieg aus der Atomkraft im Gefolge der Katastrophen von Tschernobyl (1986) und Fukushima (2011) und dem geplanten Ausstieg aus der Kohlekraft aufgrund der Klimaerwärmung kommt dem Ausbau der erneuerbaren Energien eine zentrale Bedeutung zu. Während Kohle- und Atomkraftwerke die typische Raumstruktur der Industriegesellschaft aufweisen – an wenigen hochkonzentrierten Punkten wird die gesamte Energie für eine sehr große Fläche produziert –, erfordern die erneuerbaren Energien wie im solaren Zeitalter sehr große Flächen. Da diese Flächen im städtischen Raum nur sehr begrenzt zur Verfügung stehen, erhält der ländliche Raum jetzt zusätzlich die Aufgabe, die Versorgung Deutschlands mit erneuerbarer Energie sicherzustellen. Dies betrifft die Energiegewinnung aus Biomasse (Holz, Mais, Raps, Sonnenblumen), aus flächengroßen Solaranlagen, aus Windparks, aus Wasserkraftanlagen und aus Erdwärme. Da die Potenziale der Wasserkraft bereits stark genutzt werden und ihr zusätzlicher Ausbau die Umwelt erheblich belasten würde, die Nutzung der Erdwärme hingegen mit Risiken verbunden ist und der Anbau von Energiepflanzen mit der Lebensmittelproduktion konkurriert, besitzt der Ausbau der Solar- und der Windenergie den größten Stellenwert. Ursprünglich war damit die Hoffnung verbunden, dass der ländliche Raum dadurch ökonomisch erheblich aufgewertet werden könnte,[25] aber inzwischen ist klar geworden, dass dies nicht der Fall ist. Zugleich werden durch den Ausbau der Solar- und Windenergie die Umweltqualität, die regionale Identität und das touristische Potenzial vieler ländlicher Räume belastet (Abbildung 17); in vielen ländlichen Gemeinden führt dies zu heftigen und kontroversen Diskussionen.

Der III. Wirtschaftssektor wächst in dieser Zeit in ganz Deutschland in erheblichem Ausmaß, aber der ländliche Raum profitiert davon nur wenig: Die traditionellen Dienstleistungen gehen auf dem Land aufgrund neuer wirtschaftlicher Rahmenbedingungen, eines veränderten Verbraucherverhaltens und neuer politischer Deregulierungen erheblich zurück. Dies betrifft die kleinen Läden (die Zahl der Lebensmittelgeschäfte mit weniger als 400 m^2 Verkaufsfläche geht zwischen 1990 und 2010 um 80 % zurück), die Dorfwirtshäuser (Rückgang zwischen 1994 und 2018 um 59 %), die Bäcker und Metzger (Rückgang zwischen 1998 und 2018 jeweils um 49 %), die Bankfilialen (Halbierung seit 1996), die Hausärzte, die Tierärzte, aber auch die Zahl der Lehrer, der Pfarrer und der Verwaltungsbeamten.[26] Es entstehen zwar auch neue Dienstleistungsbetriebe auf dem Land, unter anderem im Tourismus, aber diese sind nicht besonders zahlreich.

Immer wieder ist die Rede davon, dass das schnelle Internet den ländlichen Raum als Wirtschaftsstandort aufwerten könnte, aber wenn man dies näher untersucht, dann zeigt sich, dass dies nicht so einfach ist. Die heutigen Dienstleister haben häufig einen urbanen Lebensstil und sind emotional auf das kreative Milieu einer Großstadt angewiesen, so dass sie am ländlichen Raum wenig Interesse haben. Deshalb bietet ein schnelles Internet in erster Linie solchen Menschen eine Existenzmöglichkeit, die aus dem ländlichen Raum kommen, längere Zeit in einer Großstadt gelebt haben und wieder aufs Land zurückkehren wollen.[27]

Bilanziert man den gesamten wirtschaftlichen Wandel, dann wird der ländliche Raum seit 1980 spürbar entwertet: In Bezug auf Arbeitsplätze und Wertschöpfung werden der I. und II. Wirtschaftssektor erheblich geschwächt, während der III. Sektor etwas besser dasteht. Insgesamt dürften größere Teile des ländlichen Raums seit 1980 etwa 30 % der Arbeitsplätze und seit 1960 etwa 50 % ihrer Arbeitsplätze verloren haben. Trotz dieser deutlichen Schwächung bleibt der ländliche Raum weiterhin ein dezentraler Wirtschaftsraum, der für die bundesdeutsche Wirtschaft eine nicht unwichtige Rolle spielt und der heute immer noch knapp zwei Fünftel aller Arbeitsplätze in Deutschland stellt.[28]

Damit ist ein tiefgreifender Strukturwandel im gesamten ländlichen Raum und in allen ländlichen Gemeinden verbunden.[29] In den 1950er Jahren leben und arbeiten die meisten Menschen noch im gleichen Ort, es gibt erst relativ wenige Auspendler, so dass die meisten Gemeinden «eigenständige Gemeinden» (Identität von Arbeits- und Wohnort) sind. Ab 1960 geht die Zahl der Arbeitsplätze vor Ort immer mehr zurück und gleichzeitig steigt die Zahl der Auspendler, die zur Arbeit in die Stadt fahren; dadurch werden immer mehr Gemeinden zu «Auspendlergemeinden». Im Jahr 1990 schließlich sind die «eigenständigen Gemeinden» im ländlichen Raum nahezu vollständig verschwunden, und es gibt fast nur noch «Auspendlergemeinden», zwischen denen sich jetzt einige «Auseinpendlergemeinden» finden, die eine wirtschaftsschwache Form eines kleinen Arbeitsplatzzentrums darstellen.[30] An den Veränderungen der Gemeindetypen lässt sich sehr gut die wirtschaftliche Schwächung des ländlichen Raumes und seine Stärkung als Wohnraum ablesen.

Natürlich abstrahiert diese Darstellung von relevanten Unterschieden im ländlichen Raum:[31] In den ländlichen Räumen in der Nähe von Agglomerationen ist die Wohnfunktion ebenfalls dominant, aber hier finden sich doch vergleichsweise viele Arbeitsplätze. In den ländlichen Räumen mit positiver Wirtschaftsentwicklung dominieren zwar ebenfalls die Auspendlergemeinden, aber es gibt hier auch eine Reihe von Industrie-, Dienstleistungs- und Tourismusgemeinden (jeweils mit Einpendlerüberschuss). Und in den peripheren ländlichen Räumen ist schließlich die Zahl der Arbeitsplätze vor Ort besonders gering und die der Auspendler besonders hoch. Damit sind die unterschiedlichen ländlichen Teilräume zwar jeweils auf eine spezifische Weise geprägt, aber dies sind letztlich nur Modifikationen der dominanten Entwicklung, nämlich der wirtschaftlichen Entwertung des ländlichen Raums.

7.3 Neue politische Zielsetzungen für den ländlichen Raum

In der Politik zeichnen sich bereits im Verlauf der 1980er Jahre im Rahmen der einsetzenden Globalisierung der Wirtschaft erste Ansätze ab, einige Elemente des Sozialstaates zurückzunehmen. Mit dem Zerfall des sozialistischen Machtblocks und der deutschen Wiedervereinigung ist dann die Zeit des Sozialstaates endgültig zu Ende; die Politik greift wieder auf die alte Leitidee des Liberalismus zurück, dass der Markt alle Probleme am besten löst, wenn er sich völlig frei entfalten kann. Die zahlreichen Eingriffe des Sozialstaates, die in der Zeit zwischen 1960 und 1980 durchgeführt wurden, um soziale und räumliche Gegensätze zu dämpfen – was durchaus erfolgreich war –, werden jetzt erneut und sehr heftig als Wettbewerbsverzerrung, als Aufhebung des Leistungsprinzips und als sinnlose Umverteilung kritisiert. Aber es dauert meist noch bis in die erste Hälfte der 2000er Jahre, bis wichtige Bestandteile des Sozialstaates abgebaut und durch neoliberale Lösungen ersetzt werden.

Nach 1990 sind für viele Jahre die wirtschaftlichen Unterschiede zwischen Ost und West in Deutschland deutlich größer als die traditionellen Stadt-Land-Unterschiede. Deshalb fließen die einschlägigen Staatsmittel jetzt in den Osten, wo sie unter anderem zum Aufbau eines Systems Zentraler Orte verwendet werden, um auch dort gleichwertige Lebensverhältnisse zu ermöglichen (diese Entwicklung wird von radikalen Gebietsreformen nach westdeutschem Vorbild begleitet). Allerdings sind große Teile von Brandenburg und Mecklenburg-Vorpommern traditionell so dünn besiedelt, dass es hier große Schwierigkeiten macht, ein wirklich flächendeckendes Netz von Zentralen Orten aufzubauen.

Ab den 2000er Jahren betont der Staat, dass er im Rahmen der stark ausgeprägten Globalisierung nur noch sehr eingeschränkte Möglichkeiten besitze, um global agierende Konzerne politisch und steuerlich kontrollieren zu können, dass er jetzt viel weniger Einnahmen als früher habe und dass er deshalb seine geringen Mittel möglichst effizient einsetzen müsse. Der Einsatz staatlicher Gelder ist in den großen Städten am effizientesten, weil hier von einer staatlichen Investition wie einem Krankenhaus, einer Bibliothek oder einer U-Bahn die meisten Menschen profitieren. Deshalb führt das Effizienz-Kriterium als typisch neoliberales Argument dazu, dass die Städte in den Fokus der staatlichen Finanzmittel rücken und sich der Staat aus seiner Verantwortung für sein gesamtes Staatsgebiet immer mehr zurückzieht.

Zusätzlich geht die neoliberale Wirtschaftspolitik davon aus, dass die Förderung von wirtschaftsschwachen, kleinen und dezentralen Standorten Geldverschwendung darstelle, es vielmehr effizienter sei, die großen Wirtschaftszentren im globalen Wettbewerb zu stärken, weil deren wirtschaftlicher Erfolg schnell ins Umland und in den ländlichen Raum abstrahlen würde. Das neoliberale Dogma, dass sich ein erfolgreiches Wirtschaften flächenhaft ausbreitet und räumliche Unterschiede ausgleicht, stimmt jedoch nur in der von der konkreten Welt abstrahierenden neoliberalen Theorie (ein Element dabei: der Mensch als Homo oeconomicus, als Nutzenmaximierer), nicht aber in der Realität: Wenn die Wirtschaft allein den Eigengesetzlichkeiten des Marktes folgt, dann werden aus räumlichen Unterschieden schnell ausgesprochene Gegensätze, so dass ländliche Entsiedlungsregionen wirtschaftlich überhitzten Großstadtregionen gegenüberstehen, wie man es heute anschaulich beobachten kann.

Je einflussreicher neoliberale Ideen in der Politik werden, desto stärker wird der Widerspruch zur weiterhin gültigen Leitidee der gleichwertigen Lebensverhältnisse in allen Teilräumen der Bundesrepublik Deutschland (siehe Seite 145 f.). Deshalb gibt es immer wieder Vorstöße von Politikern, dies zu ändern. Zum Beispiel äußert der damalige Bundespräsident Horst Köhler im September 2004 in einem Interview, dass es eben große räumliche Unterschiede in Deutschland gebe und dass man sie akzeptieren müsse, weil man andernfalls nur den Subventionsstaat betoniere. Und der bayerische Ministerpräsident Horst Seehofer beauftragt einen «Zukunftsrat» mit einem Gutachten zur Zukunft Bayerns, der dann im Dezember 2010 empfiehlt, dass die bayerische Staatsregierung ihre Gelder nur noch auf die Förderung der sieben größten Städte Bayerns und auf ihre jeweiligen Einzugsbereiche konzentrieren solle und dass die restlichen Gebiete Bayerns eigentlich nicht mehr gebraucht würden.[32] Solche Vorstöße treffen jedoch stets auf einen so heftigen Widerstand von breiten Bevölkerungsschichten, wichtigen gesellschaftlichen Interessengruppen und namhaften Experten, dass die Politiker sofort einen Rückzug machen und das Thema aus Angst vor dem Verlust von Wählerstimmen später auch nicht mehr aufgreifen. Weitergehende Maßnahmen, wie sie zum Beispiel der Kanton Graubünden in der Schweiz mit der Ausweisung von «potenzialarmen Räumen» ergreift, deren Gemeinden kein Anrecht auf kantonale Fördergelder mehr haben, werden in Deutschland nicht realisiert.

Trotzdem gibt es wichtige Veränderungen, die man aber nur erkennt, wenn man sehr genau hinsieht. Dies betrifft sowohl die gleichwertigen Lebensverhältnisse als auch das System der Zentralen Orte.

Da den meisten Politikern und Experten die Leitidee der gleichwertigen Lebensverhältnisse im Zeitalter der Globalisierung als überholt erscheint, sie sie aber auch nicht abschaffen können, wird sie jetzt neu interpretiert: In explizitem Gegensatz zu den Festlegungen der 1970er Jahre wird nun der Bereich der Wirtschaft aus der Gleichwertigkeit herausgenommen und durch den neuen Begriff der «Daseinsvorsorge» inhaltlich neu definiert. Damit ist die heute als lebensnotwendig erachtete Grundversorgung der Menschen mit Gütern und Dienstleistungen durch den Staat gemeint, die in acht Bereiche gegliedert wird: Gesundheit, Bildung, Kultur und Sport, Wasserversorgung, Abwasserentsorgung, Abfallentsorgung, ÖPNV, Sicherheit und Ordnung. Diese sollen «zu sozial verträglichen Preisen, mit einer bestimmten Qualität und in einer akzeptablen Erreichbarkeit ... vorrangig in den Zentralen Orten» angeboten werden. Damit zieht sich der Staat von der Aufgabe einer dezentralen Ausgestaltung des Wirtschaftens zurück, überlässt die räumliche Verteilung der Wirtschaft allein den Marktkräften und definiert die gleichwertigen Lebensverhältnisse nur noch mittels der Versorgung mit staatlichen Infrastrukturleistungen. Darüber hinaus wird explizit festgelegt: Bei der konkreten Gestaltung der Daseinsvorsorge sind «die Erreichbarkeits- und Tragfähigkeitskriterien des Zentrale-Orte-Prinzips ... flexibel an regionalen Erfordernissen auszurichten».[33] Das bedeutet im Klartext: Im dünn besiedelten ländlichen Raum kann die Qualität und die Erreichbarkeit der acht Bereiche der Daseinsvorsorge durchaus mehr oder weniger stark eingeschränkt werden. So wird der Begriff der gleichwertigen Lebensverhältnisse zwar offiziell beibehalten, aber sein Inhalt wird zu Lasten des ländlichen Raumes erheblich geschwächt.

Was die Städte betrifft, so gilt ab 1980 die frühere Gleichsetzung, dass jede Großstadt (Oberzentrum) automatisch ein wirtschaftsstarkes Zentrum sei, nicht mehr. Zuerst geraten im Rahmen der Deindustrialisierung die altindustrialisierten Großstädte in die Krise, dann sorgt nach 1990 die schnell fortschreitende Globalisierung dafür, dass die größten und erfolgreichsten Wirtschaftszentren weltweit *direkt* miteinander konkurrieren – das deutsche Oberzentrum mit seinen 100 000 Einwohnern spielt in diesem neuen Rahmen keine Rolle mehr und wird unwichtig. Jetzt sind in Deutschland nur noch die größten Städte mit einem ausgeprägten kreativen Milieu im globalen Wettbewerb konkurrenzfähig und selbst diese benötigen politische Unterstützung. Viele andere große Städte hingegen geraten in wirtschaftliche Schwierigkeiten.

Als Antwort auf diese Herausforderung entwickelt die bundesdeutsche Raumordnung die neue Raumkategorie «Metropolregion». Dies sind Regionen mit mindestens 1,5 Millionen Einwohnern und einer hohen Konzentration politischer und wirtschaftlicher Steuerungsfunktionen, die als «Motoren der gesellschaftlichen, wirtschaftlichen, sozialen und kulturellen Entwicklung» angesehen werden.[34] Mit dieser neuen Raumkategorie werden die bestehenden Oberzentren entwertet; sie behalten lediglich noch eine regionale Bedeutung im Rahmen der Daseinsvorsorge, während der wirtschaftliche Fokus jetzt allein auf den Metropolen liegt.

Bis heute ist ungeklärt, ob die neuen Metropolregionen in Zukunft das gesamte Gebiet der Bundesrepublik Deutschland flächenhaft abdecken sollen, so wie es der Leitidee der gleichwertigen Lebensverhältnisse entsprechen würde (Metropolregionen als neue Zentrenkategorie oberhalb der Oberzentren), oder ob die großen flächenhaften Lücken, die derzeit zwischen ihnen bestehen, dauerhaft beibehalten werden, so wie es der neoliberalen Leitidee entspricht (Metropolregionen als Regionen, die nur aus wirklich konkurrenzstarken Gebieten bestehen). Es sieht so aus, als würde die Politik derzeit diese Grundsatzfrage systematisch ausklammern, um keine Diskussionen zu provozieren, die Wählerstimmen kosten könnten, aber implizit auf eine neoliberale Strategie beim Instrument der Metropolregionen setzen.

In eine ganz andere Richtung gehen die Überlegungen und politischen Maßnahmen, die mit der neuen «nachhaltigen Regionalentwicklung» verbunden sind. Die UN-Konferenz für Umwelt und Entwicklung setzt im Juni 1992 in Rio de Janeiro das Thema «Nachhaltigkeit» weltweit auf die politische Tagesordnung und fordert damit die Vernetzung der Bereiche Wirtschaft – Gesellschaft – Umwelt sowie die Nachhaltigkeit der heutigen Wirtschafts- und Lebensformen ein. Bei der Umsetzung in Deutschland ist am Anfang nicht klar, was nachhaltige Entwicklung für den ländlichen Raum bedeuten solle. Es gibt einige Stimmen, die dafür plädieren, dass es am nachhaltigsten sei, wenn sich Wirtschaft und Bevölkerung auf die städtischen Gebiete zurückziehen würden, damit man den ländlichen Raum der Natur überlassen könne, aber dann setzt sich doch schnell die Position durch, dass nachhaltig im Sinne der gleichwertigen Lebensverhältnisse zu verstehen sei.[35]

Da jedoch weiterhin das Problem besteht, dass es im ländlichen Raum zu wenige Arbeitsplätze gibt, muss man im Rahmen der neuen nachhaltigen Regionalentwicklung gezielt die Wirtschaft stärken. Auf der Suche nach einer sinnvollen Konzeption zur wirtschaftlichen Aufwertung entdeckt man die «eigenständige Regionalentwicklung» (siehe Seite 150 f.), die mit ihrer integrativen und partizipativen Ausrichtung ideal mit den Leitideen der Nachhaltigkeit zusammenpasst. Einziges Problem ist dabei ihr alternativer Charakter als Gegenposition zur Dominanz der Zentren über das Land, aber dies wird dadurch gelöst, dass man sich bei der nachhaltigen Regionalentwicklung allein auf die integrativen und partizipativen Elemente der eigenständigen Regionalentwicklung bezieht und sie als Ergänzung zur Zentrale-Orte-Politik uminterpretiert.[36]

Die so konzipierte nachhaltige Regionalentwicklung erlangt dann ab der zweiten Hälfte der 1990er Jahre für den ländlichen Raum eine gewisse Bedeutung, indem zahlreiche Projekte und neue Fördermaßnahmen entstehen, die sich an dieser Leitidee ausrichten. Dies betrifft Lokale-Agenda-2000-Gruppen, lokale Aktionsgruppen, Gemeinde- und Landkreisleitbilder (mit partizipativer Erarbeitung), Regionalinitiativen und neue Initiativen im Rahmen von Dorferneuerung, Flurbereinigung und Umweltschutz. Am wichtigsten wird dabei die EU-Regionalpolitik, die einen Teil ihrer Fördermaßnahmen explizit an das Konzept der nachhaltigen Regionalentwicklung bindet und so – im Gegensatz zur EU-Agrarpolitik – eine dezentrale, kleinbetriebliche und umweltverträgliche Regionalentwicklung fördert. Mit der EU-Osterweiterung im Jahr 2004 wird zwar die Bedeutung der EU-Regionalpolitik für die deutsche Regionalentwicklung im Laufe der Zeit etwas geringer, aber nach wie vor ist sie das wichtigste Instrument zur Förderung einer nachhaltigen Regionalentwicklung. Zahlreiche Maßnahmen, die neue Arbeitsplätze schaffen, regionale Potenziale aufwerten und die Lebensqualität im ländlichen Raum verbessern, gehen darauf zurück. Allerdings fallen die Finanzmittel im Vergleich zur EU-Agrarförderung vom Gesamtvolumen her vergleichsweise bescheiden aus.

7.4 Bevölkerungsentwicklung: Abwärtsspirale oder erneuter Aufschwung?

Die Bevölkerung Deutschlands wächst zwischen 1987 und 2018 von 77,9 auf 82,9 Millionen Menschen, also um 6,4 %, was für diesen langen Zeitraum ein schwaches Wachstum darstellt.[37] Erstaunlich ist, wie unterschiedlich in dieser Zeit über die demographische Entwicklung in der Öffentlichkeit diskutiert wird.

Obwohl die Geburtenrate in Deutschland seit 1972 unter der Sterberate liegt, stellt die damit verbundene Überalterung der Bevölkerung dreißig Jahre lang kein Problem dar. Um das Jahr 2004 herum wird dies jedoch plötzlich zu einem zentralen Thema in der Öffentlichkeit: Es wird gefragt, ob die Deutschen vielleicht aussterben und ob die Politik von «den Alten» zu Lasten der jungen Generation dominiert werde. Und weil diese Fragen tendenziell mit Ja beantwortet werden, beginnen sich Politik und Raumordnung bereits auf den Rückgang der Bevölkerung in Deutschland vorzubereiten.[38] Nach längerer Zeit flaut diese Diskussion wieder ab, und in den Jahren ab 2015 dominiert auf einmal die Zuwanderung von Flüchtlingen und Asylanten die gesamte öffentliche Diskussion. Im Jahr 2018 erreicht dann die Bevölkerung in Deutschland mit knapp 83 Millionen Menschen einen neuen Rekordwert, den um das Jahr 2004 herum niemand für möglich gehalten hätte und der alle damaligen Prognosen eines Bevölkerungsrückgangs in Deutschland Makulatur werden lässt.

Das Bevölkerungswachstum in Deutschland in der Zeit zwischen 1990 und 2015 setzt sich aus einem Rückgang von 3 Millionen Menschen durch Sterbeüberschuss und einem Wachstum von 5 Millionen Menschen durch Zuwanderung aus dem Ausland zusammen.[39] Betrachtet man den gesamten Zeitraum 1987 bis 2018, dann fallen beide Entwicklungen noch stärker auseinander. Da die Zuwanderungen aus dem Ausland und die innerdeutschen Wanderungen fast ausschließlich in die größeren Städte und Metropolregionen gehen, wachsen diese Räume relativ stark und besitzen eine relativ junge Bevölkerungsstruktur, während die ländliche Bevölkerung nicht wächst und durch Überalterung geprägt ist.

Die Schwierigkeit für Aussagen zur Bevölkerungsentwicklung im ländlichen Raum in diesem Zeitraum liegt darin, dass sie durch ausgeprägte Ost-West-Wanderungen im Gefolge der deutschen Wiedervereinigung und durch erhebliche Nord-Süd-Wanderungen im Gefolge des Wandels von der Industrie- zur Dienstleistungsgesellschaft überlagert werden.

Blendet man diese beiden Entwicklungen etwas aus, dann lässt sich feststellen, dass ab den 1980er Jahren die Kernstädte, die in den 1960er und 1970er Jahren spürbar Einwohner verloren hatten, wieder wachsen, wobei diese Entwicklung von der Politik mit Maßnahmen der Reurbanisierung gezielt gefördert wird. Im Rahmen der immer stärkeren Konzentration der Wirtschaft auf die Metropolen wachsen die sieben größten Städte Deutschlands sowie Großstädte mit einem ausgeprägten kreativen Milieu seit 2005 besonders stark.[40] Das bedeutet zugleich, dass der suburbane Raum um diese Städte herum ebenfalls erheblich wächst und immer größer wird, so dass agglomerationsnahe ländliche Räume in suburbane, also städtische Räume umgewandelt werden.[41]

Bei dieser Entwicklung kommt es in den städtischen Räumen aufgrund des hohen Wirtschafts- und Bevölkerungswachstums zu zahlreichen Überlastungsphänomenen wie extrem hohen Mieten und Grundstückspreisen, sehr viel Verkehr und Überfüllung aller öffentlichen Einrichtungen, was die städtische Lebensqualität erheblich beeinträchtigt.

Im Gegenzug dazu geht die Bevölkerung im ländlichen Raum in dieser Zeit zurück. Nur die ländlichen Räume in der Nähe von Agglomerationen verzeichnen jetzt noch ein Wachstum. Die ländlichen Räume mit einer positiven Wirtschaftsentwicklung werden etwas kleiner; hier ist das Wachstum noch schwächer ausgeprägt. Die strukturschwachen ländlichen Räume hingegen werden deutlich größer; hier verlieren jetzt immer mehr Gemeinden, die bislang noch ein leichtes Wachstum oder eine Stagnation aufwiesen, an Bevölkerung, während das in Gemeinden, die bereits zuvor Einwohner verloren hatten, jetzt verstärkt geschieht. Ab 2005 – parallel zum beschleunigten Wachstum der städtischen Räume – verstärkt sich die negative Bevölkerungsentwicklung im ländlichen Raum noch einmal.[42] Dadurch nimmt die Bevölkerung im ländlichen Raum spürbar ab und wird gleichzeitig immer älter.[43]

Die im Durchschnitt ältere ländliche Bevölkerung geht wegen der höheren Sterberate stärker zurück als die durchschnittliche bundesdeutsche Bevölkerung. Deshalb ist jetzt in vielen ländlichen Gemeinden Zuwanderung nötig, um den aktuellen Bevölkerungsstand überhaupt halten zu können. Da eine solche Zuwanderung derzeit aber nicht erkennbar ist, sinken die Bevölkerungszahlen im ländlichen Raum immer weiter. Dadurch wird die Nachfrage nach den Angeboten der Daseinsvorsorge (siehe Seite 183) geringer, und die Mindestschwellenwerte für ihre Aufrechterhaltung werden immer öfter unterschritten. Als Folge davon werden die Angebote der Daseinsvorsorge ausgedünnt, was in den betroffenen Gemeinden die Lebensqualität verschlechtert, so dass mehr Menschen zum Abwandern in die Städte motiviert werden. Auf diese Weise entsteht eine Abwärtsspirale, die sich selbst immer weiter verstärkt und sich nur schwer durchbrechen lässt.[44]

In den Jahren ab 2004, als in Deutschland sehr heftig über das Phänomen der Überalterung diskutiert wird, nutzen einige Experten diese Diskussion, um den ländlichen Raum mit neuen Argumenten abzuwerten: Sie machen aus dem Bevölkerungsrückgang im ländlichen Raum – vor allem in Teilen Ostdeutschlands, wo die Bevölkerungsdichte schon immer sehr niedrig ist – eine unausweichliche, alternativlose Entwicklung, die mit naturwissenschaftlicher Strenge ablaufe, nennen dies «Schrumpfung» und stellen fest: «Diese Entwicklung hat die im Grundgesetz angemahnte ‹Gleichwertigkeit der Lebensverhältnisse› de facto längst ausgehebelt.» Deshalb bestehe die zentrale Herausforderung nicht darin, die Schrumpfung zu verhindern, sondern sie zu «gestalten» (mittels Rückbaumaßnahmen aktiv zu fördern). Räume mit Bevölkerungsrückgang seien künftig «als Erholungsflächen und Regenerationsräume für den Naturhaushalt» zu nutzen.[45]

Der Bevölkerungsrückgang im ländlichen Raum ist jedoch kein ehernes Gesetz, dem man hilflos ausgeliefert wäre, sondern er ist Ausdruck der aktuellen wirtschaftlichen und politischen Interessen und Prioritäten und insofern durchaus veränderbar. Es ist auffällig, wie das Thema Bevölkerungsrückgang instrumentalisiert wird, um das Land als Lebens- und Wirtschaftsraum grundsätzlich zu entwerten; aber noch auffälliger ist es, dass diese Argumentation als völlig logisch, wissenschaftlich abgesichert und alternativlos ausgegeben wird: Wer diese Argumentation nicht mitmacht, der wird als unvernünftig und irrational angesehen und aus der aufgeklärten Gesellschaft ausgeschlossen. Dadurch kommt eine sehr problematische Dimension in die öffentliche Diskussion.

Natürlich stellt der Bevölkerungsrückgang mit der damit verbundenen Abwärtsspirale ein gravierendes Problem im ländlichen Raum dar. Es gibt aber zahlreiche Einzelbeispiele, wie es einer Gemeinde gelingt, nach der Schließung des traditionellen Dorfladens einen neuen Dorfladen auf genossenschaftlicher Grundlage aufzubauen, nach der Pensionierung des Hausarztes die medizinische Grundversorgung in neuen Formen zu sichern oder neue Eigentümer für leerstehende Wohnhäuser und Gewerbegebäude im Dorfzentrum zu finden. Allerdings setzt dies voraus, dass sowohl die Betroffenen als auch die lokalen Politiker aktiv werden, nach neuen Lösungen jenseits der vertrauten und eingespielten Lösungswege suchen und sich dabei auch persönlich engagieren. Der Erfolg vieler Projekte zeigt, dass dadurch die mit dem Bevölkerungsrückgang verbundene Abwärtsspirale durchbrochen und die Lebensqualität einer ländlichen Gemeinde wieder verbessert werden kann. Deshalb stellt der Bevölkerungsrückgang im ländlichen Raum ein großes Problem, aber keine unausweichliche Entwicklung dar.

Die neue Diskussion über Flüchtlinge und Asylanten, die ab 2015 die Öffentlichkeit in Deutschland sehr stark bewegt, wird im ländlichen Raum Ostdeutschlands besonders intensiv geführt, und sie wird hier als Bedrohung der eigenen Lebenswelt wahrgenommen. Dies ist deswegen erstaunlich, weil die meisten Flüchtlinge und Asylanten im städtischen Raum unterkommen und der ländliche Raum davon vergleichsweise wenig betroffen ist. Aber es geht hierbei offensichtlich gar nicht so sehr um die konkreten Probleme, die der Zuzug von Flüchtlingen vor Ort verursacht. Vielmehr bricht anlässlich dieser neuen Situation ein sehr tief sitzendes Unbehagen über die Veränderungen der eigenen ländlichen Lebenswelt auf. Dieses Unbehagen hat vielfältige Wurzeln wie die grundsätzliche Benachteiligung des Ostens durch die Wiedervereinigung Deutschlands, die von oben forcierten Gebietsreformen gegen den Willen der Betroffenen, die Ausdünnung aller Infrastrukturen und die Entwertung traditioneller Lebensformen. Durch die scharfen Diskussionen um die notwendige «Schrumpfung» wird es noch einmal erheblich angefeuert. Die starke Flüchtlingsimmigration des Jahres 2015 führt dann offenbar dazu, dass sich dieses Unbehagen auf einmal sehr heftig und breit öffentlich artikuliert. Dabei werden zahlreiche Selbstverständlichkeiten unserer modernen Welt angegriffen, und es brechen erneut Grundsatzfragen über die Bedeutung und den Stellenwert des ländlichen Raumes in der Postmoderne auf (siehe Seite 209 f.).

Betrachtet man die aktuelle Entwicklung der städtischen und ländlichen Räume in Deutschland, dann ist die Lebensqualität sowohl in den städtischen Räumen (durch Überlastung) als auch in den ländlichen Räumen (durch zu geringe Auslastung und durch Entwertung) erheblich beeinträchtigt – die räumlichen Gegensätze, die durch das Erstarken des Neoliberalismus wieder zunehmen, sind auf beiden Seiten mit gravierenden Problemen verbunden.

Wirft man zum Schluss noch einen Blick auf die räumliche Verteilung der Bevölkerung im ländlichen Raum, dann muss man feststellen, dass im Jahr 2013 drei Viertel der ländlichen Bevölkerung in Klein- und Mittelstädten und nur ein Viertel in Landgemeinden mit weniger als 5000 Einwohnern leben – das Land wird immer stärker durch eine dezentrale Verstädterung geprägt.[46]

Das bedeutet, dass die Aufwertungen des ländlichen Raumes durch ökologische Landwirtschaft, Regionalprodukte und nachhaltige Regionalentwicklung nicht so ins Gewicht fallen, dass sie auf der Maßstabsebene der Bundesrepublik Deutschland demographisch sichtbar werden. Stattdessen zeigt sich eine demographische Entwertung, die mit der wirtschaftlichen und politischen Entwertung des Landlebens korrespondiert.

7.5 Siedlungsentwicklung: Die Entstehung der «Zwischenstadt»

Bei der Gestaltung der Siedlungen gibt es ab dem Jahr 1980 einen deutlichen Bruch: Die modern-funktionalen Bauten der 1960er und 1970er Jahre werden auf einmal durch Bauten im postmodernen Stil ersetzt, bei denen die reine Funktion gegenüber einer neuen Lust an vielfältigen Formen zurücktritt. Die neuen Wohnhäuser sind geprägt durch aufwendig gestaltete Eingangssituationen, aufgelockerte Wandflächen mit Vor- und Rücksprüngen, durch Erker, versetzte Balkone und durch steile Dächer mit verwinkelten Gauben. Eine Reihe dieser Neubauten verwendet Bauelemente aus fernen Urlaubsregionen (Säulen, Portale, Fenster, Türen), die hier besonders unpassend wirken; häufig bemühen sich Bauherren und Architekten die neuen Gebäude etwas an die traditionelle regionale Bauweise anzupassen. Es gibt aber auch einige Architekten, die ganz bewusst von den traditionellen Bauformen ausgehen und diese für heutige Nutzungsansprüche umgestalten, so dass sie die Tradition auf kreative Weise weiterentwickeln.[47] Und es gibt Bauherren, die alte Gebäude am gleichen oder an einem neuen Standort originalgetreu renovieren und neu nutzen, oder die sogar Neubauten in alten Formen errichten, so dass sie wie traditionelle Gebäude wirken.

Diese neue Gestaltung betrifft in erster Linie die Wohnhäuser; Schul- und Verwaltungsgebäude sind davon seltener betroffen, und Gewerbegebäude werden weiterhin ausschließlich kostengünstig und zweckrational erstellt. Durch diese neue Siedlungsentwicklung schwächt sich der radikale Gegensatz zwischen Alt- und Neubauten, der den ländlichen Raum in den 1960er und 1970er Jahren so stark geprägt hatte, wieder etwas ab.

Noch wichtiger als diese architektonischen Veränderungen ist bei der Siedlungsentwicklung etwas anderes: Im Gegensatz zu früher koppelt sich die Siedlungsentwicklung ab 1960 immer deutlicher von der Bevölkerungsentwicklung ab und bildet ab etwa 1980 eine eigene Dynamik aus. Dafür sind in erster Linie drei unterschiedliche Triebkräfte verantwortlich.

Bei der Funktion Wohnen steigen die Ansprüche des Durchschnittsbürgers immer mehr: Lebten früher stets mehrere Menschen in einem Raum, so ist es seit einiger Zeit selbstverständlich, dass jede Person und auch jedes Kind ein eigenes Zimmer besitzt und alle Räume immer größer werden. Gleichzeitig werden die Familien aufgrund des demographischen Wandels deutlich kleiner, was dazu führt, dass eine dreiköpfige Familie pro Kopf mehr Platz in Anspruch nimmt als eine sechsköpfige, weil die Gemeinschaftsräume (Bad, WC, Küche, Flur) jeweils ähnlich groß sind. Die Überalterung führt dazu, dass in peripheren ländlichen Räumen oft nur noch ein oder zwei Personen in sehr großen Häusern wohnen. So kommt es zwischen 1965 und 2013 fast zu einer Verdreifachung der Wohnfläche pro Person in Deutschland (von 16 m^2 auf 46 m^2).[48] Aus diesem Grunde wächst die Siedlungsfläche für Wohnbauten sehr viel stärker als die Bevölkerung; diese Entwicklung ist in agglomerationsnahen ländlichen Räumen besonders ausgeprägt. Aber auch in ländlichen Räumen mit Bevölkerungsstagnation und selbst in solchen mit Bevölkerungsrückgang wachsen die Siedlungsflächen für Wohnbauten, was nur auf den ersten Blick widersprüchlich ist (Abbildung 18).

Auch die Wirtschaft trägt mit den zahlreichen neuen Gewerbegebieten zum Wachstum der Siedlungsflächen bei: Die Betriebe, die sich hier ansiedeln, nutzen den neuen Standort mit den meist günstigen Boden- und Mietpreisen, um ihren Betrieb großzügig zu erweitern und auszugestalten. Dazu gehört heute, dass alle Wirtschaftstätigkeiten nur noch in ebenerdigen Gewerbegebäuden ausgeführt werden. Die Benutzung von Rolltreppen, Fahrstühlen oder Lastenaufzügen ist zu umständlich und dauert zu lange, denn die Ware, die «just in time» geliefert wird, soll vom LKW aus direkt mit dem Gabelstapler zum Arbeitsplatz, Lager oder Verkaufsregal gefahren werden. Deshalb benötigen die neuen einstöckigen Gewerbegebäude sehr viel mehr Platz als früher. Darüber hinaus benötigt jede Firma Parkplätze für Mitarbeiter, Kunden und LKWs, die zusätzlich sehr viel Platz in Anspruch nehmen.

Auch der Verkehr benötigt immer mehr Flächen (die Verkehrsflächen werden zur Siedlungsfläche gezählt); durch die zunehmenden räumlichen Arbeitsteilungen in der Wirtschaft und durch die immer größer werdenden Pendeldistanzen zwischen Wohn- und Arbeitsort wächst er erheblich. Alle Kreis- und Bundesstraßen, die ausgebaut werden, alle neuen Umgehungsstraßen und vor allem die neuen Autobahnen brauchen sehr große Flächen (Abbildung 19). Abgesehen von der Flächenversiegelung, dem Lärm und der Luftverschmutzung besitzen diese Verkehrsflächen wegen des hohen Verkehrsaufkommens eine trennende Wirkung auf die Landschaft, durch die sie führen.

Aus diesen drei Gründen wachsen die Siedlungsflächen in Deutschland seit 1980 überproportional, und alle politischen Versuche, ihr Wachstum zu begrenzen, sind bislang nicht erfolgreich.

Welche Eigenschaften haben diese neuen und stark wachsenden Siedlungsstrukturen? Um sie angemessen zu verstehen, greife ich auf das Konzept der «Zwischenstadt» des Architekten Thomas Sieverts zurück:[49] Die Siedlungen, die ab den 1960er Jahren im Rahmen der Suburbanisierung um die großen Städte herum entstehen, entwickeln sich auf eine ungeplante, sehr chaotische Weise, weil es keine übergeordnete Gesamtplanung gibt.[50] Jede Gemeinde im «Speckgürtel» der Städte versucht mittels der Ausweisung von Wohn- und Gewerbegebieten, dass sich möglichst viele Zuzügler und Betriebe bei ihr und nicht in der Nachbargemeinde niederlassen. Daher spielen in diesem Raum attraktive Erreichbarkeiten und niedrige Grundstückspreise, aber sehr häufig auch bloße Zufälle und rein individuelle Entscheidungen eine zentrale Rolle.

Auf diese Weise entsteht eine zerrissene, chaotische Siedlungs- und Freiraumstruktur ohne feste Grenzen, die «Zwischenstadt», die durch das beziehungslose Nebeneinander der verschiedensten Nutzungen geprägt ist: Einfamilien- und Reihenhaussiedlungen stehen neben isolierten Einkaufszentren, Gewerbegebieten und Hochhauskomplexen, zwischen ihnen liegen Freizeitflächen (Parks, Tennis- und Minigolfplätze, Reiterhöfe, Veranstaltungshallen), Landwirtschaftsflächen, Waldstücke und isolierte Biotopflächen, und überall gibt es große Parkplätze und zahllose Straßen, die den Raum zerschneiden. Die Einwohnerdichte ist zwar so hoch, dass es sich eindeutig um einen städtischen Raum handelt, aber er hat keine Gemeinsamkeit mehr mit dem traditionellen städtischen Raum, weil ihm die Multifunktionalität, die Dichte und die Identität der traditionellen Stadt fehlen.

Charakteristisch für die Zwischenstadt ist es, dass jede einzelne Funktion auf dem betreffenden Grundstück intensiv als Monofunktion ausgeübt wird und dass sehr enge Verbindungen mit weit entfernten Standorten, aber keine zu den Nachbargrundstücken gepflegt werden. Die Menschen, die hier wohnen, haben Beziehungen zu Arbeitsplätzen, Schulen, Einkaufszentren, Freizeitgebieten, Freunden und Bekannten, die mehr oder weniger weit entfernt liegen oder ansässig sind, aber sie haben kaum Bezüge zu ihrer unmittelbaren Umgebung. Noch stärker ausgeprägt ist dies bei den Firmen in den Gewerbegebieten und bei den Freizeitflächen mit ihren spezialisierten Angeboten; von den Landwirten, die in den Zwischenräumen noch Ackerbau betreiben, oder den Naturschützern, die Biotope betreuen, ganz zu schweigen.

Damit dominieren bei allen Verhaltensweisen in der Zwischenstadt die geplanten, funktionalen oder zweckrationalen Aktivitäten, für die man in der Regel das Auto benötigt, das den Fahrer vom Kontakt mit der unmittelbaren Umgebung abschirmt. Die ungeplanten Aktivitäten, die sich durch Zufall in der direkten Nachbarschaft spontan ergeben und die für die traditionelle Lebensqualität auf dem Land und in der Stadt so wichtig waren und sind, gehen dabei verloren, weil die Zwischenstadt dafür kaum Möglichkeiten bietet.

Die atomisierten, punktförmigen Monofunktionen, die nur mittels sehr viel PKW- und LKW-Verkehr funktionsfähig sind, führen zu einer vom Verkehr geprägten gesichtslosen Siedlungsstruktur, der jede Form von Identität fehlt. Wenn es hier überhaupt noch eine Identität gibt, dann bezieht sie sich allein auf das eigene Grundstück, nicht jedoch auf das Quartier oder den Stadtteil.[51]

Diese Zwischenstadt-Struktur ist heute in Deutschland und Europa dominant. Viele Städte werden bereits in diese Richtung umgebaut, indem sie ihre Multifunktionalität einbüßen und die Stadtzentren in

Einkaufs-, Verwaltungs- und Tourismuszentren und zentrennahe Quartiere in Luxuswohngebiete umgewandelt werden.

Viele Anzeichen sprechen dafür, dass die Entwicklung der Zwischenstadt auch im ländlichen Raum abläuft: Die Entwertung der Dorfkerne und die Verlagerung des Dorflebens in die Neubaugebiete am Ortsrand ist ein erster Schritt in Richtung Zwischenstadt; Gleiches gilt für die Entwicklung des ländlichen Raums zum Teillebensraum (siehe Seite 149), indem weit voneinander entfernte Punkte funktional eng miteinander verknüpft und die Beziehungen zur unmittelbaren Nachbarschaft geschwächt werden. Trotzdem ist die Zwischenstadt-Struktur auf dem Lande noch sehr viel schwächer ausgeprägt als im suburbanen Raum. Deshalb wäre es missverständlich, im ländlichen Raum ebenfalls den Begriff der Zwischenstadt zu verwenden, und es ist sinnvoller, die entsprechende ländliche Siedlungsstruktur als «Zwischenstadtland» zu bezeichnen.[52]

Dieses Zwischenstadtland ist am stärksten in den agglomerationsnahen ländlichen Räumen zu finden, die allmählich in suburbane Räume umgewandelt werden. Ansonsten gibt es zwar viele Elemente dieser Siedlungsstruktur in vielen ländlichen Gemeinden, die sich manchmal entlang von großen Verkehrsachsen linienhaft verdichten, aber in der Regel konzentrieren sie sich eher inselhaft auf wenige und kleinere Flächen und dominieren keineswegs die ländlichen Siedlungen in ihrer Gesamtheit.

Zum Abschluss ist noch eine ländliche Variante der Gentrifizierung im Zwischenstadtland zu erwähnen.[53] Ländliche Räume in der Umgebung einer Großstadt, die so weit von ihr entfernt liegen, dass die Suburbanisierung keine Rolle mehr spielt, die aber gleichzeitig noch so gut erreichbar sind, dass man in der Großstadt arbeiten kann, werden zu Wohnräumen umgewandelt, in denen Städter ihren Traum vom Landleben als «Arcadia» realisieren: Die Wohngebäude sind stilvoll renovierte und umgebaute ländliche Gebäude, oder es sind Neubauten, die traditionelle Bauformen perfekt imitieren, die Gärten der Wohnhäuser sind als Bauerngärten angelegt, zwischen den Siedlungen wirtschaften regional oder ökologisch ausgerichtete Bauern, und die Relikte der traditionellen Kulturlandschaft werden sorgfältig durch die Landschaftspflege erhalten. Gemeinsam mit Naturschützern, Wasserschutzbehörden und dem Denkmalschutz sorgen die Bewohner dafür, dass ihre Wohnregion «nicht von geschäftstüchtigen Großbauern und cleveren Developern verschandelt wird und dass keine neuen Autobahntrassen durch ihr Gebiet geschlagen werden». Die Attraktivität dieser Räume zieht im Laufe der Zeit einige postmoderne Nutzer wie «Töpfer, Bildhauer, Pferdezüchter, Baumschulen, Fitnessfarmen, Meditationszentren und chinesische Medizinschulen» an.[54]

Aufgrund der geringen Dichte handelt es sich bei solchen Gebieten um ländliche Räume, aus denen die ländliche Bevölkerung wegen der steigenden Preise und der neuen Lebensstile verdrängt wird. Diese Entwicklung kann als Gentrifizierung bezeichnet werden. Zudem sind sie ein Teil des Zwischenstadtlandes, weil Bewohner und Nutzer sehr eng in räumlich weitverzweigte Netzwerke eingebunden sind und den Bezug zu ihrer unmittelbaren Umgebung in der Regel nur fingieren, aber nicht leben.

7.6 Der ökologische Wandel: Agrarwüsten, Wildnisgebiete und der neue Umweltschutz

Um den ökologischen Wandel oder den Landschaftswandel in Deutschland seit 1980 angemessen verstehen zu können, ist es sinnvoll, den Wandel seit 1850 zu thematisieren, damit das fundamentale Ausmaß der Veränderungen in den Blick kommen kann. Wie in den Kapiteln 5 und 6 dargestellt sind diese Veränderungen lange Zeit eher schwach ausgeprägt. Ab 1960 erhalten sie erstmals eine flächenhafte Dynamik, und diese beschleunigt sich ab 1980 noch einmal, so dass die Landschaft in Deutschland heute völlig anders aussieht und völlig anders ökologisch geprägt ist als um 1850.

Beginnen wir mit den quantitativen Flächenveränderungen (Tabelle 3):[55] Die Landwirtschaftsflächen gehen erheblich zurück, die

Tabelle 3: Landnutzung in Deutschland

Nutzungsart	1850	1913	1950	1980	2016
Siedlungsfläche	3 %	4 %	5 %	10 %	14,2 %
Landwirtschaftsfläche	75 %	68 %	64 %	57 %	51,1 %
Waldfläche	20 %	26 %	29 %	30 %	32,4 %
Wasserfläche	2 %	2 %	2 %	2 %	2,3 %

Quellen: Horst Gömann/Peter Weingarten: Artikel «Landnutzungswandel» in ARL 2019, S. 1335 ff. (Angaben für 1913 bis 2016).
Statistisches Bundesamt: Statistisches Jahrbuch 2018. Wiesbaden 2018, S. 488 (Angaben für 2016).
Bei den Daten von 1850 handelt es sich lediglich um sehr grobe Schätzungen, da verlässliche Angaben fehlen. Weil in den Mittelgebirgen in der zweiten Hälfte des 19. Jahrhunderts große Flächen aufgeforstet wurden, wurde die Waldfläche im Jahr 1850 von mir auf 20 % geschätzt.

Waldflächen wachsen deutlich (allerdings findet ihr stärkstes Wachstum in der Zeit vor 1914 statt), und die Siedlungsflächen verzeichnen seit 1950 ein nahezu explosionsförmiges Wachstum, was sich auch in den letzten Jahren weiter fortsetzt und bei dem die Verkehrsflächen eine wichtige Rolle spielen.[56]

Wichtiger als diese quantitativen sind die qualitativen Veränderungen: Um 1850 ist die gesamte Landschaft sehr kleinräumig geprägt. Die traditionelle Landwirtschaft hat mit ihren abgestuften Nutzungsintensitäten im Laufe der Zeit zahllose mosaikförmige Kulturlandschaften mit vielen Acker-, Wiesen-, Wald- und Wegrändern geschaffen,[57] die ein hohes Maß an Artenvielfalt und an landschaftlicher Vielfalt besitzen. Da die Naturlandschaften in Mitteleuropa durch sehr große und relativ homogene Waldgesellschaften geprägt sind, die aufgrund ihrer kurzen Vegetationsgeschichte – die Wälder entstehen ja erst nach dem Ende der letzten Eiszeit neu – noch keine große Artenvielfalt ausbilden können, stellen die bäuerlichen Kulturlandschaften um 1850 den Höhepunkt der Arten- und Landschaftsvielfalt in Deutschland dar. Zugleich sind die Kulturlandschaften für die dort lebenden Menschen «Heimat», weil sie in der spezifischen Gestaltung der Landschaft die Arbeit der früheren Generationen und ihre eigene Arbeit wiedererkennen und weil Haus-, Dorf-, Flur- und Landschaftsformen der äußere Ausdruck der lokalen und regionalen Identitäten sind. Diese multifunktionale, also ökonomische, ökologische und kulturelle Bedeutung der Landschaft ändert sich fundamental, indem sich im Laufe der Zeit auf sehr vielen Flächen Nutzungstrennungen und Monofunktionen durchsetzen.

Die Veränderung bei den Landwirtschaftsflächen besteht darin, dass die Gunstflächen vor allem ab 1960 immer intensiver genutzt, Ungunstflächen hingegen in der zweiten Hälfte des 19. Jahrhunderts und dann erneut ab 1960 aufgelassen werden. Dadurch wird die Landwirtschaftsfläche insgesamt deutlich kleiner, und die kleineren Flächen werden immer intensiver genutzt.

Die Nutzungsintensivierungen der landwirtschaftlichen Gunstflächen führen zur Schaffung immer größerer Parzellen, wobei zahlreiche Kleinstrukturen der Kulturlandschaft zerstört werden. Um den Ertrag hoch zu halten wird sehr viel Dünger eingesetzt. Da die großen, homogen bepflanzten Parzellen ideal für die Ausbreitung von Schädlingen sind, werden beim Ackerbau sehr viele Pestizide und Herbizide zu ihrer Beseitigung verwendet, während das Grünland durch die Ausbringung großer Mengen von Gülle aus der Massentierhaltung geprägt ist. Aus diesem Grund sind intensiv genutzte Landwirtschaftsflächen extrem artenarm, ihr Grundwasser ist sehr stark belastet (Nitrate durch Düngemittel als Hauptproblem, daneben Rückstände aus Herbizid- und Pestizideinsatz und von Arzneimitteln aus der Tierhaltung) und ihre Flächen sind monoton. Deshalb handelt es sich bei ihnen um monofunktionale «Agrarwüsten», die jede andere Nutzung ausschließen, die die menschliche Gesundheit belasten und die eine Identifizierung mit der Landschaft verunmöglichen.

Die Nutzungseinstellungen betreffen weniger ertragreiche und schwerer zu bewirtschaftende Flächen. Dies sind Flächen, die einen flachgründigen Boden oder ein schwieriges Relief besitzen, die zu trocken oder zu feucht sind, die sehr abgelegen oder in größerer Höhe liegen und die traditionellerweise sehr arbeitsextensiv genutzt werden (oft als Schafweide oder als Wiese, die nur einmal pro Jahr oder alle zwei, drei Jahre nur einmal gemäht wird). Aufgrund ihres mageren Bodens und ihrer spezifischen Eigenschaften (extreme Standorte) sind sie in der Regel sehr artenreich, und es finden sich hier sehr seltene Arten, die anderswo nicht vorkommen. Es gibt um 1850 herum eine große Vielfalt solcher extensiv bewirtschafteten Flächen, die oft nur regional bekannt sind wie zum Beispiel Kalkmagerrasen (Abbildungen 20 und 21) oder Sandmagerrasen.[58] Der Rückgang beträgt bis heute zwischen 85 % und 95 % ihrer Flächen. Seit etwa 20 Jahren wird aber auf einmal die hohe Qualität dieser Gebiete erkannt, und sie werden von Regionalinitiativen und Naturschützern wieder gezielt bewirtschaftet, um die Artenvielfalt und die damit verbundenen regionalen Besonderheiten der Landschaft zu erhalten. Wird jedoch die Nutzung auf solchen Flächen eingestellt, dann setzt in der Regel nach wenigen Jahren eine Verbuschung ein, die nach sehr vielen Jahrzehnten langsam in einen Wald übergeht (Abbildung 22). Da die Verbuschung von zwei oder drei dominanten Straucharten geprägt wird, ist diese Übergangsphase sehr artenarm, das Landschaftsbild relativ monoton, und eine Identität der Bewohner mit diesen Flächen kaum gegeben.

Die Waldflächen sind um 1850 extrem vielfältig und heterogen und reichen von den weitverbreiteten bäuerlichen Niederwäldern bis hin zu sehr unterschiedlichen Hochwäldern, deren Holzanteil aber meist viel geringer als heute ist. Die Forstwirtschaft macht anschließend aus vielen Wäldern produktive Forste und forstet zusätzlich große Flächen auf, wobei Fichten- oder Kiefermonostrukturen die standortgemäßen Laubwälder verdrängen. Diese Forste sind weder für die Freizeit interessant, noch spielen sie für die regionale Identität eine relevante Rolle. Wenn dagegen in der Öffentlichkeit die besondere Qualität bestimmter Wälder betont wird, mit der oft eine ausgeprägte regionale Identität verbunden ist, dann handelt es sich in der Regel um Wälder, bei denen noch heute die Zusammensetzung der Baumarten, eine Vielzahl markanter Einzelbäume (Baumindividuen) sowie das Bild des Waldes auf traditionelle Nutzungen verweisen.[59] Dies sind Wälder, die

die Forstwirtschaft zufälligerweise noch nicht umgebaut hat (Abbildung 23).

Seit den 2000er Jahren setzt sich in der Forstwirtschaft allmählich die Erkenntnis durch, dass Nadelbaum-Monostrukturen angesichts der Klimaerwärmung ein großes Problem darstellen, weil sie Trockenheit und Wärme wenig vertragen und schnell flächenhaft von Schädlingen befallen werden. Deswegen beginnt man in den staatlichen Wäldern den Anteil der Laubbäume zu erhöhen, aber dieser erneute Waldumbau stellt erneut eine Jahrhundertaufgabe dar.

Bei der Veränderung der Waldflächen in Deutschland gibt es die größte Fehleinschätzung durch die Bevölkerung. Aufgrund der intensiven Diskussionen über das «Waldsterben» in den 1980er Jahren und über die Vernichtung der tropischen Regenwälder seit den 1980er Jahren meinen sehr viele Menschen, dass die Waldfläche auch in Deutschland abnehme. Wenn dann jedoch bekannt wird, dass die Waldfläche zunimmt, ruft das in der Regel erst einmal ungläubiges Erstaunen hervor – das Wissen der Mehrheit der Bevölkerung über die konkrete Situation im ländlichen Raum ist oft nicht sehr realitätsnah.

Die Siedlungsflächen verzeichnen gerade in der jüngsten Zeit das mit Abstand stärkste Wachstum. Sie bestehen keineswegs nur aus versiegelten Flächen, denn zu ihnen zählen auch Sport-, Freizeit- und Erholungsflächen, Friedhöfe und die Gärten um die Wohnhäuser herum. Insgesamt bilden sie eine sehr zerrissene Struktur, in der sich versiegelte und nichtversiegelte Parzellen kleinräumig ineinander verzahnen. Wenn kleine, mit Vegetation bestandene Flächen auf allen Seiten von versiegelten Flächen eingeschlossen werden, so dass sie keinen Austausch mehr mit anderen Vegetationskomplexen besitzen – Fachbegriff: Verinselung von Freiflächen –, dann geht ihre Artenvielfalt erkennbar zurück. Die Siedlungsstrukturen der Zwischenstadt und des Zwischenstadtlandes (siehe Seite 194 ff.) zeichnen sich deshalb durch eine niedrige ökologische Qualität aus. In den Kernstädten gibt es dagegen aufgrund zahlreicher ungenutzter Ecken und

Winkel, die für bestimmte Pflanzen und Tiere einen guten Lebensraum bilden, inzwischen eine höhere Artenvielfalt als in der Agrarwüste.

In der heutigen Landschaft ist also die traditionelle Multifunktionalität durch verschiedene monofunktionale Nutzungen ersetzt worden, wodurch der wirtschaftliche Ertrag der Landnutzungen erheblich erhöht wurde und die Arten- und Landschaftsvielfalt abgenommen hat. Jede Einzelentscheidung, die dazu führt, dass eine bestimmte Nutzung intensiviert wird, ist aus sich heraus logisch und nachvollziehbar; aber die Summe der unendlich vielen zweckrationalen Einzelentscheidungen, die durch keinerlei Gesamtverantwortung getragen und begrenzt werden, führt zu unbeabsichtigten Konsequenzen: Aus vielfältigen Landschaften werden Produktionsräume, die die Gesundheit der Menschen bedrohen und die sie in einem Ausmaß heimat-, ort- und bodenlos machen, dass ihre psychische Stabilität beeinträchtigt wird. Zugleich verändert sich damit der Natur- und Umweltbezug fundamental: Stand man in der vorindustriellen Gesellschaft auf dem Land täglich im direkten Austausch mit der Natur, so stellt Natur heute etwas Fremdes dar, das sich weit außerhalb des täglichen Lebens- und Wirtschaftsraums abspielt und zu dem man keinen direkten Bezug mehr hat. Die einzigen Naturerfahrungen, die Menschen heute noch machen, sind die in der Freizeit; aber hierbei handelt es sich um ziemlich eingeschränkte Erfahrungen, bei denen der Erholungs- und Wohlfühlfaktor meist im Zentrum steht.

Gleichzeitig muss aber darauf hingewiesen werden, dass es neben der Ausbildung von Monostrukturen in der Landschaft auch eine Gegenbewegung gibt: Ökologisch und regional wirtschaftende Landwirtschaftsbetriebe, neue Regionalinitiativen, die Forstwirtschaft mit dem neuen Waldumbau und die neue Flurbereinigung sorgen dafür, dass Flächen wieder multifunktional genutzt und aufgewertet werden. Diese Flächen sind derzeit noch relativ klein und dürften schätzungsweise erst 5 % bis 8 % der Fläche Deutschlands ausmachen, aber sie lassen deutlich werden, dass sich seit 1980 durchaus eine konkrete

Alternative gegen die monofunktionale Landschafts- und Flächenentwicklung herausbildet.

Unterstützt und gefördert wird dies durch den neuen Umweltschutz, der in der zweiten Hälfte der 1980er Jahre entsteht. Die Naturschützer erkennen jetzt, dass die schützenswerten Vegetationsgesellschaften und Biotope in Deutschland fast nie Naturlandschaften, sondern fast immer traditionell bewirtschaftete Kulturlandschaften sind, die nach der Einstellung der traditionellen Nutzung schnell verbuschen und damit ihre besonderen Naturqualitäten verlieren. Deshalb arbeitet der neue Naturschutz eng mit der Landwirtschaft zusammen, um zu bewirken, dass die Nutzung dieser Flächen weder eingestellt noch intensiviert wird. Gemeinsam sucht man nach Möglichkeiten, wie die traditionellen Nutzungen in neuen Formen eine Zukunft erhalten können.[60]

In diesem Rahmen entstehen auch neue Förderinstrumente wie der Vertragsnaturschutz (Bauern verpflichten sich gegen Ausgleichszahlungen, bestimmte Intensivierungen nicht durchzuführen), neue Organisationen wie die Landschaftspflegeverbände (Erhalt der Kulturlandschaft mittels Zusammenarbeit von Landwirtschaft, Naturschutz und Kommunen) und neue Schutzgebietsformen wie die Biosphärenreservate (Gebiete, in denen der Schutz der Kulturlandschaft im Zentrum steht). Im Jahr 2002 erhalten die 105 deutschen Naturparke, die 28 % der Fläche Deutschlands bedecken, zusätzlich den Auftrag, die nachhaltige Regionalentwicklung in ihren Parkgebieten zu fördern.[61] Alle Maßnahmen dieses neuen Umweltschutzes zeichnen sich dadurch aus, dass sie Nutzung und Schutz in Form einer umweltverträglich-dauerhaften Bewirtschaftung eng miteinander verbinden, dass sie «integrativ» und «partizipativ» konzipiert sind und die regionalen Besonderheiten gezielt aufwerten. Dies stellt eine wichtige Unterstützung für Alternativen zur monofunktionalen Landschaftsentwicklung dar.

Parallel dazu entsteht ab etwa 2005 eine neue Strömung im Naturschutz, nämlich der Wildnis-Gedanke.[62] Die Naturschützer, die diese neue Leitidee entwickeln, haben ein großes Unbehagen gegenüber dem neuen Umweltschutz mit seiner engen Verbindung von Natur und Kultur. Für sie stellt die Natur den absoluten Maßstab dar, der Mensch dürfe dabei keinerlei Rolle spielen. Ihr Ziel besteht darin, dass Natur sich aus sich selbst heraus entwickelt, ohne dass der Mensch dabei eingreift («Natur Natur sein lassen»). Dafür wird der neue Begriff «Prozessschutz» geprägt, und die vom Menschen nicht veränderte und nicht genutzte Landschaft, also die «Wildnis», gilt jetzt als die ideale Natur. Da es in Deutschland jedoch seit dem Mittelalter keine wirklichen Wildnisgebiete mehr gibt, werden verwildernde Kulturlandschaften und kaum genutzte Wälder als Wildnis angesehen. Sie sollen sich unbeeinflusst vom Menschen weiterentwickeln und immer größere Flächen einnehmen, auch wenn dies mit einem Rückgang der Artenvielfalt verbunden ist – ungestörte Naturprozesse sind für diesen Naturschutz wichtiger als vielfältige Biotope und Landschaften.

Diese Form des Naturschutzes, die inzwischen Eingang in den staatlichen Naturschutz gefunden hat,[63] setzt darauf, dass es für die Natur umso besser wäre, je mehr sich der Mensch aus ihr zurückzöge. Besonders radikale Vertreter dieser Richtung nennen als Ziel, dass der Mensch die Hälfte der Erdoberfläche vollständig der Natur überlassen solle.[64] Das würde aber bedeuten, dass menschliches Leben immer mehr zum städtischen Leben und damit immer naturferner werden würde, so dass ein immer größerer Graben zwischen Mensch und Natur entstünde. Zugleich geht dieser Naturschutz ungewollt eine Symbiose mit der Agroindustrie ein, denn nur wenn diese noch sehr viel produktiver als heute wird, können weitere große Flächen der Natur überlassen werden, ohne dass es zu Engpässen bei der Lebensmittelversorgung kommt. Weiterhin fördert dieser Naturschutz (ungewollt?) neoliberale Kräfte, die aus Gründen der wirtschaftlichen Effizienz den gesamten dünn besiedelten ländlichen Raum als Lebens- und Wirtschaftsraum aufgeben wollen. Die aktuellen Konflikte um die Präsenz des Wolfes in Deutschland haben nach meiner Wahrnehmung weniger mit den konkreten Problemen zu tun, die mit der Ausbreitung des Wolfes verbunden sind, sondern sind eher Ausdruck der Angst der Landbevölkerung, dass die städtischen Spezialisten das Land als Wirtschaftsraum aufgeben wollen, damit sich hier Natur ungestört entwickeln könne.[65] Aus den genannten Gründen halte ich eine Wildnisentwicklung nur auf kleineren Sonderstandorten für sinnvoll, nicht jedoch in großen Teilen des ländlichen Raumes.

7.7 Der kulturelle Wandel: Von der selbstverständlichen zur selbstgewählten Tradition

Der Übergang von der Industrie- zur Dienstleistungsgesellschaft ist mit einer fundamentalen Zäsur im Verhalten der Menschen verbunden: Noch in der Industriegesellschaft bestimmt die soziale Schicht, in die ein Mensch hineingeboren wird und die er nur schwer verlassen kann, das individuelle Verhalten. Dabei ist es erstaunlich, wie schnell sich in den stark wachsenden Industriestädten neue soziale Traditionen zum Beispiel im Bereich der Arbeiter oder Angestellten herausbilden und verfestigen. Diese reichen oft weit über die Arbeitswelt hinaus und sind jeweils mit festen Normen und Werten und mit spezifischen Verhaltensweisen verbunden. Das klassische Beispiel dafür ist der Arbeiter, der in der Gewerkschaft und im Arbeitersportverein Mitglied ist, der am Samstag zum Fußball geht, der Bier trinkt und SPD wählt, während sich der Angestellte in Arbeitszeit, Kleidung, Vereinszugehörigkeit, im Freizeit- und Wahlverhalten sehr deutlich von ihm abgrenzt. Solche schichtabhängigen Verhaltensweisen werden über Generationen hinweg tradiert.

Auch wenn sich die genannten Traditionen erst in der Industriegesellschaft ausbilden, so besteht doch eine Gemeinsamkeit mit den traditionellen Agrargesellschaften darin, dass Menschen in bestimmte gesellschaftliche Strukturen hineingeboren werden, die sie als vorgegeben erleben und die ihr gesamtes Leben prägen. Das Lebensziel dieser Menschen besteht darin, sich in diesen Strukturen zu bewähren, die vorgegebenen Aufgaben ordentlich zu erfüllen, Einschränkungen abzuwehren und die eigenen Lebensmöglichkeiten stets etwas zu erweitern. Dazu ist ein vorsichtiges Verhalten nötig, das die sozialen Rahmenbedingungen genau beachtet.

Mit dem Übergang zur Dienstleistungsgesellschaft lösen sich diese festen sozialen Strukturen auf, Gesellschaft und Wirtschaft werden durchlässig (nicht nur als sozialer Auf-, sondern auch als Abstieg), und die Handlungsspielräume der Menschen vergrößern sich auf eine zuvor unvorstellbare Weise. Alle Handlungen sind jetzt dadurch geprägt, dass Alternativen zur Verfügung stehen, so dass stets eine Wahl getroffen werden kann. Dies beginnt mit der Wahl von Ausbildung und Beruf, setzt sich fort mit der Wahl von Lebenspartner und Freundeskreis, von Wohn- und Arbeitsort, von Interessen und Hobbys und endet noch lange nicht bei der Wahl von Religion und Lebensorientierung. Dabei ist es charakteristisch, dass die permanenten Wahlen nicht zu Entscheidungen mit dauerhaften Konsequenzen führen – dann wäre ja die Freiheit der Wahl zu Ende –, sondern dass Entscheidungen stets wieder zurückgenommen und durch neue Wahlakte verändert werden. Auf diese Weise wird das gesamte Leben immer wieder neu gewählt. Da Menschen jedoch soziale Wesen sind, bilden sich auf der Grundlage der individuellen Wahlakte sogenannte «Lebensstilgruppen» heraus, in denen sich Menschen zusammenfinden, die den gleichen Lebensstil gewählt haben und die sich gegenseitig in ihrer Wahl bestätigen und unterstützen. Diese Lebensstilgruppen, die von den Individuen immer wieder gewechselt werden, sind das soziologische Charakteristikum der Dienstleistungsgesellschaft oder der Postmoderne.[66]

Auffällig bei diesen Wahlakten ist es, dass der Kauf von bestimmten (Marken-)Produkten eine große Bedeutung besitzt, um die Zugehörigkeit zu einer Lebensstilgruppe nach innen und außen zu dokumentieren. Immer mehr Wahlentscheidungen werden im Laufe der Zeit nicht mehr auf der Grundlage einer gründlichen inhaltlichen Auseinandersetzung mit möglichen Alternativen getroffen, sondern die Wahl reduziert sich immer häufiger auf die Auswahl zwischen Produkten und Dienstleistungen, die angeboten und gekauft werden können. Alle Möglichkeiten hingegen, die nicht gekauft werden können, geraten immer mehr aus dem Blick. Diese Wahlstruktur betrifft sogar die Frage nach dem Sinn des Lebens, indem eine Religion zu einem Angebot wird, die aus einem breiten Angebot von Orientierungshilfen gewählt und bei Nichtgefallen zurückgegeben wird. Je vielfältiger aber das Angebot wird, desto größer wird die Angst, in dem riesigen und unübersichtlichen Angebot das ideale Angebot zu übersehen und zu verpassen, und am Schluss dauert die Suche nach ihm so lange, dass man darüber das Leben verpasst.[67]

Der Wandel von der Industriegesellschaft mit ihren festen hierarchischen Schichten hin zur Dienstleistungsgesellschaft mit ihren flexiblen Lebensstilgruppen wird heute meist als «Fortschritt» interpretiert, weil der Mensch dadurch sehr viele Möglichkeiten der Selbstverwirklichung und der Freiheit erhalte, die ihm früher verschlossen waren. So richtig diese Sichtweise auf der einen Seite ist, so sehr muss man aber auch die andere Seite sehen: Wenn die neue Freiheit nur darin besteht, aus einem vorgegebenen Angebot auszuwählen, wird sie schnell inhaltsleer; die permanenten Wahlmöglichkeiten sind mit der Gefahr der (Selbst-)Überforderung des Individuums verbunden, und der ausgeprägte Fokus auf individuelle Entscheidungen, der durch die Rückkopplung durch die eigene Lebensstilgruppe noch verstärkt wird, geht zu Lasten des sozialen Zusammenhalts und der gemeinsamen Bewältigung der Umwelt- und der Lebensweltprobleme. Insofern ist dieser Wandel keineswegs ein Fortschritt, sondern er besitzt einen ambivalenten Charakter.

Dieser Wandel von der Industrie- zur Dienstleistungsgesellschaft läuft in Stadt und Land auf eine ähnliche Weise ab, selbst wenn es dabei im Einzelnen erhebliche Unterschiede gibt. Viele Experten und Journalisten bewerten diesen Wandel aber ganz anders: Unter Rückgriff auf das Gegensatzpaar Gemeinschaft – Gesellschaft identifizieren sie das Land mit «Gemeinschaft» (der Einzelne ordnet sich einer sozialen Gruppe unter) und die Stadt mit «Gesellschaft» (die Gruppe zerfällt in Einzelne, die individuelle Ziele verfolgen). Wenn sich auf dem Land Lebensstilgruppen durchsetzen, dann haben sie den Eindruck, dass der ländliche Raum verstädtert und das Landleben verschwindet.[68] Diese Interpretation halte ich jedoch für falsch: Im Rahmen der Industriegesellschaft ist auch die Stadt durch feste soziale Schichten und Zwänge geprägt (die soziale Kontrolle ist auf dem Land wegen der Kleinheit der Orte und der größeren sozialen Nähe lediglich stärker ausgeprägt als in der Stadt), während das Phänomen der «Gesellschaft» in dieser Zeit nur in sehr kleinen Kreisen innerhalb der Mittel- und Oberschicht verbreitet ist. Deshalb bedeutet für mich die Entstehung von Lebensstilgruppen auf dem Land eine grundsätzliche Veränderung des Landlebens, aber nicht seine Verstädterung.[69]

Dieser Wandel betrifft die Tradition auf eine sehr grundsätzliche Weise: Es ist keineswegs so, dass durch die Lebensstilgruppen die Traditionen auf dem Land verschwinden, denn ländliche Gesellschaften zeichnen sich dadurch aus, dass häufig traditionelle Lebensstile gewählt werden. Allerdings war in der traditionellen ländlichen Gesellschaft die Tradition die vorgegebene und alternativlose Grundlage des gesamten Lebens und Wirtschaftens; wer damit nicht einverstanden war, verließ in der Regel sein Heimatdorf, und wer blieb, lebte darin weiter wie frühere Generationen. Diese Selbstverständlichkeit der Tradition wurde durch die Modernisierungen der 1960er und 1970er Jahre zerstört. Wenn Menschen sich ab den 1980er Jahren der Tradition verbunden fühlen und sie zu ihrem Lebensstil wählen, dann ist Tradition jetzt eine Möglichkeit neben anderen, die man bewusst ergreift und bei der man automatisch auswählt, welche Elemente der Tradition man übernimmt und welche nicht, weil Tradition kein geschlossenes System mehr ist.

Dies führt dazu, dass viele Traditionen, die seit der Industriellen Revolution auf dem Land im Laufe der Zeit ein Stück weit festgefahren und erstarrt waren, eine neue Dynamik und Lebendigkeit erhalten. Dadurch steigen ihr Gegenwartsbezug und ihre Fähigkeit, die zukünftige Entwicklung mitzuprägen, und sie erhalten eine neue Attraktivität, das Landleben auf eine sinnvolle Weise zu gestalten. Gleichzeitig wächst mit der Wahl von Tradition aber auch die Möglichkeit, dass falsche Idyllen oder «Landlust»-Elemente als scheinbar echte Traditionen gewählt werden – man muss deshalb in jedem Einzelfall sehr genau hinsehen, um welche Aufwertung es sich handelt.

Vergleicht man die Lebensstile, die heute auf dem Land verbreitet sind, mit den städtischen, dann kann man feststellen, dass sie sich deutlich voneinander unterscheiden:[70] Mehrgenerationenhaushalte und Familienstrukturen sind auf dem Land häufiger, die alltäglichen Kontakte zu Nachbarn und Freundschaften im direkten Wohnumfeld spielen eine größere Rolle, und das Engagement in Vereinen, Gemeinde und Kirche sowie die Verantwortung für die eigene Lebenswelt ist stärker als im städtischen Raum ausgeprägt. Außerdem hält das Netz der Sozialbeziehungen hier oft ein Leben lang, und Eigeninitiativen sind stärker als in der Stadt vorhanden, weil es weniger kommerzielle Angebote gibt und man selbst aktiv werden muss. Dafür ist auf dem Land meist genügend Freiraum vorhanden, der im städtischen Raum schnell einen limitierenden Faktor darstellt. Hinzu kommen an vielen Orten engagierte Einzelpersonen und Gruppen, die seit 1980 das Landleben kulturell bereichern und es gezielt aufwerten und die oft eine erhebliche Ausstrahlung besitzen.

Diese kulturelle Entwicklung ist jedoch kein flächenhaftes Phänomen. Vor allem im peripheren, sehr dünn besiedelten ländlichen Raum bleiben in nicht wenigen Orten die erstarrten Verhältnisse aus der Zeit vor 1980 erhalten; und in vielen anderen Orten gibt es spürbare Unterschiede zwischen der eher «modern» geprägten älteren und der eher «postmodern» geprägten jüngeren Generation.

Darüber hinaus gibt es ein grundsätzliches Unbehagen an der aktuellen wirtschaftlichen und gesellschaftlichen Entwicklung. Besonders ausgeprägt ist es in Ostdeutschland, aber verbreitet ist es durchaus auch in Teilen von Westdeutschland im ländlichen Raum. Aus diesem Unbehagen erwächst spontan die Hoffnung, die Qualität des Landlebens durch eine Abschottung gegen alles «Fremde» bewahren zu können. Dies ist zwar als Reaktion auf die von außen forcierte Modernisierung des Landlebens durchaus verständlich, aber die Abschottung gegen alles Fremde und die trotzige Verteidigung des Eigenen reichen keineswegs aus, um das Landleben wieder ökonomisch, kulturell und ökologisch aufzuwerten. Auch die damit verbundene Vorstellung, dass ein gutes Leben im ländlichen Raum früher nur möglich gewesen sei, weil es keine fremden Einflüsse gegeben habe, ist falsch: Wie die Kapitel 3 bis 7 gezeigt haben war der ländliche Raum nie nach außen hin abgeschottet, sondern unterhielt mit vielen Regionen wirtschaftliche und kulturelle Beziehungen, er hatte in der Regel eine gewisse Offenheit für fremde Einflüsse, und das Zusammenleben der Menschen im Dorf war keineswegs konfliktfrei. Das Bild eines homogenen ländlichen Raumes macht aus dem Landleben ein Idyll, ein realitätsfernes Zerrbild, das erstmals gegen Ende des 19. Jahrhunderts als Anti-Position zur dynamischen Industriestadt im Rahmen des Heimatschutzes entsteht (siehe Seite 118 f.). Als politische Leitidee löst es aber kein einziges der aktuellen Probleme, und als falsches Versprechen führt es letztlich in den Abgrund.

Trotzdem ist es sehr wichtig, das verbreitete Unbehagen an der aktuellen Entwicklung ernst zu nehmen. Auch wenn die großen Probleme des Landlebens nicht durch die Abschottung gegen alles Fremde gelöst werden können, so stellt die radikale Alternative – die bedingungslose Öffnung des ländlichen Raumes für alles Fremde – ebenso wenig eine Lösung dar. Deshalb bedarf es einer anderen Leitidee, nämlich der Herstellung einer angemessenen Balance zwischen Eigenem und Fremden, zwischen von innen und von außen kommenden Kräften und zwischen endogenen und exogenen Faktoren. Nur auf diese Weise kann der ländliche Raum eine lebenswerte Zukunft erhalten, und nur auf diese Weise können die eigenständigen Potenziale in Verbindung mit neuen, auch von außen kommenden Impulsen aufgewertet werden (siehe Seite 233 ff.). Eine Reihe von Regionalinitiativen und viele Gruppen, die Traditionen auf neue Weise aufwerten, setzen diese Balance bereits auf eine gute Weise um und geben dem Landleben damit eine neue Perspektive.

Aus diesem Grund bin ich der Meinung, dass das Landleben in der Postmoderne wieder ein Stück weit aufgewertet wird, jedenfalls im Vergleich zu der Zeit der Industriegesellschaft und vor allem zu der Zeit der 1960er und 1970er Jahre. Viele Menschen haben jetzt nicht mehr den Eindruck, sie wären gegenüber der Stadt benachteiligt, und sie leben mit einem gewissen Stolz auf dem Land in dem Gefühl, dass ihr Leben anders, aber keineswegs schlechter als in der Stadt ist. Dadurch entsteht in großen Teilen des Landes ein neues Selbstbewusstsein, das noch in der zweiten Hälfte der 1970er Jahre völlig unvorstellbar war.

7.8 Gibt es heute noch ein Landleben?

Am Ende dieses Kapitels kann jetzt die Frage beantwortet werden, ob es heute überhaupt noch ein Landleben gibt. Die Antwort soll sich nicht auf die Zeit ab 1980 beschränken, sondern auch die Grundsatzfrage aus dem ersten Kapitel berücksichtigen, ob das Landleben durch die Modernisierung von Wirtschaft und Gesellschaft, also durch die Veränderungen seit der Industriellen Revolution nicht bereits verschwunden ist oder ob sein endgültiges Verschwinden unmittelbar bevorsteht.

Ich möchte diese sehr allgemeine Grundsatzfrage jetzt folgendermaßen präzisieren: Gibt es den ländlichen Raum als dezentralen Lebens- und Wirtschaftsraum mit einem spezifischen Landleben überhaupt noch, und hat er noch eine Zukunft? Oder ist er nur noch ein Ergänzungsraum für die städtischen Regionen in Bezug auf die Funktionen Naturschutz und Freizeit?

Mit der Darstellung der Veränderungen im ländlichen Raum in den Bereichen Bevölkerung, Siedlung, Wirtschaft, Gesellschaft, Kultur, Umwelt und Politik in den Kapiteln 5 bis 7 wurden alle relevanten Sachverhalte dargelegt, derer es bedarf, um diese Grundsatzfrage realitätsnah und empirisch fundiert beantworten zu können; daher könnte man jetzt eigentlich zur Synthese schreiten. Aber so einfach geht es nicht: Wie bereits im 1. Kapitel angesprochen, gibt es nämlich auf die Grundsatzfrage nach dem Landleben keineswegs eine einzig richtige, sondern sehr unterschiedliche Antworten. Da der Mensch die Welt nie objektiv, sondern stets interessengeleitet wahrnimmt, geht es nie allein um die Frage, ob bestimmte Fakten richtig oder falsch sind oder ob ihre Synthese auf eine richtige oder falsche Weise erstellt wird. Fakten werden nie als reine Fakten auf eine neutrale Weise gesehen, sondern sie werden von vornherein in Verbindung mit einem bestimmten Welt- und Menschenbild wahrgenommen, das den Rahmen für ihre Bewertung abgibt. Deshalb erwächst aus den Ergebnissen der Kapitel 5 bis 7 nicht automatisch «das» richtige Bild des Landlebens, sondern alle diese Sachverhalte können unterschiedlich bewertet und zu unterschiedlichen Bildern des Landlebens zusammengesetzt werden. Dabei verdrehen und verhaken sich konkrete Fakten und grundsätzliche Werte oft auf eine schwer nachvollziehbare Weise ineinander, so dass leicht ein unentwirrbares argumentatives Knäuel entsteht, das nutzlose Streitereien auslöst.

Die zwei Reaktionen, mit denen man heute in der Regel auf dieses Problem antwortet, halte ich beide für problematisch: Zum einen wird der Zusammenhang zwischen Welt- und Menschenbild und Bewertung der Fakten als «Vorurteil» angesehen, das unbedingt zu einem rein sachlich-objektiven Urteil verändert werden müsse, damit man darüber «vernünftig» (wertfrei) diskutieren könne. Für mich ist aber die enge Verschränkung eines bestimmten Welt- und Menschenbildes mit einer bestimmten Bewertung der Fakten typisch für die spezifisch menschliche Wahrnehmung, die sich vollständig von der des Computers unterscheidet, und diese Verschränkung darf nicht aufgehoben werden. Deshalb habe ich die normative Grundlage dieses Buches bereits zu Beginn explizit angesprochen (siehe Seite 14 f.). Zum anderen versucht man heute immer häufiger, das eigene Welt- und Menschenbild mit (pseudo-)wissenschaftlichen Beweisen aller Art auf eine Weise zu objektivieren, dass daraus eine Position wird, die absolute Richtigkeit beansprucht. In unserer heutigen Gesellschaft, die immer stärker in Lebensstilgruppen mit gleicher Meinung zerfällt, besteht die Gefahr, dass unterschiedliche Positionen nicht mehr gleichberechtigt nebeneinanderstehen und keine respektvollen Diskussionen mehr zwischen ihnen ablaufen. Stattdessen setzt man sich mit anderen Positionen gar nicht mehr auseinander, angeblich weil sie falsch und irrational seien.

Wenn es an dieser Stelle um die Bewertung geht, ob es das Landleben heute noch gibt oder nicht, dann verfängt man sich schnell in solch unproduktiven Streitereien. Die Alternative besteht für mich darin, die enge Verschränkung zwischen einem bestimmten Welt- und Menschenbild und der konkreten Bewertung des Landlebens direkt anzusprechen, die meist unausgesprochenen Werte offenzulegen, die schwierigen Beziehungen zwischen allgemeinen Werten und konkreten Fakten direkt zu thematisieren und darüber eine respektvolle Diskussion zu führen, bei der ein anderes Welt- und Menschenbild als das eigene als gleichwertig akzeptiert wird, ohne dass die Unterschiede zwischen ihnen vergleichgültigt werden.

In Bezug auf die zentrale Frage dieses Abschnitts führt diese Herangehensweise zu folgenden Überlegungen und Bewertungen:

a) Wer eine neoliberale Weltsicht vertritt, der wird den starken Rückgang der Arbeitsplätze im ländlichen Raum als logische Konsequenz der wirtschaftlichen Gesetzmäßigkeiten interpretieren; der ländliche Raum als dezentraler Wirtschaftsstandort ist für ihn bereits verschwunden oder sein Verschwinden steht kurz bevor. Abgesehen davon, dass ich der Meinung bin, dass der Neoliberalismus die wirtschaftliche Entwicklung nicht angemessen verstehen kann, habe ich in Abschnitt 7.2 gezeigt, dass der ländliche Raum zwar wirtschaftlich deutlich geschwächt wurde, dass es hier aber immer noch knapp zwei Fünftel aller Arbeitsplätze in Deutschland gibt, so dass man meines Erachtens keineswegs von seinem Verschwinden als Wirtschaftsraum sprechen kann.

b) Wer die Qualität des menschlichen Lebens davon abhängig macht, dass jedes Individuum über die maximale Fülle von Wahl- und Spezialisierungsmöglichkeiten für seine Selbstverwirklichung verfügt, der wird beim Landleben nur Defizite wahrnehmen und die Verbreitung der Lebensstile auf dem Land als Ausdruck der Verstädterung interpretieren. Abgesehen davon, dass ich die Position vertrete, dass sich Lebensstile und Landleben keineswegs gegenseitig ausschließen (siehe Abschnitt 7.7), sind für mich die maximalen Wahlmöglichkeiten der Konsumgesellschaft keineswegs der Höhepunkt der menschlichen Entwicklung, sondern ein erhebliches Problem und deshalb kein Maßstab für Lebensqualität.

c) Wer die Schrumpfung der Landbevölkerung und die damit verbundene Abwärtsspirale als Naturgesetz ansieht, für den verschwinden heute bereits große Teile des ländlichen Raumes und für den gibt es keine Zukunft für das Landleben. In Abschnitt 7.4 habe ich dargelegt, dass Schrumpfung und Abwärtsspirale keineswegs ein Naturgesetz sind und dass meines Erachtens Alternativen dazu existieren.

d) Wer die Zersiedlung der Zwischenstadt und ihre Beziehungslosigkeit zur direkten Umgebung als normal für das heutige Leben ansieht, der wird auch im ländlichen Raum fast nur noch Zwischenstadtstrukturen wahrnehmen und die Position vertreten, dass es ein Landleben heute nicht mehr gebe. Abgesehen davon, dass ich das Leben in der Zwischenstadt nicht als normal, sondern als problematisch ansehe, habe ich in Abschnitt 7.5 gezeigt, dass es auf dem Land zwar zahlreiche Zwischenstadt-Strukturen gibt, dass diese aber meines Erachtens nicht das Landleben dominieren.

e) Wer als Naturschützer die Wildnis-Position vertritt und das flächenhafte Wirtschaften im ländlichen Raum prinzipiell als Umweltproblem sieht, der begrüßt den flächenhaften Rückgang der Nutzungen und geht davon aus, dass der ländliche Raum als Wirtschaftsraum keine Zukunft mehr habe. Abgesehen davon, dass ich die Wildnis-Position für in sich widersprüchlich halte, habe ich in den Abschnitten 2.3, 4.5 und 7.6 gezeigt, dass menschliches Wirtschaften keineswegs immer und automatisch Natur zerstört, sondern dass dies erst für das moderne Wirtschaften seit der Industriellen Revolution gilt, das die Reproduktion außer Acht lässt.

f) Wer die Entwicklung der Globalisierung als prinzipielles Problem ansieht, der wird die Meinung vertreten, dass das Landleben heute schon teilweise verschwunden sei und dass es nur eine Zukunft habe, wenn es sich nach außen hin abschotte. Abgesehen davon, dass ich der Meinung bin, dass die Kräfte, die das Landleben bedrohen, keineswegs nur von außen, sondern auch von innen kommen (bestimmte ländliche Politiker und Landwirte, Konsumenten auf der Suche nach den günstigsten Angeboten, fehlende Verantwortung), so habe ich im gesamten Kapitel 7 gezeigt, dass eine Abschottung keine Lösung ist, sondern eine ausgewogene Balance zwischen endogenen und exogenen Kräften nötig ist.

An dieser Stelle wird der Leser gebeten innezuhalten und sich zu überlegen, welche Position er selbst bei diesen Grundsatzfragen einnimmt. Die hier von mir vorgelegten Argumente beanspruchen keineswegs eine absolute Richtigkeit, aber sie sollen für die Leser hilfreich und nützlich sein, um über die eigene Position zum Thema Landleben eine größere Klarheit zu gewinnen.

Jetzt sind wir endlich so weit, dass ich meine Antwort auf die zu Beginn gestellte Grundsatzfrage geben kann: Ich gehe davon aus, dass ländlicher Raum und Landleben seit Beginn der Industriellen Revolution zwar deutlich geschwächt und entwertet wurden, dass aber beide weiterhin existieren und dass ihr Verschwinden keineswegs kurz bevorsteht. Folgende Merkmale prägen nach meiner Bewertung heute das Landleben:

- *Bevölkerung:* Deutlich geringere Bevölkerungsdichte, höherer Altersdurchschnitt und geringerer Ausländeranteil als in städtischen Regionen.
- *Siedlungen:* Viele kleine Siedlungen, die relativ weit voneinander entfernt liegen; Zwischenstadt-Strukturen nur schwach und inselförmig.
- *Wirtschaft:* Charakter als dezentraler Wirtschaftsraum trotz Schwächung noch erhalten; ländliches Wirtschaften sehr viel weniger spezialisiert als städtisches Wirtschaften.

- *Gesellschaft:* Lebensstilgruppen dominant, aber deutliche Unterschiede zwischen ländlichen und städtischen Lebensstilgruppen.
- *Umwelt:* Sehr deutlicher Unterschied zu städtischen Regionen durch relativ kleine Siedlungsflächen und sehr große Landwirtschafts- und Waldflächen; Bedeutung der Landschaft als «Heimat» noch erhalten, aber erheblich geschwächt.
- *Ergebnis:* Ländlicher Raum und Landleben existieren weiterhin, sie unterscheiden sich deutlich vom städtischen Raum und vom städtischen Leben, und sie sind mehr als ein Ergänzungsraum der Stadt, nämlich immer noch – trotz erheblicher Entwertungen – ein dezentraler Lebens- und Wirtschaftsraum.

Nachdem die Grundsatzfrage, ob es heute noch ein Landleben gibt, beantwortet ist, können wir jetzt zur zweiten Frage kommen: Wird das Landleben durch die neuen Entwicklungen, die ab dem Jahr 1980 einsetzen, wieder aufgewertet, oder wird es weiterhin abgewertet? Die Analysen der Abschnitte 7.1 bis 7.7 haben folgende Ergebnisse gebracht:

Die dominierende Entwicklung ist die Entwertung des Landlebens, die auch in dieser Zeit weitergeht. Im Unterschied zur vorigen Periode entwertet der Staat das Landleben jetzt nicht mehr durch *direkte* Eingriffe, aber die Auswirkungen des ablaufenden Strukturwandels – die Globalisierung von Wirtschaft und Gesellschaft, das Wachstum von Dienstleistungen und die Entstehung der kreativen Milieus, die Umwandlung zahlreicher Tätigkeiten in wirtschaftliche Tätigkeiten, ein Begriff von Freiheit als Auswahl käuflicher Angebote und der Neoliberalismus – benachteiligen das Landleben auf *indirekte* Weise, indem sie Sachzwänge stärken, die die Fortführung des Landlebens in allen Bereichen erheblich erschweren. Damit setzt sich auch in der Dienstleistungsgesellschaft oder Postmoderne die Entwertung des Landlebens fort, die mit der Industriellen Revolution begonnen hatte.

Daneben ist aber auch eine Aufwertung des Landlebens zu konstatieren, die allerdings deutlich schwächer ausgeprägt ist. Sie führt zu einem neuen Selbstbewusstsein auf dem Land, zu einer Aufwertung vieler Traditionen, zu einem neuen, positiven Verständnis von Regionalität, zu einer nachhaltigen Regionalentwicklung, und zu einem neuen Umweltschutz. Im Vergleich zur Situation des Landlebens in der Industriegesellschaft und vor allem zur Situation der 1960er und 1970er Jahre stellen diese Aufwertungen echte Innovationen dar, die dem Landleben neue Perspektiven und neue Zukunftsmöglichkeiten eröffnen.

Diese Aufwertungen stehen jedoch stets in der Gefahr, das Landleben nicht wirklich aufzuwerten, sondern seine Aufwertung nur zu fingieren. Die Ursache dafür liegt darin, dass sich unsere moderne Welt in allen Bereichen so extrem spezialisiert hat, dass integrative, partizipative und umweltverträgliche Lebens- und Wirtschaftsformen darin eigentlich keinen Platz mehr haben und deshalb viel leichter fingiert als realisiert werden können. Es ist viel einfacher Regionalprodukte industriell zu erzeugen und überregional zu vermarkten, als sie wirklich regional herzustellen und zu vermarkten. Die Propagierung eines einfachen, idealen und heilen Landlebens bedient die Sehnsüchte vieler Menschen viel besser, als wenn man sich auf das konkrete Landleben mit all seinen Problemen, Schwierigkeiten und Widersprüchen einlassen würde.

Das zentrale Problem besteht nicht darin, dass viele Menschen in unserer hochspezialisierten und unübersichtlichen Welt eine Sehnsucht nach einem überschaubaren Landleben entwickeln (ein solcher Lebensstil ist keineswegs etwas Negatives und gleichwertig mit einem spezialisierten Lebensstil), sondern darin, dass sich viele Menschen in der Dienstleistungs- oder Konsumgesellschaft darauf eingestellt haben, ihre Bedürfnisse nicht mehr durch eigene Aktivitäten, sondern nur noch durch den Kauf von Produkten und Dienstleistungen zu befriedigen. Die Marktwirtschaft reagiert darauf mit dem Aufbau eines immer größeren und vielfältigeren Warenangebots. Dadurch wird die Sehnsucht nach einem überschaubaren Landleben von der Realisierung weg auf den Kauf von Waren gelenkt, mit denen das

Versprechen verbunden ist, dass man selbst nicht mehr aktiv werden müsse.

In der Dienstleistungsgesellschaft oder Postmoderne werden also ländlicher Raum und Landleben weiter geschwächt und entwertet (Normalfall), aber sie werden daneben in bestimmten Teilbereichen durchaus auch gestärkt und aufgewertet (Sonderfall). Diese Aufwertungen werden jedoch stets von zwei Seiten aus bedroht: Weil das Landleben quer zu den Strukturen und Sachzwängen unserer hochspezialisierten Welt steht, wird es im Normalfall als eine überholte und unzeitgemäße Lebens- und Wirtschaftsform nicht wirklich ernst genommen und durch ökonomische, kulturelle und politische Sachzwänge immer stärker an den Rand gedrängt und in seiner Existenz bedroht. Im Sonderfall jedoch, also in Situationen, in denen auf einmal die Fragilität und Bodenlosigkeit unserer modernen Welt aufbricht, steht das Landleben in der Gefahr, als ganzheitliches Gegenmodell zur hochspezialisierten und globalisierten Welt so stark überbewertet, besser gesagt verklärt zu werden, dass es gar nicht mehr auf eine reale, sondern nur noch auf eine fingierte Weise, nämlich als Idyll, gelebt werden kann. Die Menschen, die sich heute für ein Landleben engagieren, müssen beide Gefahren sehr genau kennen und berücksichtigen, um es auf eine angemessene Weise aufwerten zu können.

8. Welche Zukunft für das Landleben?

8.1 Bilanz: Das Landleben ist unverzichtbar

Bevor die Zukunft des Landlebens angesprochen werden kann, ist es notwendig innezuhalten, Bilanz zu ziehen und zu fragen: Was macht eigentlich das Landleben im Unterschied zum städtischen Leben aus? Und weshalb ist es überhaupt wichtig?

Wie wir im Verlauf dieses Buches gesehen haben, ist das Landleben die Grundlage der Sesshaftigkeit, und diese stellt das Fundament für unser gesamtes heutiges Leben – arbeitsteiliges Wirtschaften, spezialisiertes Leben, Wissenschaft, Kunst, Literatur – dar. Ohne das Landleben hätten weder Städte noch Hochkulturen entstehen können (Kapitel 3); Land und Stadt sind gemeinsam die Ursache für die außerordentliche Innovationsfähigkeit Europas im Mittelalter (Kapitel 4). Mit der Industriellen Revolution und dem «Ende der Fläche» bilden sich jedoch erstmals Strukturen heraus, die das Landleben grundsätzlich wirtschaftlich und gesellschaftlich entwerten (Kapitel 5), aber es dauert noch bis zum Beginn der 1960er Jahre, bis diese das Land direkt und flächenhaft erreichen und es auf moderne Weise – Monofunktionen, Teillebensraum, Zwischenstadt – fundamental verändern und entwerten (Kapitel 6 und 7).

Um zu klären, ob das Landleben auch unter diesen neuen Rahmenbedingungen weiterhin wie in der vorindustriellen Zeit für das städtische Leben notwendig und unverzichtbar ist, müssen wir zuerst die wichtigsten Elemente des Landlebens, so wie sie in den Analysen der Kapitel 2 bis 7 deutlich wurden, zusammenfassend darstellen.

Zentrales Ergebnis: Land und Stadt sind jeweils so eng aufeinander bezogen und beeinflussen sich so stark wechselseitig, dass ihre Beziehung nicht als ein Gegensatzpaar (entweder – oder) sondern als ein spezifisches Aufeinanderbezogensein (mehr – weniger) verstanden werden muss. In den Bereichen Umwelt, Wirtschaft und Gesellschaft sieht dies folgendermaßen aus:

Umwelt: In Land und Stadt hat der Mensch gleichermaßen die Natur tiefgreifend ökologisch verändert, um leben zu können. Das Land besteht aus flächenhaften Kulturlandschaften mit vielen kleinen Siedlungsinseln, die Stadt aus großen Siedlungsflächen mit vielen inselhaften Freiflächen. Auf dem Land wird die Natur flächenhaft vom Menschen genutzt und verändert, in der Stadt dagegen wird sie in räumlich konzentrierter Form überprägt, womit wichtige technische Fortschritte verbunden sind, die das menschliche Leben erleichtern und verbessern. Das Land besitzt eine größere, die Stadt eine geringere Naturnähe, aber es wäre völlig falsch, das Land mit Natur und die Stadt mit Kultur zu identifizieren oder einen radikalen Gegensatz zwischen naturnah und naturfern zu entwickeln. In Land und Stadt bildet gleichermaßen die vom Menschen veränderte Natur die Lebensgrundlage, lediglich der Grad ihrer Veränderung ist unterschiedlich groß.

Wirtschaft: Die wirtschaftlichen Tätigkeiten dienen in Land und Stadt der Lebenssicherung der Menschen. Während die ländliche Wirtschaft in allen Wirtschaftsbereichen durch ein relativ geringes Maß an Arbeitsteilungen und Spezialisierungen geprägt ist, die mit den geringen Quantitäten vieler ländlicher Produkte und Dienstleistungen und mit ihren flächenhaften Qualitäten zusammenhängen, besitzt die städtische Wirtschaft ein relativ hohes Maß an Arbeitsteilung und Spezialisierung, das mit sehr großen Quantitäten, starken globalen Verflechtungen und hohen räumlichen Konzentrationen zusammenhängt. Auch hier gibt es keinen absoluten Gegensatz zwischen einem naturbezogenen und einem technisch geprägten Wirtschaften, sondern nur eine relative Unterscheidung zwischen geringeren und größeren Arbeitsteilungen.

Gesellschaft: Ländliche und städtische Räume haben die gemeinsame Aufgabe, das menschliche Leben so zu gestalten, dass individuelle *und* gemeinschaftliche Interessen gleichermaßen erfüllt werden.

In den kleinen ländlichen Siedlungen mit ihren überschaubaren Sozialstrukturen ist die soziale Nähe relativ groß und sind die Zusammenhänge zwischen den Bereichen Umwelt, Wirtschaft und Gesellschaft sehr deutlich spürbar, während in den städtischen Siedlungen mit ihrer größeren Anonymität die soziale Nähe relativ gering ist, die Bereiche Gesellschaft und Wirtschaft relativ stark auseinanderfallen und der Bereich der Umwelt leicht übersehen wird. Deshalb unterscheiden sich ländliches und städtisches Leben in Bezug auf eher integrativere oder eher spezialisiertere Lebensstile. Dies bedeutet jedoch keinen absoluten Gegensatz zwischen Gemeinschaft und Gesellschaft, sondern es gibt in Land und Stadt gleichermaßen ein Spannungsverhältnis zwischen dem Individuum und dem größeren sozialen Kontext, wobei lediglich die Gewichtungen (größere und geringere soziale Nähe) unterschiedlich ausfallen.

Zusammenfassend kann man also feststellen, dass sich Land- und Stadtleben durch eine größere bzw. geringere Naturnähe, durch geringfügiger bzw. stärker ausgeprägte Arbeitsteilungen sowie durch eine größere bzw. geringere soziale Nähe unterscheiden. Dabei können alle Bereiche unter dem Aspekt der unterschiedlichen Dichte oder der unterschiedlichen Bedeutung der Fläche zusammengefasst werden.[1]

Die Grundsatzfrage lautet jetzt: Brauchen wir in unserer heutigen Welt, die in allen Bereichen durch extrem hohe Funktionsteilungen und Spezialisierungen geprägt ist, überhaupt noch ein in relativ geringem Maße ausdifferenziertes Landleben? Oder ist dies nur noch ein nostalgisches Relikt der Vergangenheit, das heute eigentlich überflüssig geworden ist? Ich bin der Meinung, dass es in allen drei Bereichen gute Argumente dafür gibt, dass das Landleben auch weiterhin unverzichtbar ist.

Umwelt: Die geringere Naturnähe der Großstadt erweckt in Verbindung mit zahlreichen technischen Leistungen und Fortschritten leicht die Illusion, als wäre die Natur nur Rohstoff, Ressource oder «Material» für den Menschen[2] und als wäre die Stadt ein punktförmiger Netzknoten, der von seiner Umwelt getrennt und mittels Technik umweltverträglich ausgestaltet werden könnte. Die Wirklichkeit sieht jedoch völlig anders aus: Der hohe Bedarf der Städte an sauberem Wasser, sauberer Luft, an sehr viel Lebensmitteln und sehr viel Energie belastet weltweit riesige Flächen weit außerhalb der Städte; das moderne arbeitsteilige, kurzfristige und einzelbetriebliche Wirtschaften, das bestenfalls End-of-Pipe-Umweltlösungen besitzt, führt zu globalen Umweltzerstörungen (Klimaerwärmung, Luft-, Wasser-, Bodenverschmutzungen, Mikroplastik überall, Bodendegradationen), und die indirekten Folgen der extremen Spezialisierungen (extremer Verkehr und Energieverbrauch) verschärfen diese Probleme noch zusätzlich.

Die Erfahrungen des Landlebens mit Natur verweisen dagegen in eine andere, integrativere Richtung: Man weiß hier, dass der Mensch erstens nur einen kleinen Ausschnitt der Natur kennt und deshalb Natur nie vollständig beherrschen kann; dass der Mensch zweitens als biologisches Wesen selbst Teil der Natur ist, der nie permanent nur in gebauter Umwelt oder in geschlossenen Räumen leben kann, sondern der zu seinem Wohlbefinden Natur- und Kulturlandschaften benötigt; und dass die Natur drittens keineswegs nur Material ist, das vom Menschen beliebig gebraucht und vernutzt werden kann, sondern dass sie einen überkomplexen und hochproduktiven Gesamtzusammenhang darstellt, bei dem der Mensch für die ökologische Reproduktion der von ihm genutzten und veränderten Natur selbst verantwortlich ist (siehe Seite 39 ff.). Während das heutige Leben und Wirtschaften in der großen Gefahr steht, die natürlichen Grundlagen des menschlichen Lebens auf der Erde zu übersehen und sie deshalb zu zerstören, zeigt das Landleben auf, dass der Mensch auf Natur angewiesen ist und pfleglich mit ihr umgehen muss. Dadurch relativiert das Land immer wieder das technisch geprägte Bild von Natur und Umwelt.

Wirtschaft: Das moderne, extrem arbeitsteilig und kurzfristig organisierte Wirtschaften, bei dem der anonyme Markt an die Stelle der

Gesamtverantwortung tritt, nutzt sehr effektiv die Vorteile, die sich aus der Verarbeitung sehr großer Produktmengen (Skaleneffekte), dem Einsatz von Technik (derzeit Automatisierung und Digitalisierung) und der Ausnutzung von Kostenunterschieden zwischen Standorten auf der gesamten Welt ergeben; dies führt zu einem extrem großen Warenangebot mit extrem niedrigen Preisen. Diese Art und Weise des Wirtschaftens produziert jedoch extreme räumliche Gegensätze; die einzelnen Betriebe haben kaum Beziehungen zu ihrer direkten Umgebung und zu ihrer Standortregion. Wenn sich solche Betriebe in Metropolen oder Global Cities räumlich konzentrieren, entstehen zwar sehr wirtschafts- und konkurrenzstarke Zentren, aber diese sind zugleich in sich äußerst fragil und durch innere Gegensätze zerrissen: Die hohen Wertschöpfungen verdrängen das vielfältige städtische Leben aus dem Zentrum, und sie bieten nur wenigen, hochspezialisierten Experten einen hochbezahlten Arbeitsplatz, sofern diese ihr gesamtes Leben ihrer wirtschaftlichen Tätigkeit unterordnen. Die damit verbundenen räumlichen, wirtschaftlichen und sozialen Verdrängungs- und Ausgrenzungseffekte fragmentieren diese Global Cities und machen sie zu einem «brutalen Ort» mit extremen sozialen Spannungen.[3] Diese Form des Wirtschaftens ist extrem umweltbelastend, sie produziert heftige soziale Spannungen und sie verfolgt rein ökonomistische Ziele, denn ihr Ziel, aus Geld mehr Geld zu machen, ist reiner Selbstzweck und hat mit dem menschlichen Leben nichts mehr zu tun.[4]

Das Wirtschaften im ländlichen Raum ist dagegen oft noch multifunktional geprägt: Es findet dezentral und in enger Auseinandersetzung mit der Umwelt statt, wobei die Reproduktion der Kulturlandschaft eine wichtige Rolle spielt; es ermöglicht mit seinem ökonomischen Ertrag die Sicherung des eigenen und des sozialen Lebens, ohne das Leben vollständig dem Wirtschaften unterzuordnen, und es sorgt dafür, dass sich die Beschäftigten sowohl mit ihrem Arbeitsprozess als auch mit dem fertigen Produkt identifizieren und stolz darauf sein können.

Während das moderne großstädtisch geprägte Wirtschaften in der Gefahr steht, nicht nur das menschliche Leben und die Umwelt, sondern auch sich selbst zu zerstören, stellt das ländliche Wirtschaften mit seiner multifunktionalen Zielsetzung eine Form des Wirtschaftens dar, die für die betroffenen Menschen nicht nur das Leben sichert, sondern die auch als wirtschaftlich, kulturell, sozial und ökologisch sinnvoll erlebt wird. Dadurch relativiert das Land immer wieder das ökonomische Selbstverständnis, dass Wirtschaften heute nur noch in Form extremer Arbeitsteilungen möglich sei.

Gesellschaft: Das moderne großstädtische Leben ist durch sehr vielfältige Lebensstile geprägt, die hier so stark ausdifferenziert sind wie nirgendwo anders. Sie sind die Ursache für die große kulturelle und soziale Faszination der Metropolen, und sie stehen für ein hohes Maß an Kreativität und Innovation. Damit ist aber auch die Gefahr verbunden, dass das persönliche Leben immer kurzfristiger, berufskonzentrierter und solitärer ausgerichtet wird; dass alle außerberuflichen Verpflichtungen und Aktivitäten reduziert und immer öfter durch den Kauf von Waren und Dienstleistungen abgedeckt werden; dass viele Menschen ihr Leben immer stärker auf eine kleine Teil-Lebensstilgruppe konzentrieren und darüber den Kontakt zur Nachbarschaft, zum Stadtquartier und zum Rest der Gesellschaft verlieren; und dass die Menschen sich nicht mehr persönlich für die gemeinschaftlichen Rahmenbedingungen, Strukturen und Aktivitäten verantwortlich fühlen, die auch in unserer modernen Welt notwendig sind, damit die vielen Individuen und Gruppen problemlos neben- und miteinander leben können.[5]

Das Landleben zeigt dagegen, dass der soziale Zusammenhalt, der die Grundlage des menschlichen Lebens und des einzelnen Individuums darstellt, nicht einfach vorhanden ist, sondern immer wieder neu hergestellt und langfristig erhalten werden muss, und dass ein gemeinsames Engagement dafür keineswegs die Individualität einschränkt, sondern sich im Gegenteil als Bereicherung auswirken kann. Ebenso zeigt das Landleben, dass menschliches Leben immer ein multifunktionales Leben ist, das auf verantwortliche Weise gleichzeitig mehrere Ziele verfolgt (Familie, Beruf, Freundschaften, persönliche Interessen, gesellschaftliche Aufgaben) und dass Spezialisierungen nur dann einen Sinn machen, wenn dadurch das multifunktionale Leben nicht zerstört wird. Dadurch relativiert das Land immer wieder das Selbstbild der (post-)modernen Gesellschaft, dass Leben heute nur noch in Form von stark individualisierten Spezialisierungen wirklich sinnvoll sei.

Die Wechselwirkungen zwischen den Bereichen Umwelt, Wirtschaft und Gesellschaft sind im großstädtischen Rahmen bestenfalls die Angelegenheit weniger Experten, falls sie überhaupt wahrgenommen werden; die meisten Menschen nehmen hier andere Menschen nur in ganz bestimmten spezialisierten Situationen und Funktionen wahr, und sie haben den Eindruck, dass die einzelnen Teilbereiche der modernen Welt unabhängig voneinander existieren und kaum etwas miteinander zu tun haben.

Im ländlichen Raum nimmt man dagegen das Leben in seiner Gesamtheit wahr und erfährt täglich, dass und wie Umwelt, Wirtschaft und Gesellschaft miteinander verflochten sind, und welche fatalen Auswirkungen entstehen, wenn man dies nicht beachtet. Damit relativiert das Land die großstädtische Sichtweise, dass die Welt nur aus atomisierten Einzelbereichen bestehe, und es verweist darauf, dass sie ein vielfach vernetztes Gesamtsystem darstellt, für das der Mensch verantwortlich ist.

Fassen wir diese Überlegungen aus den Bereichen Umwelt, Wirtschaft und Gesellschaft zusammen, so ergibt sich folgendes Resultat: Würde das Landleben heute vollständig verschwinden und das Leben in den Metropolen als einzige Lebensform übrig bleiben, dann würde diese Lebensform völlig selbstverständlich und alternativlos werden. Dadurch würde die Gefahr sehr groß werden, dass man sich Umweltbezüge lediglich als technische Herausforderungen, Wirtschaftsprozesse nur noch als extrem arbeitsteilige, ort- und bodenlose Tätigkeiten und menschliches Leben nur noch in Form solitärer und hochspezialisierter Individualitäten vorstellen könnte und dass die gesamte Welt in atomisierte Einzelteile zerfiele, die permanent weiter optimiert würden. Eine solche Welt würde ihre Menschlichkeit verlieren, und sie wäre zugleich eine extrem fragile Welt, die in Umwelt, Wirtschaft und Gesellschaft zahlreiche selbstzerstörerische Kräfte freisetzen würde.

Um diese Selbstzerstörung zu verhindern, benötigen wir dringend die Erfahrungen des Landlebens in den Bereichen Umwelt, Wirtschaft, Gesellschaft sowie bezüglich der Wechselwirkungen zwischen diesen drei Bereichen; denn das Landleben hält die Erinnerung daran wach, dass menschliches Leben und Wirtschaften sehr viele Voraussetzungen besitzt, die angesichts der großen Erfolge von Arbeitsteilungen und Spezialisierungen leicht aus dem Blick geraten.

Hinter dieser Leitidee steht meine persönliche Überzeugung, dass wir die komplementäre Ergänzung von Land und Stadt brauchen, damit sich die großen Fortschritte in der Geschichte der Menschheit, die durch Arbeitsteilungen und Spezialisierungen möglich wurden und werden, nicht verselbständigen und damit sie den ökologischen, kulturellen und ökonomischen Boden, aus dem heraus sie entstanden sind und den sie auch weiterhin für ihre Entfaltung benötigen, nicht verlieren.

8.2 Mögliche zukünftige Entwicklungen des Landlebens

Wie sieht jetzt die Zukunft des Landlebens und des ländlichen Raums aus? Neben vier Entwicklungsmöglichkeiten, die eine gewisse Wahrscheinlichkeit besitzen, werden auch zwei etwas weniger wahrscheinliche vorgestellt. Bei diesen Überlegungen zur Zukunft arbeite ich mit der sogenannten «Szenariotechnik»:[6] Dabei geht es um mögliche Zukunftsentwicklungen; aufgrund ausgewählter Schlüsselfaktoren und Rahmenbedingungen werden unterschiedliche Entwicklungspfade für den ländlichen Raum entworfen. Die Aufgabe von Szenarien ist es nicht, eine möglichst wahrscheinliche Entwicklung zu erarbeiten, sondern – da Zukunft weder alternativlos noch berechenbar ist – sehr unterschiedliche «Zukünfte» zu entwerfen, um die Selbstverständlichkeiten unserer Gegenwart zu relativieren und dadurch Freiräume für zukünftige Entwicklungsmöglichkeiten denkbar zu machen.

Szenario «Trend»: Dieses Szenario geht von der Voraussetzung aus, dass die Entwicklung in den kommenden 15 bis 20 Jahren genauso ablaufen wird wie in den vergangenen 15 bis 20 Jahren. Angesichts zahlreicher unvorhersehbarer Ereignisse in der jüngeren Vergangenheit ist dieses Szenario keineswegs sehr wahrscheinlich; da die vergangene Entwicklung jedoch genau bekannt ist, lassen sich die Auswirkungen dieses Szenarios sehr gut berechnen.[7]

Das Bevölkerungswachstum der Metropolen und der meisten Großstädte wird bis 2035 weitergehen, wodurch in erster Linie die suburbanen Räume um Hamburg, Berlin, Köln, Stuttgart-Heilbronn und München sowie entlang der Rheinschiene zwischen Frankfurt und Basel erheblich wachsen und sich räumlich weiter ausdehnen werden.[8] Städtische Räume im Ruhrgebiet, im Saarland, in Rheinland-Pfalz und in Ostdeutschland werden dagegen Einwohner verlieren. Der ländliche Raum wird durch das Wachstum der suburbanen Räume weiter verkleinert; allein im Emsland und im Oldenburger Münsterland wird die Bevölkerung noch spürbar wachsen.[9] Ansonsten gibt es im ländlichen Raum in kleineren Gebieten – vor allem in Süddeutschland – eine Bevölkerungsstagnation und in großen Gebieten – in Ostdeutschland fast flächendeckend, in Westdeutschland auf großen Flächen – einen Bevölkerungsrückgang.

Damit wird der ländliche Raum auch in Zukunft weiter geschwächt werden, und es wird absehbar, dass der ländliche Raum als Lebens- und Wirtschaftsraum langsam verschwinden wird. Allerdings dürfte dies erst nach dem Jahr 2035 in größeren Gebieten zur Realität werden.

Szenario «Neoliberalismus total»: Wenn der Staat seine bisherige Politik ändert und sehr konsequent alle seine Politikbereiche, Struktur- und Fördermaßnahmen ausschließlich an den Leitideen des Neoliberalismus ausrichtet, dann kommt der ländliche Raum sehr schnell in eine Krise: Zentrale Grundpfeiler der Daseinsvorsorge (siehe Seite 183) und wichtige Rahmenbedingungen für das Wirtschaften im ländlichen Raum würden schnell wegbrechen; da sie nicht ersetzbar sind, müssten viele Menschen und viele Wirtschaftsbetriebe den ländlichen Raum verlassen. Dadurch würde er in ziemlich kurzer Zeit als Lebens- und Wirtschaftsraum entwertet werden.

Szenario «Globale Wirtschaftskrise»: Wenn aufgrund von Spekulationen im Finanzsektor, heftigen Handelskriegen und internationalen kriegerischen Konflikten eine länger andauernde globale Wirtschaftskrise entsteht, dann geht diese Entwicklung zu Lasten des ländlichen Raumes. In einer Wirtschaftskrise werden sich die großen Wirtschaftsbetriebe auf ihre konkurrenzstärksten Standorte in den Metropolen zurückziehen, zahlreiche dezentrale mittelgroße Wirtschaftsbetriebe werden in Schwierigkeiten geraten und Arbeitsplätze abbauen, und viele Kleinbetriebe im ländlichen Raum, die auf überregionale Märkte ausgerichtet sind, werden schließen. Dadurch wird der ländliche Raum als Wirtschaftsstandort erheblich geschwächt.

Durch die Schwächung der überregionalen Konkurrenz und den Anstieg vieler Preise erhalten lokale und regionale Produzenten und Dienstleister im ländlichen Raum wieder bessere Möglichkeiten. Sie können jetzt ihre traditionellen Vorteile – Leben und Wirtschaften auf dem eigenen Grundstück, räumliche Nähe zu Rohstoffen und Kunden – ausspielen und sich erneut eine Existenzmöglichkeit aufbauen. Zwar dürften beim Szenario «Globale Wirtschaftskrise» insgesamt sehr viel mehr Arbeitsplätze wegfallen als neue geschaffen werden, aber immerhin werden dadurch die Auswirkungen der Krise auf dem Land etwas milder ausfallen.

Szenario «Hohe Benzinpreise»: Trotz aller Förderungen der regenerativen Energien und der E-Mobilität ist es denkbar, dass Benzinmotoren für längere Zeit noch alternativlos bleiben und dass in dieser Zeit die Benzinpreise aufgrund der Knappheit der Ölvorräte, aber vor allem aufgrund internationaler Konflikte explodieren, so dass die

PKW- und LKW-Mobilität sehr teuer wird. Diese Entwicklung würde den ländlichen Raum stark benachteiligen, da er auf eine kostengünstige individuelle Mobilität angewiesen ist. Ohne sie wäre das heutige Landleben kaum möglich.

Auch in diesem Fall würden die steigenden Transportkosten das lokale und regionale Wirtschaften spürbar fördern, da dadurch ein «Distanzschutz» zu den Zentren entstehen würde, der noch bis zum Beginn der PKW-Mobilität das ländliche Wirtschaften geprägt hatte. Aber auch in diesem Fall dürften die Nachteile dieser Entwicklung für den ländlichen Raum deutlich größer sein als die Vorteile.

Szenario «Metropole + Wildnis»: Dieses Szenario wird immer wieder entwickelt, wenn es um neue und utopische Zukunftsentwicklungen mit völlig neuen Problemlösungen gehen soll. Leitidee dabei ist der Umbau der Metropolen zu ökologisch geschlossenen und sich selbstversorgenden Systemen und die Umwandlung des Landes in Wildnisgebiete, wobei alle ländlichen Funktionen in die Metropolen verlagert werden.[10] Typisch ist, dass in den vergangenen Jahrzehnten solche Utopien immer nur am Beispiel der Stadt, kaum jedoch einmal am Beispiel des Landes entworfen wurden.

Unter der Leitidee «Die Stadt ist das bessere Land»[11] werden bei diesem Szenario alle Lebensmittel mittels «Urban Farming» in der Metropole selbst hergestellt (Produktion von Gemüse, Getreide, Hühnern, Pilzen, Fischen usw. in vielstöckigen Gewerbegebäuden, Verwendung der Fassaden und Dächer der Hochhäuser für die Nahrungsmittelproduktion), die benötigte Energie wird in der Metropole selbst gewonnen, und die Funktionen Wohnen, Arbeiten, Einkaufen, Verwaltung und Freizeit werden flächensparend neben- und übereinander positioniert, was zu einer Minimierung des Verkehrs führt. Besonders utopische Entwürfe errichten über der Metropole noch eine gewaltige Kuppel, um die Wärme der Stadt zurückzuhalten und die verbrauchte Luft zu reinigen und wiederzuverwenden, so dass sich die Metropole vollständig von der Umwelt abkoppeln würde.

Derzeit verbleiben solche Projekte im Bereich der Utopie, weil einige Bestandteile zwar machbar, aber unbezahlbar teuer und zentrale Elemente technisch (noch?) nicht realisierbar sind. Ich kann mir jedoch nicht vorstellen, dass solche Projekte jemals umgesetzt werden könnten, weil die Grundidee – die totale technisch-ökologische Gestaltung einer Metropole – nicht umsetzbar ist. Das System wäre so komplex, dass die Vielzahl der unbeabsichtigten Nebenfolgen zweckrationalen Handelns zu seinem Kollaps führen würde. Es würde aber dem Menschen auch nicht entsprechen («Käfighaltung» der Menschen).

Szenario «Ausgleich Stadt–Land»: Da derzeit in den Städten die Mieten- und Grundstückspreise extrem ansteigen und hier eine grundsätzliche Überlastung durch eine zu hohe Konzentration aller Nutzungen stattfindet, während es auf dem Land große Leerstände und eine ausgeprägte Unternutzung aller Infrastrukturen gibt, spricht die Politik seit kurzem davon, dass das Land wieder gestärkt werden müsse, um die Städte zu entlasten, und dass das Ziel der gleichwertigen Lebensverhältnisse wieder aufgewertet werden solle.[12]

Geht man davon aus, dass die Politik das Land auf die gleiche Weise wie in der Zeit zwischen 1960 und 1980 aufwerten würde (eine andere Strategie ist nirgendwo erkennbar), dann würde das Folgendes bedeuten: Das Land würde durch den massiven Ausbau aller Verkehrswege und den flächendeckenden Ausbau des schnellen Internets näher an die großen Metropolen herangerückt, so dass mehr Menschen auf dem Land wohnen und in den Metropolen arbeiten könnten. Zusätzlich würden zur Entlastung der Metropolen die Infrastrukturen in den Oberzentren ausgebaut, viele Mittel- würden zu Oberzentren und viele Unter- zu Mittelzentren aufgewertet. Damit wäre die Erwartung verbunden, dass zahlreiche global ausgerichtete Betriebe aus den überlasteten Metropolen in Ober- und Mittelzentren verlagert würden; der Staat würde diese Verlagerungen mit Förderprogrammen gezielt unterstützen. Dies würde letztlich eine Aktualisierung der Zentrale-Orte-Politik bedeuten.

Mit dieser Entwicklung würde jedoch das Land keineswegs gestärkt, sondern es würde erneut eine Phase der forcierten Verstädterung durchlaufen, die mit dem Aufbau von weiteren Zwischenstadt-Strukturen verbunden wäre. Dies würde die zentralen Qualitäten des Landlebens – größere Naturnähe, geringere wirtschaftliche Arbeitsteilungen, größere soziale Nähe als in der Stadt – erheblich schwächen oder gar (wie in den suburbanen Räumen) vollständig auflösen. Allerdings ist unter den gegenwärtigen wirtschaftlichen und politischen Rahmenbedingungen kaum damit zu rechnen, dass dieses Szenario umgesetzt wird.

Alle sechs Szenarien bedeuten eine Schwächung des Landes als Lebens- und Wirtschaftsraum. Dabei tritt diese Schwächung je nach Szenario früher oder später ein, aber sie führt in *allen* Fällen dazu, dass der ländliche Raum verschwinden wird.

Da aber das Landleben für die Zukunft unserer heutigen Wirtschaft und Gesellschaft unverzichtbar ist, muss es wieder gezielt gestärkt und aufgewertet werden.

8.3 Leitideen für die Aufwertung des Landlebens

Wenn es an dieser Stelle darum geht, das Landleben systematisch aufzuwerten, dann bedeutet das nicht, dass sich jetzt «die Zukunft auf dem Land entscheidet».[13] Es bedeutet vielmehr, dass es erheblicher Veränderungen in Stadt *und* Land bedarf: Das Land muss wieder ländlicher, die Stadt muss wieder städtischer werden, und die Zwischenstadt muss im städtischen Raum zu einer multifunktionalen städtischen Dichte ausgebaut und im ländlichen Raum multifunktional aufgewertet werden.

Aufwertung der Stadt bedeutet, auf der Grundlage von Arbeitsteilungen und Spezialisierungen die notwendigen gemeinsamen Rahmenbedingungen für ein gelingendes städtisches Leben bewusst zu machen und gezielt zu stärken sowie eine gemeinsame Verantwortung für die Stadtentwicklung aufzubauen, die keine Bevölkerungsgruppe ausgrenzt. Dafür gibt es zahlreiche wichtige Ansätze und Initiativen, auf die an dieser Stelle jedoch nicht näher eingegangen werden kann, weil der Fokus dieses Buches auf dem Landleben liegt.

Leitidee für das Landleben ist seine Aufwertung als ein zur Stadt gleichwertiger Lebens- und Wirtschaftsraum, der weder schleichend verstädtert noch permanent Einwohner verliert. Die fünf Leitideen, die dafür jetzt vorgestellt werden, verfolgen alle das Ziel, die spezifisch ländlichen Umwelt-, Wirtschafts- und Lebensformen zu stärken. Es sind jedoch keine konkreten Maßnahmen oder Handlungsempfehlungen, weil solche Vorschläge den sehr unterschiedlichen Situationen und Herausforderungen im ländlichen Raum nicht gerecht werden würden und immer in der Gefahr stünden, schematische Patentrezepte zu werden. Und es handelt sich bei ihnen auch nicht um ein Konzept zur Aufwertung ländlicher Räume, das alle relevanten Bereiche systematisch abdeckt, denn so etwas würde dem Charakter dieses Buches nicht entsprechen. Stattdessen sind es ausgewählte Leitideen, die anhand von fünf Themenfeldern wichtige Aufwertungen des Landlebens vorstellen und diskutieren.

Diese fünf Leitideen setzen im ersten Schritt jeweils im Hier und Jetzt an. Sie lassen sich unmittelbar realisieren, weil sie die bestehenden wirtschaftlichen, soziokulturellen und politischen Rahmenbedingungen nicht in Frage stellen. Wenn daraus weitere Schritte zur Stärkung des Landlebens abgeleitet und mehrere Maßnahmen im Sinne einer nachhaltigen oder integrativen Regionalentwicklung miteinander kombiniert werden, dann werden jedoch bald Situationen erreicht, die ein gewisses Umdenken bei Konsumenten, Produzenten und regionalen Politikern erfordern. Und wenn der gesamte ländliche Raum dezentral-flächenhaft nach diesen Leitideen aufgewertet werden soll, dann setzt dies voraus, dass es auf der staatlichen und europäischen Ebene in den Bereichen Gesellschaft, Wirtschaft und Politik zu tiefgreifenden Veränderungen kommt.

Leitidee 1: Kulturelle Identität als Schlüsselfaktor

Das wichtigste und zentrale Aufwertungspotenzial im ländlichen Raum sind die Menschen mit ihrer Lebenslust, Phantasie, Kreativität und Innovationsfähigkeit und keineswegs irgendwelche Fördergelder, die vom Staat zur Verfügung gestellt, oder Arbeitsplätze, die von einem Investor neu geschaffen werden.[14] Wenn Menschen gern im ländlichen Raum leben, dann werden sie schnell kreativ, um Probleme bei fehlenden Arbeitsplätzen, mangelhaften Infrastrukturen oder beim Zusammenleben vor Ort auf innovative Weise gemeinsam zu lösen.

Voraussetzung dafür ist jedoch, dass sich die Menschen nicht als reine Konsumenten verstehen, die immer nur auf der Suche nach dem günstigsten Angebot sind, sondern dass sie fragen, auf welche Weise scheinbar niedrige Preise zustande kommen, und als Konsumenten verantwortlich einkaufen. Eine zweite Voraussetzung ist, dass die Menschen ihr Lebensgefühl nicht am städtischen Leben orientieren, sondern dass sie die spezifischen Qualitäten und die verschiedenen Freiräume, die das Landleben bietet, bewusst wahrnehmen, schätzen und aktiv nutzen. Da die Menschen in den kleinen und weit voneinander entfernt liegenden Orten sehr viel stärker als in der Stadt aufeinander angewiesen sind, ist der soziale Zusammenhalt auf dem Land existenziell wichtig, und er muss fast überall gestärkt und gefördert werden. Häufig gibt es noch oder wieder funktionierende Vereine, politische Verbände und Kirchengemeinden, Genossenschaften, Regionalinitiativen und andere Gruppen, deren Engagement für das Landleben sehr wichtig ist. Sind solche Strukturen nicht mehr vorhanden, müssen sie neu aufgebaut werden, wobei sich als erster Schritt eine eher informelle Aktivität wie die gemeinsame Vorbereitung eines Festes anbietet. Dabei ist es zentral wichtig, auf der einen Seite keine zu starren Verpflichtungen aufzubauen, auf der anderen Seite aber auch nicht zu unverbindlich zu verbleiben – im Zentrum sollte jeweils das gemeinsame Engagement und die gemeinsame Verantwortung für die selbstgestellte Aufgabe, für den eigenen Ort und für den eigenen Lebensraum stehen. Wenn dies gelingt, dann lassen sich auf einmal Probleme im ländlichen Raum gemeinsam auf völlig neue Weise lösen.

Bei diesem gemeinsamen Engagement ist es von großer Bedeutung, nicht starr an traditionellen Strukturen festzuhalten, denn dann würden sie ihre Lebendigkeit verlieren und museal werden; sie dürfen andererseits aber auch nicht auf eine beliebige Weise bis zur Unkenntlichkeit verändert werden. Auch hier besteht die zentrale Aufgabe darin, den Kern der Traditionen zu bewahren, sie aber so zu modifizieren, dass sie ihre Bedeutung in Gegenwart und Zukunft behalten. Dabei handelt es sich um eine schwierige Gratwanderung, bei der man manchmal erst im Nachhinein feststellen kann, ob sie gelungen ist oder nicht.

Bei allen diesen gemeinsamen Aktivitäten haben die Einheimischen nicht unbedingt Priorität, während die neu hinzugezogenen Menschen sich stets einordnen müssen. Gerade in dünn besiedelten Räumen, in denen das kulturelle Leben ein Stück weit erstarrt ist, können Zuzügler, die sich mit einem Dorf identifizieren, oft wichtige Impulse setzen, indem sie bestimmte Qualitäten und Potenziale, die die Einheimischen übersehen, wahrnehmen und aufwerten. Wenn Zuzügler sich aktiv mit einem Dorf auseinandersetzen und dafür Verantwortung übernehmen, dann können sie sogar einen relevanten Beitrag dazu leisten, dass hier wieder ein aktives Dorfleben entsteht. Grundsätzlich ist in diesem Rahmen auf folgende Erfahrung hinzuweisen: Wer sein ganzes Leben stets am selben Ort verbringt – was auf dem Land häufiger als in der Stadt vorkommt –, ist mit allen Dingen so sehr vertraut, dass er sich nur schwer Alternativen zur aktuellen Situation vorstellen kann. Wer aber neu aufs Land zieht, dem fällt es viel leichter, die lokalen Besonderheiten zu entdecken, die die Einheimischen übersehen. Deshalb sind die innovativsten Personen oft diejenigen Zuzügler, die sich intensiv mit dem Landleben auseinandersetzen (dies ist jedoch oft nur eine Minderheit der Zuzügler), sowie diejenigen Einheimischen, die nach der Schule in eine Großstadt gegangen sind, dort viele Jahre gelebt haben, dann wieder aufs Land zurückkehren und die beide

Welten sehr gut kennen. Für ein lebendiges Dorfleben ist es sehr wichtig, dass diese beiden Personengruppen aktiv einbezogen und nicht ausgegrenzt werden.[15]

Das gemeinsame Engagement der Bewohner eines Dorfes – weder als Zwang noch als Unverbindlichkeit, sondern getragen von der gemeinsamen Verantwortung – besitzt also das Ziel, den eigenen Lebensraum so zu gestalten, dass er ein gutes Leben ermöglicht. Daraus kann dann ein unverwechselbares, ortsspezifisches und authentisches Dorfleben entstehen, dessen Lebendigkeit nur erhalten wird, wenn es immer wieder auf verantwortliche Weise erneuert wird, ohne zu erstarren oder unverbindlich und beliebig zu werden.

Traditionellerweise wird eine solche Lebenswelt, mit der sich ihre Bewohner identifizieren und in der sie sich zu Hause fühlen, als «Heimat» bezeichnet. Bei diesem Begriff wird die Tradition besonders betont, um den Menschen angesichts der großen Unsicherheiten der Gegenwart einen starken Halt zu geben. Wenn wir aber dem Begriff Heimat die rückwärtsgewandte Dimension nehmen, dann erhält er eine neue und positive Bedeutung und wird zu einem sinnvollen Begriff, um eine gemeinsame, traditionsbezogene und verantwortliche Lebensraumgestaltung zu bezeichnen, die offen für neue Problemlösungen ist.

Damit diese anspruchsvolle Aufgabe gelingt, ist es dringend erforderlich, dass die ländlichen Gemeinden eine größere politische und finanzielle Eigenständigkeit erhalten:[16] Sie besitzen zwar nach wie vor ihre Gemeindeautonomie, die sogar in § 28 des Grundgesetzes festgeschrieben ist, aber ihre konkrete Alltagsrealität wird dadurch bestimmt, dass inzwischen etwa 90 % aller kommunalen Finanzausgaben durch staatliche Gesetze und Richtlinien festgelegt sind.[17] Auf diese Weise werden die Gemeinden nur noch zu Vollzugsorganen für staatliche Vorgaben. Deshalb ist es dringend erforderlich, die Handlungsspielräume der Gemeinden wieder deutlich zu vergrößern, wozu auch eine Neuordnung ihrer finanziellen Situation gehört. Und da die meisten Gemeinden seit der Gebietsreform so groß geworden sind, dass sie aus mehreren oder gar vielen Orten bestehen, bedarf es auch auf der Ebene der Orte politischer Innovationen, die ihnen innerhalb ihrer Gemeinde eine größere Selbständigkeit ermöglichen.

Ohne eine solche Lebendigkeit und Wertschätzung der Qualitäten des Landlebens, die aus sich heraus zu einer Verantwortung für den eigenen Lebensraum führt, ist eine Aufwertung des Landlebens nicht möglich.

Leitidee 2: Wirtschaftliche Stärkung auf der Grundlage regionaler Potenziale

Der ländliche Raum hat nur eine Zukunft, wenn er auch als Wirtschaftsraum wieder aufgewertet wird. Allerdings würde die Ansiedlung von zahlreichen global ausgerichteten Wirtschaftsbetrieben, die mit ihrer Umgebung kaum vernetzt sind, lediglich zur Ausbildung von Zwischenstadt-Strukturen führen. Deshalb muss ein dezentral-flächenhaftes und regionsspezifisches Wirtschaften im ländlichen Raum gestärkt werden, weil nur dieses zugleich auch die vielfältige Umwelt, die dezentralen Siedlungsstrukturen und die lokalen und regionalen Identitäten erhält und stärkt.

Dieses regionsspezifische Wirtschaften bedeutet aber keine Abkoppelung von der Stadt: Erstens werden viele ländliche Produkte und Dienstleistungen im städtischen Raum verkauft, wo eine große Nachfrage danach besteht, und zweitens bedeutet die Stärkung eines regionsspezifischen Wirtschaftens nicht, dass es auf dem Land gar keine global ausgerichteten Betriebe geben dürfe. Sie können durchaus wichtige und relevante Arbeitsplätze zur Verfügung stellen und die Wirtschaft im ländlichen Raum stärken, allerdings nur dann, wenn sie das regionsspezifische Wirtschaften nicht behindern oder gar verdrängen und wenn sie in die regionale Verantwortung einbezogen werden. Ich bezeichne dies als «ausgewogene Doppelnutzung»:[18] Die regionalen Betriebe, die die endogenen Potenziale in der Region nutzen, und die exogen ausgerichteten Betriebe, die mit der Weltwirtschaft eng vernetzt sind, müssen in einem ausgewogenen Verhältnis zueinander stehen und sich wechselseitig unterstützen, statt sich zu konkurrenzieren. Dies ist deshalb so wichtig, weil sich die ländliche Wirtschaft auf diese Weise nicht nach außen hin abschottet, sondern weil sie ihre Offenheit nach außen mit der Stärkung der regionalen Verantwortung durch alle Akteure – auch durch die global ausgerichteten Betriebe – verbindet.

Beim regionsspezifischen Wirtschaften geht es um ein dezentral-flächenhaftes und multifunktionales Wirtschaften, das dezentrale Arbeitsplätze im ländlichen Raum stärkt, das umweltverträglich wirtschaftet (Erhalt der Arten- und Landschaftsvielfalt der Kulturlandschaft) und das die kulturelle Identität stärkt, weil sich die wirtschaftlichen Akteure mit ihren Produkten und Dienstleistungen identifizieren und stolz auf sie sind.

Bei den Produkten handelt es sich als Erstes um Produkte der Land- und Forstwirtschaft, von denen viele bereits in den letzten zwanzig Jahren durch Regionalinitiativen aufgewertet wurden. Trotzdem gibt es hier noch zusätzlich sehr große Aufwertungspotenziale in Form von noch nicht oder kaum noch genutzten traditionellen Produkten oder in Form von neuen Regionalprodukten, die auf der Grundlage lokaler oder regionaler Ressourcen entwickelt werden können. Diese wirtschaftlichen Aktivitäten sind deswegen von so großer Bedeutung, weil sie für die flächenhafte Nutzung und Pflege der Kulturlandschaft verantwortlich sind und weil die dezentralen Kulturlandschaften für die Lebensqualität und die Identität im ländlichen Raum von zentraler Bedeutung sind (Abbildungen 24, 25 und 26). Auch hier geht es nicht darum, die traditionellen Kulturlandschaften museal zu erhalten; ihre spezifischen Landschaftsformen und Landschaftsqualitäten verdanken sie ja dem sehr hohen Einsatz von Handarbeit in der vorindustriellen Landwirtschaft, der heute kaum mehr möglich ist. Die Kulturlandschaften, die durch die ökologische Landwirtschaft und durch umweltverträglich wirtschaftende Regionalbetriebe entstehen, sind mit den traditionellen Kulturlandschaften nicht unbedingt identisch, aber sie sind ebenfalls kleinräumig und artenvielfältig, und sie stärken die kulturelle Identität ihrer Nutzer und Bewohner.

Weitere Potenziale für ein regionales Wirtschaften bestehen im Bereich Handwerk und Gewerbe, denn gerade in der Postmoderne entsteht ein neues Bedürfnis an handgearbeiteten oder traditionell hergestellten Gebrauchsgegenständen mit hoher Qualität, wie der große Erfolg der 1987 gegründeten Firma «Manufactum» zeigt.[19] Dies betrifft zum einen handwerklich hergestellte Gegenstände auf der Grundlage lokaler und regionaler Rohstoffe, die früher eine große Verbreitung besaßen und dann durch industrielle Massenware verdrängt wurden. In diesem Bereich bestehen große Aufwertungspotenziale für regionale Qualitätsprodukte aus Stroh, Holz, Glas, Wolle, Leder, Ton, Papier usw., wenn diese in neuen Formen an alte Traditionen anknüpfen; dabei gibt es zwischen Handwerk und Kunsthandwerk einen fließenden Übergang. Im Rahmen des Gewerbes gab es früher regional sehr unterschiedliche Produktionsarten, die zu regionsspezifischen Produkten aus Eisen, Stahl, Porzellan usw. führten und die damals überregional bekannt waren. Auch in diesem Bereich gibt es Aufwertungspotenziale.

Im Bereich der Dienstleistungen ist derzeit noch ziemlich unklar, was ein Regionalprodukt ist und wie man es definieren kann oder soll. Trotz dieser ungelösten Frage gibt es auch hier große Aufwertungspotenziale. Zuerst ist an die zahlreichen Regionalprodukte aus Landwirtschaft und Handwerk zu denken, die ab einer gewissen Produktionsmenge bestimmte Dienstleistungen wie Logistik, Transport, Marketing und Verkauf erfordern. Je mehr Regionalprodukte entstehen, desto größer werden die Möglichkeiten für regionale Dienstleistungsbetriebe auf dem Land, sich auf diese Tätigkeiten im Auftrag mehrerer oder vieler Regionalproduzenten zu konzentrieren. Weitere regionsspezifische Dienstleistungen sind die Leistungen von Architekten, die Neubauten in enger Auseinandersetzung mit der lokalen Bautradition entwickeln, die dabei regionale Ressourcen verwenden und ihre Gebäude so konzipieren, dass man keine städtischen Spezialisten braucht, sondern lokale Handwerker mit dem Bau beauftragen kann.[20]

Zu den Dienstleistungen zählt auch der Tourismus, der ebenfalls zur Stärkung des ländlichen Raums beitragen kann. Dies ist allerdings nur möglich, wenn er sich auf die spezifischen Qualitäten von Natur, Umwelt, Geschichte und Kultur stützt, die auf dem Land vorhanden sind (kein Aufbau von künstlichen Freizeit- und Ferienwelten), und wenn er in die bestehenden ländlichen Strukturen als eine ergänzende Aktivität eingefügt wird (keine wirtschaftliche Monostruktur). Auf diese Weise können wichtige Synergieeffekte mit Landwirtschaft, Handwerk, lokaler Kultur, Naturschutz erzielt und dezentrale Arbeitsplätze gestärkt werden.[21] Darüber hinaus gibt es auch im Bereich des Geldwesens regionsspezifische Dienstleistungen:[22] Raiffeisenbanken und regionale Sparkassen verfolgten lange Zeit das Ziel, das Wirtschaften im ländlichen Raum zu fördern, und sie könnten diese Funktion in Zukunft durchaus wieder übernehmen, denn die Stärkung des regionalen Wirtschaftens geht mit einem erheblichen Finanzierungsbedarf einher. Da die Kreditvergabe an regionale Betriebe eine Reihe von spezifischen Qualifikationen und eine bestimmte Geschäftsphilosophie erfordert, bedarf es dafür regionaler Banken, die sich auf diese Aufgabe konzentrieren. Da der gesamte Bereich der regionsspezifischen Dienstleistungen noch wenig entfaltet ist, dürfte es hier zahlreiche weitere Aufwertungspotenziale geben.

Beim regionsspezifischen Wirtschaften geht es nicht nur darum, auf dem Land neue Potenziale zu entdecken und aufzuwerten, sondern auch darum, die sogenannten Wertschöpfungsketten zu verlängern. Bei den Regionalprodukten sollten alle Arbeitsschritte – von der Rohstoffgewinnung über die Be- und Verarbeitung bis hin zu Logistik und Marketing – auf dem Land stattfinden (nur beim Verkauf spielt der städtische Raum eine relevante Rolle). Denn wenn einzelne dieser Arbeitsschritte von industriell wirtschaftenden Großbetrieben übernommen werden, wie es heute oft der Fall ist, dann nutzen diese ihre Marktmacht, um einen großen Teil der Wertschöpfung an sich zu reißen. Die Alternative besteht nicht darin, dass ein regionaler Betrieb im ländlichen Raum die gesamte Wertschöpfungskette selbst abdeckt – das wäre in vielen Fällen eine große Überforderung –, sondern dass ein Netzwerk von Regionalbetrieben entsteht, die alle den gleichen Grundsätzen und der gleichen Betriebsphilosophie verpflichtet sind und die die Vorteile einer gewissen Arbeitsteilung mit der Verantwortung für ihre Region verbinden. Auf diese Weise könnte die Wertschöpfung im ländlichen Raum deutlich erhöht werden, ohne dass relevante Anteile in den städtischen Raum abfließen.

Da jedoch die Quantitäten auf dem Land im Vergleich zum globalen Wirtschaften relativ gering sind, benötigen wir zwei weitere spezifische Ausgestaltungen des ländlichen Wirtschaftens: Erstens ist es häufig so, dass Menschen im ländlichen Raum gleichzeitig mehrere wirtschaftliche Tätigkeiten ausüben, indem sie neben der Landwirtschaft auch die Be- oder Verarbeitung der von ihnen erzeugten Produkte übernehmen, oder indem sie ihre Landwirtschaft mit Urlaub auf dem Bauernhof, Landschaftspflegearbeiten, Schüler- oder Behindertentransporten und Ähnlichem verbinden. Solche Erwerbskombinationen sind aufgrund der geringen Quantitäten an einem Ort typisch für den ländlichen Raum, aber sie stehen völlig quer zu den heutigen wirtschaftlichen, rechtlichen und steuerlichen Rahmenbedingungen, für die der hauptberufliche Spezialist bzw. der auf wenige Produkte spezialisierte Wirtschaftsbetrieb die Norm darstellt. Daraus folgen zahlreiche Benachteiligungen für Menschen und Betriebe mit Erwerbskombinationen, und sie lassen die Bürokratie ausufern. Hier bedarf es dringend neuer Regelungen, die Erwerbskombinationen erleichtern und aktiv fördern.

Zweitens ist es auf dem Land noch teilweise so, dass wirtschaftliche und nichtwirtschaftliche Tätigkeiten nicht streng voneinander getrennt sind, sondern ineinander übergehen. Dies betrifft zum einen den direkten wechselseitigen Austausch von Produkten und Dienstleistungen ohne Geld und zum anderen Aktivitäten im Familien-, Verwandtschafts- und Freundeskreis, im Rahmen der Nachbarschaftshilfe oder der Dorfgemeinschaft, bei denen es für eine Leistung keine direkte Gegenleistung gibt oder bei denen die Gegenleistung erst sehr viel später erbracht wird. Die Überschaubarkeit der ländlichen Sozialverhältnisse erleichtert die Verschränkung von wirtschaftlichen und nichtwirtschaftlichen Tätigkeiten, und die damit verbundene Flexibilität stellt eine große Stärke des ländlichen Wirtschaftens dar. Deshalb ist es sehr wichtig, diese Dimension des Wirtschaftens gezielt auszubauen (siehe Leitidee 1), und auch dafür die gesetzlichen und steuerlichen Rahmenbedingungen zu verbessern.

Die Regionalwirtschaft, die auf diese Weise im ländlichen Raum gestärkt wird, unterscheidet sich sehr deutlich vom globalen Wirtschaften, indem sie multifunktionale Ziele verfolgt, auf regionale Qualität statt auf hohe Quantitäten setzt, mit relativ kleinen Mengen zu tun hat und eng mit nichtwirtschaftlichen Tätigkeiten, dem ländlichen Leben und der Umwelt verflochten ist. Deshalb ist es für eine solche Regionalwirtschaft kein Ziel, möglichst niedrige Produktionskosten zu Lasten von Umwelt und Gesellschaft zu realisieren, weil die Produzenten von den negativen Auswirkungen selbst unmittelbar betroffen wären. Nur mit einer solchen Wirtschaft kann der ländliche Raum langfristig als ein vielfältiger, attraktiver und lebendiger Lebens- und Wirtschaftsraum erhalten werden, der sich nicht vom globalen Wirtschaften abschottet («ausgewogene Doppelnutzung»), aber selbstbewusst seine eigenen Qualitäten stärkt.

Leitidee 3: Stärkung ländlicher Infrastrukturen

Neben dem Fehlen von Arbeitsplätzen besteht die zweite zentrale Benachteiligung des Landes in seiner oft mangelhaften Infrastruktur. Die Ursache dafür liegt darin, dass alle modernen Infrastrukturen auf eine städtische Weise konzipiert sind: Je größer die Zahl der Benutzer an einem Ort ist, desto besser werden sie ausgebaut und desto höher werden die hier angebotenen Qualitäten. Deshalb besitzen die größten Städte in der Regel die besten Krankenhäuser, Universitäten, Bibliotheken oder Opernhäuser. Seit der Industriellen Revolution und dem «Ende der Fläche» werden alle Infrastrukturen nach diesem Prinzip immer weiter ausgebaut, und Alternativen dazu lassen sich immer schwerer vorstellen.

Mit diesen städtisch konzipierten und an eine hohe Dichte gebundenen Infrastrukturen ist der ländliche Raum grundsätzlich benachteiligt. Deshalb brauchen wir andere, spezifisch ländliche Infrastrukturen, die den kleinen Einwohnerzahlen, der geringen Bevölkerungsdichte und den großen Entfernungen zwischen den einzelnen Orten Rechnung tragen. Solche Infrastrukturen sind dezentrale Infrastrukturen, die mehrere Funktionen miteinander kombinieren müssen, um gewisse Mindestschwellenwerte zu erreichen. Diese müssen in bestimmten Fällen eng mit (städtischen) Spezialisten vernetzt sein, um eine angemessene Qualität zu ermöglichen, was heute durch die neue Technik des Internets sehr viel leichter als früher zu realisieren ist. So wichtig ein solcher Ausbau dieser dezentralen Infrastrukturen ist, so sehr kann man aber auch nicht auf die spezialisierten «harten» Infrastrukturen in den Zentralen Orten verzichten. Deshalb besteht die Zielsetzung beim Thema Infrastruktur darin, einerseits gezielt ländliche, also dezentrale und multifunktionale Infrastrukturen aufzubauen, und andererseits dafür zu sorgen, dass das Netz der Zentralen Orte nicht ausgedünnt wird und ihre Mindeststandards nicht abgesenkt werden.

Beginnen wir mit dem traditionellen Dorfladen, der in vielen Orten bereits geschlossen wurde. Wenn ein solcher Dorfladen ein breites, auf die örtlichen Bedürfnisse ausgerichtetes Angebot pflegt (neben Lebensmitteln auch Zeitschriften, handwerkliche Regionalprodukte und anderes) und zusätzlich bestimmte Dienstleistungen wie Café, Lotto, Sparkasse oder AWO-Beratung anbietet und wenn er von der Dorfbevölkerung aktiv getragen wird (unverzichtbar, siehe Leitidee 1), dann kann er einen solchen Umsatz erreichen, dass er in vielen Dörfern wieder gut existieren kann. Dafür gibt es inzwischen viele positive Beispiele und sogar ein eigenes Netzwerk.[23]

Im Bereich der Medizin gibt es auf dem Land immer weniger Hausärzte, und das nächste Krankenhaus befindet sich in immer größerer Entfernung, so dass eine angemessene medizinische Versorgung eine zentrale Herausforderung darstellt. Hier könnten sich folgende Lösungen anbieten:[24] Die Krankenhausstandorte liegen in den Zentralen Orten, und sie dürfen nicht verringert werden. An die Stelle eines Allgemeinarztes in eigener Praxis, der auf dem Land wegen der vielen Nacht- und Bereitschaftsdienste oft überlastet ist, könnten Praxisgemeinschaften und Medizinische Versorgungszentren/MVZ treten, die eine bessere Aufteilung von Nacht- und Schichtdiensten, Halbtagstätigkeiten, Elternzeiten und eine bessere Vereinbarung von Arztberuf und Familienleben ermöglichen. Dies setzt jedoch relevante Veränderungen im Bereich der Kassenärztlichen Vereinigung und eine aktive Unterstützung durch die betroffenen Gemeinden und deren Bürger voraus. Ergänzt werden müssten die Allgemeinärzte durch ausgebildete Fachkräfte wie Krankenschwestern, EVA, VerAH, AGnES und andere,[25] die den Arzt von Routinetätigkeiten entlasten, Hausbesuche machen und dezentral vor Ort präsent sind. Sie sind per Handy stets mit dem zuständigen Arzt verbunden, und die Möglichkeiten der internetgestützten Telemedizin erlauben es, bei Not- oder Unglücksfällen die einschlägigen medizinischen Befunde sofort an den Allgemeinarzt, an einen Facharzt oder in besonders schweren Fällen an einen Spezialisten im nächstgelegenen Universitätsklinikum zu übermitteln, den Fall mit ihm zu besprechen und eventuell einen Rettungshubschrauber anzufordern. Wenn solche Fachkräfte in enger Abstimmung mit den Hausärzten dezentral im ländlichen Raum präsent sind und gleichzeitig den sofortigen Zugriff auf das Fachwissen der Spezialisten in den Zentren besitzen, dann kann es gelingen, eine dezentrale medizinische Infrastruktur mit hoher diagnostischer Qualität zu verbinden.

Im Bereich der Schule gibt es inzwischen immer mehr Schulzentren, die zwar einen guten Fachunterricht ermöglichen, die aber wenig Bezug zur Alltagsrealität ihrer Schüler besitzen. Für dünn besiedelte und schlecht erreichbare ländliche Räume mit sehr langen Schulwegen stellt sich die Aufgabe, wieder wohnortnahe Schulen aufzubauen, um den Kindern die langen Schulbusfahrten zu ersparen; dabei sollte bei geringen Schülerzahlen auch der gemeinsame Unterricht für mehrere

Jahrgänge wieder aufgenommen werden, der keineswegs so negativ war, wie es oft dargestellt wird.[26] Grundsätzlich sollten alle Schulen gezielt überlegen, wie sie den Unterricht wieder wohnortnäher gestalten können, indem zum Beispiel regelmäßig bestimmte Unterrichtstage eines Schuljahres oder Schulprojektwochen an den Wohnorten der Kinder durchgeführt werden.[27] Dabei kann die Realität des jeweiligen Dorfes und seine konkrete Umwelt im Zentrum des Unterrichts stehen, und die Kinder können damit zugleich einen Beitrag zur Stärkung des Dorflebens leisten.

Im Bereich des Verkehrs ist der motorisierte Individualverkehr heute unverzichtbar, um im ländlichen Raum leben zu können. Hier wäre es ein wichtiger Schritt, die derzeit völlig getrennten Verkehrsmittel – öffentlicher Personennahverkehr, Schulbusse, Werksbusse, privater Personenverkehr, privater Güterverkehr, Taxis, Krankentransporte – miteinander zu vernetzen und wechselseitig durchlässig zu machen, was erhebliche rechtliche Veränderungen voraussetzt. Darüber hinaus ist die E-Mobilität im ländlichen Raum gezielt auszubauen. Angesichts der geringen Einwohnerzahlen und der meist kürzeren Fahrtstrecken zu relativ wenigen Zielen (Arbeitsort, Laden, Arzt, Gemeindeverwaltung) wäre jedoch der wichtigste Schritt, die vorhandenen PKWs durch Fahrgemeinschaften, Mitfahrerbänke, Carsharing und ähnliche Maßnahmen besser auszulasten und es dadurch auch Menschen ohne eigenen PKW zu ermöglichen, zum Arzt oder Laden zu gelangen. Hier bestehen große Potenziale, wenn alle Betroffenen gemeinsam über Lösungen nachdenken und der private PKW nicht in erster Linie als Statussymbol angesehen wird. Die Aufwertung des ländlichen Raumes mittels dezentraler Arbeitsplätze und Infrastrukturen würde auch dazu führen, dass sich die Fahrten von Ort zu Ort reduzierten.

Auf diese Weise könnte es gelingen, auf dem Land eine Infrastruktur aufzubauen, die den gesamten Raum dezentral-flächenhaft abdeckt und die wegen der jeweils kleinen Zahl der Nutzer an einem Ort multifunktional konzipiert ist, ohne diejenige Qualität einzubüßen, die heute für ein modernes Leben unverzichtbar ist. Dies geht aber nur, wenn die Zentralen Orte mit ihrer spezialisierten harten Infrastruktur nicht zu weit entfernt sind.

Leitidee 4: Neue Raumstrukturen für das Landleben

Die politische Raumstruktur Europas sieht im Idealfall so aus, dass im Mittelpunkt eines Territoriums (Staat, Bundesland, Kreis) eine Hauptstadt liegt und die Außengrenzen – sofern es keine Meeresküsten gibt – mitten durch den ländlichen Raum (oft auf den Wasserscheiden von Gebirgen) verlaufen. Dadurch werden viele ländliche Regionen zerschnitten und zu Rand- und Grenzregionen gemacht. Die bundesdeutsche Gebietsreform der 1970er Jahre hatte den politischen Raum auf der Ebene der Landkreise nach dieser Raumstruktur neu gegliedert und damit den ländlichen Raum erheblich geschwächt (siehe Seite 144).

Eine Aufwertung des Landlebens ist in diesen Raumstrukturen nur schwer möglich: Die politischen Grenzen behindern die Zusammenarbeit im ländlichen Raum, und die vielen zerschnittenen ländlichen Teilräume erreichen allein für sich nicht die notwendige Größe und die erforderlichen Mindestschwellenwerte, die nötig sind, um dezentrale Infrastrukturen, regionale Tourismuskonzepte oder regionale Wertschöpfungsketten aufzubauen. Deshalb bedarf es neuer Raumstrukturen, die ländliche Gemeinden landkreisüberschreitend zu größeren ländlichen Regionen zusammenfassen und die dort enden, wo der suburbane Raum beginnt.[28]

Das bedeutet keineswegs, dass die bestehenden politischen Einheiten aufgelöst werden sollten, aber sie müssten ergänzt werden durch die Ausweisung von neuen ländlichen Regionen, die die Gebietskulisse für alle Maßnahmen und Projekte zur wirtschaftlichen Aufwertung und zur Stärkung von dezentralen Infrastrukturen im ländlichen Raum darstellen. Politik kann ihre unterschiedlichen Aufgaben nur dann effektiv erfüllen, wenn sie mit einer «variablen Geometrie» arbeitet und unterschiedliche Zielsetzungen mittels unterschiedlicher Fachpolitiken und unterschiedlicher Gebietskulissen umsetzt. Stadtpolitik,

Agglomerationspolitik, Zentrale-Orte-Politik und Politik für den ländlichen Raum benötigen jeweils unterschiedliche Gebietskulissen, die nicht miteinander vermengt werden dürfen.

Ich betone diesen Aspekt so deutlich, weil von Politikern heute oft die Meinung vertreten wird, die gegenwärtige Raumstruktur sei die einzig sinnvolle Raumstruktur, und Alternativen dazu seien unvernünftig und irreal. Besonders Landkreis-Politiker wehren sich oft sehr heftig gegen Initiativen zur Gründung von Landkreis übergreifenden ländlichen Regionen, weil sie dadurch eine Schwächung ihres Landkreises und ihrer politischen Macht befürchten.[29] Dagegen ist festzuhalten, dass die bestehende politische Raumstruktur die städtische Sichtweise repräsentiert und zur Aufwertung des ländlichen Raums nicht geeignet ist.

Mit den Naturparken besteht in Deutschland bereits eine geeignete Struktur zur Schaffung solcher ländlicher Regionen, denn sie verbinden ländliche Gebiete über mehrere Landkreisgrenzen hinweg zu relativ großen ländlichen Räumen und sie schließen suburbane und städtische Räume aus ihren Parkgebieten aus. Sie bestehen bereits seit langer Zeit, und ihre Arbeit wird in der Regel von der regionalen Bevölkerung anerkannt und geschätzt. Da die Bundesregierung ihnen im Jahr 2002 die Aufgabe der nachhaltigen Regionalentwicklung übertragen hat,[30] deckt sich ihre Zielsetzung mit der dezentralen Aufwertung des ländlichen Raums. Damit besteht in Form der Naturparke bereits ein sehr wichtiger Anknüpfungspunkt für den Aufbau von neuen ländlichen Raumstrukturen, so dass man keineswegs bei null anfangen muss.

Leitidee 5: Unterschiedliche Schwerpunkte für die fünf Typen ländlicher Räume

Die bisher diskutierten Leitideen sind grundsätzlicher Art und beziehen sich jeweils auf den gesamten ländlichen Raum. Allerdings gibt es innerhalb des ländlichen Raums relevante Unterschiede (siehe Seite 22). Die folgenden Ausführungen beziehen sich auf die fünf Typen ländlicher Räume, die derzeit in der bundesdeutschen Raumordnung verwendet werden.[31]

Ländliche Räume in der Nähe von Agglomerationen: Diese Räume grenzen an die suburbanen Räume an, sie besitzen im Vergleich mit den anderen ländlichen Räumen eine relativ hohe Bevölkerungsdichte und relativ viele Arbeitsplätze und Infrastrukturen, und es gibt hier eine Reihe von Zwischenstadt-Strukturen. Im Umfeld von wachsenden Agglomerationen ist der Druck groß, dass Teile dieser Räume in suburbane Räume umgewandelt werden; im Umfeld von nichtwachsenden Agglomerationen üben die Grundstückspreise, die hier niedriger als im städtischen Raum sind, in Lagen mit guter Erreichbarkeit eine gewisse Sogwirkung auf die Ansiedlung neuer Wohnsiedlungen und Gewerbegebiete aus.

Die zentrale Herausforderung für diesen ländlichen Raumtyp besteht darin, gegen die weitere Zersiedlung und gegen den Bau neuer Zwischenstadt-Strukturen die Ordnung im Raum und die lokale und regionale Identität zu stärken. Ordnung im Raum bedeutet hier, die bestehenden Siedlungsstrukturen gezielt zu verdichten (Innen- statt Außenentwicklung), keine Landwirtschaftsflächen und keine wertvollen Freiflächen in Siedlungsflächen umzuwandeln und keine neuen Großstrukturen auf der «grünen Wiese» zuzulassen. Neue Gewerbebetriebe sollten nur in bestehenden Baulücken errichtet werden, und sie sollten mit ihrer direkten Umgebung vernetzt werden; wenn dies nicht möglich ist oder wenn sie ein unverhältnismäßig hohes Verkehrsaufkommen erzeugen, ist ihre Ansiedlung abzulehnen. Größere Wohnsiedlungen sind in baulich konzentrierter Form nur noch direkt an oder über Bahnhöfen zu errichten, um den individuellen Verkehr zu reduzieren, und Einfamilien- und Reihenhaussiedlungen sollten hier wegen des großen Flächenverbrauchs gar nicht mehr gebaut werden.

Die Realisierung dieser Maßnahmen geschieht mittels Raumordnung, Regionalplanung und kommunaler Bauleitplanung; die zentrale Herausforderung besteht darin, dass sich alle betroffenen Gemeinden gemeinsam für diese Ordnung im Raum engagieren und dass sie untereinander nicht aus egoistischen Gründen (wie so oft in der Vergangenheit) um Investoren und Steuereinnahmen konkurrieren.

Um gleichwertige Lebensverhältnisse zu erreichen, müssen auch hier dezentrale Arbeitsplätze und Infrastrukturen gestärkt werden. Aber der Schwerpunkt liegt bei diesem Raumtyp auf der besseren Vernetzung der bestehenden Arbeitsplätze und Infrastrukturen untereinander und ihrer besseren regionsspezifischen und multifunktionalen Ausgestaltung, auf der Ordnung im Raum und vor allem auf der Stärkung einer gemeinsamen regionalen Verantwortung.

Ländliche Räume mit wirtschaftlicher Entwicklungsdynamik: Diese Räume liegen meist in der Mitte zwischen weit voneinander entfernten Metropolen, und sie besitzen in der Regel eine gute oder sehr gute Erreichbarkeit. Ihre wirtschaftliche Dynamik basiert auf überregional oder global ausgerichteten Industrie- und Dienstleistungsbetrieben, und es gibt hier oft eine mittelgroße Stadt mit einer Fachhochschule, die als regionales Innovationszentrum dient. Im Erfolgsfall entwickeln sich diese ländlichen Räume zu städtischen Räumen, allerdings läuft diese Entwicklung langsamer ab als in den ländlichen Räumen in der Nähe dynamischer Agglomerationen. Andererseits haben diese Wirtschaftsstandorte damit zu kämpfen, dass sie weit von den kreativen Milieus der Metropolen entfernt liegen, was durch ihre günstigeren Lohnkosten und Grundstückspreise nur teilweise kompensiert wird.

Die zentralen Herausforderungen bestehen auch hier darin, die Ordnung im Raum und die regionale Identität zu stärken. Allerdings gibt es hier eine deutlich geringere Bevölkerungs- und Siedlungsdichte, und deshalb besitzen die Maßnahmen zur Stärkung eines ländlich-dezentralen Wirtschaftens und zum Aufbau von dezentralen multifunktionalen Infrastrukturen eine deutlich größere Bedeutung als in den agglomerationsnahen ländlichen Räumen. Besonders wichtig ist die Leitidee der «ausgewogenen Doppelnutzung», weil diese Räume oft von exogenen Kräften dominiert werden.

Ländliche Räume mit günstigen Produktionsbedingungen für die Landwirtschaft: Diese Räume liegen hauptsächlich in Teilen des norddeutschen Tieflandes und am Niederrhein. Der ausgeprägte Strukturwandel der Landwirtschaft hin zu agroindustriellen Großstrukturen hat hier die meisten anderen Nutzungen verdrängt, und die außerlandwirtschaftlichen Betriebe hängen mehr oder weniger stark mit der Landwirtschaft zusammen.

Die zentrale Herausforderung liegt hier darin, dass diese Form der Landwirtschaft keine Zukunft hat und dass es einer «Agrarwende» bedarf, um daraus eine umweltverträgliche und nachhaltige Landwirtschaft zu machen, die auf hohe Qualitäten statt auf extrem hohe Quantitäten setzt.

Attraktive ländliche Räume für den Tourismus: Diese Räume liegen an den Küsten von Nord- und Ostsee, in Gebieten mit Binnenseen, in einigen Mittelgebirgen, im Alpenvorland und in den Alpen. Sie sind dadurch geprägt, dass der Tourismus meist die alles dominierende Wirtschaft ist, die aber aufgrund ihrer Saisonalität, ihrer Abhängigkeit von der Wirtschaftskonjunktur und von schnell wechselnden Freizeitmoden und der meist schlecht bezahlten Saisonarbeitsplätze eine schwierige und anfällige Wirtschaftsgrundlage bildet. Außerhalb des Tourismusbereichs ist die Situation von Wirtschaft und Infrastrukturen meist unbefriedigend.

Die zentrale Herausforderung besteht darin, die räumliche Konzentration des Tourismus an relativ wenigen Orten aufzubrechen, den Tourismus sehr viel flächenhafter auszugestalten, seine Abhängigkeit von künstlichen Freizeit- und Ferienwelten zu reduzieren und ihn eng mit der regionalen Umwelt, Geschichte, Tradition und Kultur zu verbinden. Zu diesem Zweck dürfen die großen Tourismuszentren ihre Angebotsstrukturen nicht weiter ausbauen, während in den anderen Orten dieser Räume dezentrale Angebote aufgebaut werden, die nicht als touristische Monofunktionen, sondern als ergänzende Aktivitäten zum regionalen Wirtschaften konzipiert sind.[32] Darüber hinaus ist es wichtig, nichttouristische Wirtschaftsaktivitäten und dezentrale Infrastrukturen in diesen Räumen gezielt zu stärken, um ihre Abhängigkeit vom Tourismus zu reduzieren.

Strukturschwache periphere ländliche Räume: Diese Räume sind weit von den Agglomerationen entfernt, und sie liegen häufig in Ostdeutschland und in den westdeutschen Mittelgebirgen. Ihre Bevölkerungsdichte ist gering, die Arbeitsplatzdichte noch geringer, die Infrastrukturen sind lückenhaft, und die deutlich ausgeprägte Abwanderung und Überalterung sowie die hohe Zahl der Auspendler und vor allem der Fernpendler sind deutliche Anzeichen einer sehr schwierigen Situation.

Die zentrale Herausforderung besteht darin, die negative Spirale zu durchbrechen, die durch Bevölkerungsrückgang und Überalterung eingesetzt hat. Das wichtigste Ziel wäre es, die Bevölkerung dieser Räume dauerhaft zu stabilisieren, was ohne Zuwanderung nicht möglich ist. Um dieses Ziel zu erreichen, müssen die regionalen Potenziale auf einer sehr breiten Grundlage auf integrative und partizipative Weise aufgewertet werden, so wie es in den Leitideen 1–4 skizziert wurde. Daneben aber wird auch die Ansiedlung von überregional ausgerichteten Firmen im Sinne der Leitidee der ausgewogenen Doppelnutzung benötigt.

Zusammenfassung: Die spezifische Situation der fünf Typen ländlicher Räume zeigt die deutlichen Unterschiede, die es im ländlichen Raum gibt. In allen Raumtypen bedarf es gleichzeitig sowohl ordnungspolitischer als auch entwicklungspolitischer Strategien,[33] aber diese besitzen jeweils unterschiedliche Gewichtungen. Zugleich wird jedoch auch deutlich, dass diese fünf Typen lediglich Variationen einer gemeinsamen Herausforderung sind, denn bei allen geht es darum, das spezifisch ländliche Leben und Wirtschaften zu stärken (entwicklungspolitisches Ziel) und Ansätze der Ausbildung von Zwischenstadt-Strukturen abzuschwächen und zu unterbinden (ordnungspolitisches Ziel).

8.4 Ausblick

In allen Kapiteln dieses Buches wurde deutlich, dass es beim Thema Landleben stets um zwei unterschiedliche Perspektiven geht, nämlich zum einen um das konkrete Landleben, also um konkrete ländliche Identitäten, Sozialstrukturen, Wirtschaftsformen, Infrastrukturen und Kulturlandschaften, und zum anderen um die Bewertung des Landlebens, in die stets Grundsatzfragen menschlichen Lebens einfließen und für die es in unterschiedlichen Zeiten jeweils unterschiedliche Antworten gibt. Bereits zu Beginn dieses Buches wurde dieser «doppelte Blick auf das Landleben» angesprochen (siehe Seite 12 ff.), und er soll jetzt zum Abschluss wegen seiner großen besonderen Bedeutung bilanziert werden. Dieser doppelte Blick hatte folgende Ergebnisse gebracht:

Konkrete Perspektive: Das Landleben ist durch eine geringe Bevölkerungsdichte geprägt, und es unterscheidet sich vom städtischen Leben durch eine größere Naturnähe, eine geringere Arbeitsteilung und eine größere soziale Nähe, was zu spezifisch ländlichen Lebens- und Wirtschaftsformen führt. Diese sind deutlich anders als die städtischen, aber beide sind gleichwertig, ergänzen sich wechselseitig und ermöglichen nur gemeinsam ein gutes Leben.

Grundsätzliche Perspektive: Das Landleben ist unverzichtbar, weil es angesichts der überwältigenden Erfolge von Arbeitsteilungen und Spezialisierungen unserer großstädtisch geprägten Welt immer wieder neu in Erinnerung ruft, dass diese Erfolge auf bestimmten ökologischen, soziokulturellen und ökonomischen Grundlagen (Natur als Voraussetzung, multifunktionales Leben, verantwortliches Wirtschaften) aufbauen. Wenn diese Grundlagen übersehen und durch ein kurzfristiges und individualisiertes Wirtschaften und Handeln zerstört werden, setzen in allen Bereichen unserer modernen Welt selbstzerstörerische Prozesse ein.

Es ist wichtig, diese beiden Perspektiven gleichzeitig in ihrer Unterschiedlichkeit *und* in ihrer wechselseitigen Verflechtung zu sehen: Wenn man beide Perspektiven fein säuberlich voneinander trennt und einzeln behandelt, dann entstehen blasse, blutleere und langweilige Darstellungen, die dem spannungsvollen Thema Landleben nicht gerecht werden; dies ist häufig in wissenschaftlichen Texten der Fall, die sich um Objektivität bemühen. Wenn man jedoch beide Perspektiven ineinander mischt und als identisch ansieht, dann wird das Thema Landleben schnell inhaltlich überfrachtet und überladen und soll für möglichst viele oder gar für alle Gegenwartsfragen eine Lösung anbieten; dies ist häufig in journalistischen Texten der Fall.

An dieser Stelle möchte ich explizit erwähnen, dass ich beim Thema Landleben einige wichtige und große Gegenwartsfragen bewusst nicht oder nur am Rande angesprochen habe, denn sie hätten dieses Thema überfrachtet. Dies betrifft erstens die Problematik der globalen Klimaerwärmung, die sich natürlich auch auf den ländlichen Raum auswirkt. Ich bin der Meinung, dass beim Klimawandel die Bedeutung des Waldes über- und die einer vielfältigen Kulturlandschaft unterschätzt wird. Weiterhin denke ich, dass der ländliche Raum mittels der dezentralen Stärkung umweltverträglicher Strukturen (einschließlich des Rückbaus der agroindustriellen Landwirtschaft) die Auswirkungen von Klimaerwärmung und Trockenheit deutlich besser als bisher bewältigt und dass er damit auch weniger zur Klimaerwärmung beiträgt als heute. Aber ich bin auch hier der Meinung, dass Maßnahmen zur Begrenzung der globalen Klimaerwärmung nicht prioritär im ländlichen Raum ansetzen können.

Bei der damit eng verbundenen Energiethematik stellt sich die Frage, ob der ländliche Raum nicht nahezu flächenhaft zum Zweck der Produktion von regenerativer Energie umgebaut werden müsste. Ich bin der Meinung, dass sich Wirtschaft und Gesellschaft seit der Industriellen Revolution viel zu stark darauf ausgerichtet haben, dass Energie in unbegrenzter Menge und zu extrem günstigen Preisen zur Verfügung steht – dies überfordert das Ökosystem Erde und ist dauerhaft nicht beizubehalten. Deshalb muss es das Hauptziel sein, Energie einzusparen, was einen tiefgreifenden Umbau aller Wirtschafts-, Siedlungs- und Infrastrukturen und aller persönlichen Verhaltensweisen bedeutet und was gleichzeitig mit einer Aufwertung der menschlichen Arbeit verbunden ist. Die weiterhin erforderliche regenerative Energie muss dann auch auf dem Land produziert werden. Alle dafür erforderlichen Anlagen sind umweltverträglich zu gestalten und ihr Ertrag muss der Region zugutekommen. Darüber hinaus sollten nur wenige Großanlagen, vielmehr vor allem lokale Verbundanlagen errichtet werden – kleine, dezentrale Wind-, Wasser-, Solar-, Biogasanlagen, die eng miteinander vernetzt sind, die über dezentrale Speicher verfügen und die jeweils auf die lokalen Bedingungen zugeschnitten sind. Andernfalls besteht die Gefahr, dass der ländliche Raum von den Metropolen auf die Funktion Energieproduktion festgelegt und so auf neue Weise fremdbestimmt würde.

Auch die aktuellen Diskussionen um die richtige Ernährung, die in einem engen Zusammenhang mit der Art und Weise der Landwirtschaft stehen, betreffen den ländlichen Raum sehr direkt. Auch bei dieser Thematik bin ich der Meinung, dass diese wichtige Frage erst einmal eigenständig diskutiert werden muss und nicht von vornherein mit den Diskussionen um den ländlichen Raum vermischt werden darf.

Dies gilt auch für die Problematik der Zuwanderung von Flüchtlingen und Asylanten, die seit 2015 in Deutschland sehr heftig diskutiert wird und die zum Erstarken von rechtspopulistischen und rechtsradikalen Ideen geführt hat. Auch wenn es gewisse Zusammenhänge mit der Situation im strukturschwachen ländlichen Raum gibt, so bin ich der Meinung, dass auch diese Problematik nicht vom ländlichen Raum aus gelöst werden kann, sondern einen anderen Ausgangspunkt erfordert.

Schließlich geht auch das Problem der immer größeren Vereinzelung der Menschen, des Verlusts des sozialen Zusammenhalts und des Verschwindens von Verantwortung auf allen Ebenen weit über den ländlichen Raum hinaus und erfordert einen entsprechend breiten Zugang.

Selbst wenn sich Einigkeit darüber erzielen lässt, das Thema Landleben nicht mit zahlreichen aktuellen Gegenwartsproblemen zu überfrachten, bleibt aber die andere Frage bestehen, wie der grundsätzliche Stellenwert des Landlebens für unsere moderne Welt ohne eine solche Überfrachtung aussieht?

Meine Antwort geht in folgende Richtung: Die hier entwickelte Darstellung des Landlebens möchte Orientierung in einem exemplarisch wichtigen Bereich unserer heutigen Welt geben, der sehr komplex und mit vielen normativen Bildern und Werten besetzt ist, so dass es schwerfällt, dabei einen Überblick zu erhalten und die relevanten Wechselbeziehungen angemessen zu verstehen. Mit dem integrativen Ansatz der Wissenschaftsdisziplin Geographie (Interaktionen zwischen Umwelt-Wirtschaft-Gesellschaft) und Erweiterungen aus dem Bereich der Geschichte wurde versucht, das Thema Landleben in der notwendigen Breite zu thematisieren, ohne sich in der Überfülle der Sachverhalte zu verlieren, um auf diese Weise ein «Orientierungswissen» zu erarbeiten.[34] Aus diesem Orientierungswissen heraus wurden dann Problemlösungen entwickelt, die weder die Spezialisierungen weiter perfektionieren, noch sich von ihnen unter Rückgriff auf eine heile Welt abschotten, die vielmehr als integrative und partizipative Problemlösungen der Komplexität des modernen Lebens gerecht werden und gleichzeitig eine Verantwortung für unsere Welt aufbauen wollen.

Diese Vorgehensweise ist nicht unmittelbar und direkt, also nicht im Sinne eines Patentrezepts, auf andere Bereiche und Problemfelder unserer modernen Welt zu übertragen, aber sie eröffnet eine exemplarische Möglichkeit, wie man mit der Komplexität der Welt produktiv umgehen kann, ohne ihr hilflos ausgeliefert zu sein und ohne sich von ihr abzuschotten.

Erst wenn man die Welt mittels Orientierungswissen versteht und daraus angemessene Problemlösungsstrategien entwickelt, kann man die vielen selbstzerstörerischen Prozesse, die derzeit in fast allen Bereichen unserer Welt ablaufen, in aller Deutlichkeit wahrnehmen. Damit schärft sich aber auch gleichzeitig der Blick auf die vielen übersehenen

Potenziale, die es überall gibt und die neue Möglichkeiten eröffnen. Und so kann dieser neue Blick zur Grundlage dafür werden, dass man sich nicht mehr den Sachzwängen einer unüberschaubar gewordenen Welt ausgeliefert fühlt, sondern selbst aktiv wird.

ANHANG

Anmerkungen

1. Einführung: Landleben – was bedeutet das?

1 Siehe dazu Bätzing 2015 und 2017.

2 Eine Bilanz meiner Arbeiten im ländlichen Raum Frankens habe ich in meiner Abschiedsvorlesung vorgelegt (Bätzing 2014). Von den fast 250 Examensarbeiten, die ich in meiner Erlanger Zeit betreut habe, waren gut 150 dem ländlichen Raum gewidmet. Die Ergebnisse von Examensarbeiten und Projektseminaren wurden häufig in Veranstaltungen vor Ort vorgestellt, über die oft in der Lokalpresse berichtet wurde.

3 Dies ist das Problem des sog. «Hermeneutischen Zirkels»: Ich kann einen Sachverhalt erst dann genau definieren, wenn ich ihn richtig verstanden habe. Daher kann die angemessene Definition erst am Schluss einer Analyse erarbeitet werden. Sie wird dann zum Ausgangspunkt für weitere, tiefer gehende Untersuchungen, an deren Ende eine noch bessere Definition steht usw. usw.

4 Siehe dazu Lienau 1995, S. 10–11.

5 Landesentwicklungsprogramm Bayern, München 2003, S. 116. Eine kartographische Darstellung der Situation der bayerischen Verdichtungsräume im Jahr 2018 findet sich auf der Seite: www.landesentwicklung-bayern.de (unter LEP) (30.01.2019).

6 Differenzierte Kartendarstellung mit genauen Schwellenwerten bei Henkel 2004, S. 288–289 oder in vereinfachter Form im Raumordnungsbericht 2000 (BBSR 2000, S. 3).

7 Diese Institution hat im Laufe der Zeit ihren Namen gewechselt: «Institut für Raumforschung» und «Bundesanstalt für Landeskunde» (1949–1973, dann zusammengelegt), «Bundesforschungsanstalt für Landeskunde und Raumordnung/BfLR» (1973–1998), «Bundesamt für Bauwesen und Raumordnung/BBR» (1998–2009), seit 2009 «Bundesinstitut für Bau-, Stadt- und Raumforschung/BBSR» im «Bundesamt für Bauwesen und Raumordnung». Die Internetseite, auf der auch die «Laufende Raumbeobachtung» vorgestellt wird, ist sehr materialreich: www.bbsr.bund.de (30.01.2019). Zwischen 1963 und 2017 erschienen insgesamt 16 «Raumordnungsberichte» (siehe BBSR 2000–2017). Während das BBSR die Bundesregierung bei Fragen der Raumordnung wissenschaftlich berät, übernimmt die 1946 gegründete «Akademie für Raumforschung und Landesplanung/ARL» in Hannover diese Aufgabe für die Bundesländer (www.arl-net.de) (30.01.2019).

8 Siehe BBSR 2005, S. 16–17 (Methode), S. 19–21 (Ergebnis für Deutschland) und S. 22–26 (Ergebnis für Europa). Der Indikator «Zentrenerreichbarkeit» bezieht sich dabei nicht auf das nächstgelegene Oberzentrum, sondern auf die Erreichbarkeit *aller* Oberzentren in Deutschland. Damit bewertet dieser Indi-

kator nicht die Bedürfnisse der Bewohner oder Verbraucher (für die nur das nächstgelegene Zentrum von Interesse ist), sondern die potenzielle Standortgunst von Firmen (Zahl der Konsumenten, die innerhalb einer Stunde Fahrtzeit erreichbar sind).

9 Großstädte: mehr als 100 000 Einwohner; Mittelstädte: 20 000 bis 99 999 Einwohner; Kleinstädte: 5000 bis 19 999 Einwohner.

10 Die genauen Definitionen lauten: 1. Kreisfreie Städte mit mindestens 100 000 Einwohnern. 2. Kreise mit einem Bevölkerungsanteil in Groß- und Mittelstädten von mindestens 50 % und einer Einwohnerdichte von mindestens 150 E/km². 3. Kreise mit einem Bevölkerungsanteil in Groß- und Mittelstädten von mindestens 50 %, aber einer Einwohnerdichte von unter 150 E/km² sowie Kreise mit einem Bevölkerungsanteil in Groß- und Mittelstädten von unter 50 % mit einer Einwohnerdichte ohne Groß- und Mittelstädte von mindestens 100 E/km². 4. Kreise mit einem Bevölkerungsanteil in Groß- und Mittelstädten von unter 50 % und einer Einwohnerdichte ohne Groß- und Mittelstädte von unter 100 E/km². Quelle: www.bbsr.bund.de/BBSR/DE/Raumbeobachtung/Raumabgrenzungen/Kreistypen4/Kreistypen.html?nn=443270 (02.02.2019).

11 Zur politischen Problemstellung siehe OECD 1993, zur Methode OECD 1994 und zu den politischen Konsequenzen OECD 1996 und 2006. Der Schwellenwert von 150 E/km² gilt für alle Staaten und beträgt nur in Japan 500 E/km².

12 Siehe OECD 1994, S. 22 ff.

13 Ich habe diesen Indikator an einem mir gut bekannten Raum getestet: W. Bätzing/M. Bolliger/M. Perlik: «Städtische und ländliche Regionen in den Alpen. Definition und Abgrenzung mittels des OECD-Indikators ‹Bevölkerungsdichte› und seine methodische und inhaltliche Bewertung.» In: Berichte zur deutschen Landeskunde 70/1996, S. 479–502.

14 Ich bin grundsätzlich der Meinung, dass es eine wirkliche Objektivität in Bezug auf die Wahrnehmung der Welt nicht gibt und dass auch die Wissenschaften nicht objektiv oder neutral sein können, weil der Mensch seine Welt stets intentional oder interessengeleitet wahrnimmt. Deshalb besteht das Wissenschaftliche an der Wissenschaft darin, die eigenen normativen Implikationen zu erkennen, zu reflektieren und offenzulegen, damit das Vorgehen für Dritte nachvollziehbar und intersubjektiv – nicht objektiv – überprüfbar wird. Zu meiner wissenschaftstheoretischen Position siehe Bätzing 2011.

15 ARL 2005, S. 575–579. Seit dem erstmaligen Auftreten des Pluralbegriffs «Ländliche Räume» im «Raumordnungspolitischen Handlungsrahmen» aus dem Jahr 1995 ist dies Bestandteil aller Raumordnungsberichte geworden.

16 Zur Geobotanik siehe Küster 2013, zur Geschichte Troßbach/Zimmermann 2006, Kießling u. a. 2016, Prass 2016, Mahlerwein 2016, zur Volkskunde Kaschuba 2012, zur Kulturanthropologie Reinhard 2004, zur Agrarsoziologie Beetz/Brauer/Neu 2005, zur Demographie Kröhnert u. a. 2006 und 2008, zu den Planungswissenschaften ARL 2019. An dieser Stelle ist darauf hinzuweisen, dass es einige literarische Darstellungen des Landlebens gibt, denen eine große Bedeutung zukommt, weil sie die Charakteristika des Landlebens und

seine Veränderungen auf eine sehr dichte Weise darstellen; besonders empfehlenswert sind für mich Berger 2000 und Mak 1999, mit Abstrichen auch Brill 2009.

17 Die Geographie der Länderkunde beginnt in den 1920er Jahren, wird im Jahr 1969 auf dem Kieler Geographentag grundsätzlich in Frage gestellt und endet im Verlauf der 1980er Jahre.

18 Klassische Beispiele sind Niemeier 1977, Lienau 1995 oder Schwarz 1989. Da viele Bibliotheksordnungen die traditionelle Gliederung der Geographie bis heute beibehalten, werden die aktuellen Bücher über den ländlichen Raum oft in die Abteilung «Siedlungsgeographie» eingestellt.

19 Siehe dazu Borcherdt 1996 und Sick 1993.

20 Diese Aussage stützt sich auf meine jahrzehntelangen Erfahrungen im Fach Geographie sowie auf die Analyse aller sieben Studien- und Lehrbücher zum Thema Geographie, Anthropogeographie und Humangeographie, die zwischen 2001 und 2019 erschienen sind und die den Forschungsstand im Fach Geographie repräsentieren.

21 Mit meiner Betonung einer «integrativen» Konzeption der Geographie, bei der die Wechselwirkungen zwischen den naturräumlichen und den menschlichen Faktoren im Zentrum stehen (siehe dazu Bätzing 2011 und 2015), stehe ich grundsätzlich quer zur gegenwärtigen Entwicklung der Geographie, die durch immer größere Spezialisierungen in allen ihren Teilgebieten geprägt ist.

22 Die Unterschiede zwischen föderalistischen und zentralistischen Staaten oder zwischen Staaten mit einer mediterranen, mitteleuropäischen oder skandinavischen Kultur betreffen auch den Umgang mit dem ländlichen Raum. Dass es aber bei dieser Thematik auch relevante Unterschiede zwischen Deutschland, Österreich und der Schweiz gibt, wird oft übersehen.

23 Die größte inhaltliche Nähe zu meinem Ansatz sehe ich bei Gerhard Henkel, der den ländlichen Raum ebenfalls integrativ behandelt (Henkel 2004 und 2012) und der sich als Wissenschaftler ebenso für die Zukunft des Landlebens engagiert (Henkel 2016). Allerdings konzentriert er sich auf die Situation in Deutschland.

24 Beim Begriff «Orientierungswissen» beziehe ich mich auf den Philosophen Jürgen Mittelstraß, der zwischen «Verfügungswissen» («positives Wissen um Ursachen, Wirkungen und Mittel») und «Orientierungswissen» («regulatives Wissen um begründete Ziele und Zwecke») unterscheidet («Die Häuser des Wissens». Frankfurt a. M. 1998, S. 131).

2. Die Entstehung des Landlebens und die Veränderung der Natur

1 Siehe hierzu und zum Folgenden Parzinger 2014, Jockenhövel 2009 und Bellwood 2008. Für Bellwood beginnt die Landwirtschaft bereits um 11 000 v. Chr.; ich folge dem Forschungsstand und setze den Beginn auf 10 000 v. Chr. an.

2 Da Haustiere mobil sind, spielen sie bei den Grenzen der Kulturlandschaft nur eine untergeordnete Rolle.

3 Die weltweiten Grenzen der Landnutzung sind ein wichtiges Thema der tradi-

tionellen Geographie, siehe Borcherdt 1996, S. 183 ff. und Sick 1993, S. 44 ff. Zu den Höhengrenzen siehe Hambloch 1966.

4 Daneben gibt es auch Dörfer, die genau auf der Grenze von zwei verschiedenartigen Böden (z. B. trocken – feucht) liegen, wenn beide Teilflächen für das Dorf wichtig sind.

5 Die Veränderung der Natur- zur Kulturlandschaft und die Ökologie der Kulturlandschaft ist ein zentrales Thema der traditionellen Geographie. Siehe dazu zusammenfassend Fels 1967 und Rathjens 1979.

6 Ob Naturlandschaften, die neu entstehen, mit den ursprünglichen Naturlandschaften vor der Entstehung der Landwirtschaft identisch sein werden, ist derzeit nicht klar, weil die Ausgangssituation zu wenig bekannt ist und die Entwicklung noch zu kurz ist.

7 Das Konzept und den Begriff «ökologische Reproduktion» habe ich in den 1980er Jahren am Beispiel der Alpen entwickelt; siehe dazu Bätzing 2015, S. 102 ff.

8 Die folgenden Ausführungen gründen auf meinen jahrzehntelangen Erfahrungen im Alpenraum (Bätzing 2015) und werden hier auf die Kulturlandschaften der gesamten Erde ausgeweitet.

9 Siehe dazu Poschlod 2017, S. 72 ff.

10 Diese Erfahrungen widersprechen dem Malthusianischen Dogma fundamental, gemäß dem sich die Menschen stets unbegrenzt vermehren, was zur Katastrophe führe.

11 Ein sehr aufschlussreiches und anschauliches Beispiel dafür bringt Le Roy Ladurie 1980 am Beispiel eines Dorfes am Rande der Pyrenäen im Mittelalter.

12 Die Thematik der Allmende hat durch den Aufsatz «Tragik der Allmende» weltweit Schlagzeilen gemacht (Hardin 1973). Dabei kennt der Mikrobiologe Hardin, der als liberaler Denker vom Konzept des «homo oeconomicus» ausgeht, die konkreten (positiven) Erfahrungen mit der Allmende überhaupt nicht. Es ist bezeichnend für den (neo-)liberalen Zeitgeist, dass ein rein theoretisch konstruiertes Gedankenspiel eine solche Wirkung haben konnte. Die empirisch fundierte Widerlegung des falschen Gedankens der «Tragik der Allmende» geschieht durch Elinor Ostrom 1999.

3. Die Entwertung des Landes durch die Entstehung von Städten und Hochkulturen

1 Diese Aussage trifft auf die meisten Ursprungsregionen der Landwirtschaft zu mit Ausnahme von Neuguinea und den östlichen USA (beim subsaharischen Afrika ist der Kenntnisstand noch zu gering). Zusätzlich entstehen Städte im Industal im heutigen Pakistan und im Niltal in Ägypten (das nicht zum Fruchtbaren Halbmond zählt). Siehe dazu und zum Folgenden Jockenhövel 2009 und Gehrke 2017.

2 Der Begriff «Hochkultur» ist der traditionelle deutsche Begriff für dieses Phänomen. Er wird derzeit immer öfter durch den Begriff «Zivilisation» ersetzt, weil er eine normative Wertung enthalte (hoch = besser). Ich gebrauche diesen Begriff wertneutral zur Bezeichnung von stark urbanisierten und funktional

ausdifferenzierten Gesellschaften, denn auch der Begriff «Zivilisation» enthält ja eine implizite Wertung (nichturbanisierte Gesellschaften wären unzivilisiert). Solche Hochkulturen werden oft auch als «große Reiche» oder «Weltreiche» bezeichnet.

3 Hochkulturen bilden sich aus ab 3300 v. Chr. in Mesopotamien, ab 3200 v. Chr. in Ägypten, ab 2500 v. Chr. im Industal, ab 1800 v. Chr. in China und ab 1200 v. Chr. in Mittel- und in Südamerika.

4 Die grundsätzliche Verletzbarkeit von Bauerngesellschaften wird in den meisten Gesamtdarstellungen nicht thematisiert (Gehrke 2017, Parzinger 2014, Jockenhövel 2009). Ich beziehe mich dabei auf Sieferle 1997, S. 106 ff. und auf das «Historische Nachwort» von Berger 2000, S. 213 ff.

5 Die provokante Position, dass die Stadt nicht aus dem Dorf heraus entstanden sein kann, wurde früh von Lewis Mumford entwickelt (1963, S. 9 ff.) und später durch Klaus Schmidt (2008, S. 248 ff.) wieder aufgegriffen und aktualisiert. Ich danke Klaus Schmidt für persönliche Diskussionen über diese Thematik.

6 Mit diesen Überlegungen sind wichtige Grundsatzfragen verbunden: Während die deutschsprachige Stadtgeographie lange Zeit den ausschlaggebenden Punkt für die Bedeutung einer Stadt in ihrer zentralen Funktion für das Umland sah, betonen angelsächsische und französische Kollegen stets die Fernhandelsbeziehungen als zentrales Element einer Stadt. Hierbei machen sich offensichtlich die unterschiedlichen nationalen Erfahrungen normativ bemerkbar.

7 Die traditionelle chinesische Geschichtsschreibung hat für diese Zeit, die der politischen Einigung Chinas im Jahr 221 v. Chr. vorausgeht, die treffende Bezeichnung «Zeit der streitenden Reiche» geprägt. Siehe dazu Reinhard Emmerich in Lehmann/Schmidt-Glintzer 2009, S. 366, der diesen Begriff neu mit «Zeit der kämpfenden Staaten» übersetzt.

8 Siehe dazu Jockenhövel 2009 und Lehmann/Schmidt-Glintzer 2009.

9 Dies ist die Theorie des marxistischen Soziologen Karl Wittfogel (1896–1988), die er sehr materialreich ausarbeitet (Wittfogel 1977, Original 1957). Sie erscheint bei den Hochkulturen, die an großen Flüssen entstehen (Mesopotamien, China, Nil- und Industal) sehr plausibel, bei den mittel- und südamerikanischen Hochkulturen etwas weniger plausibel, weil hier große Flüsse fehlen. Wittfogel bezeichnet deshalb die Inka als eine «einfache Form der hydraulischen Eigentums- und Gesellschaftsentwicklung» (Wittfogel 1977, S. 318). Inzwischen gibt es eine Reihe von Untersuchungen, die diese Theorie im Detail empirisch analysieren; allerdings ergeben die Ergebnisse noch kein klares Bild.

10 Hier tritt das gleiche Problem wie bei Anmerkung 9 auf: In Mittel- und Südamerika ist die Metallverarbeitung zur Zeit der ersten Hochkulturen erst sehr schwach entwickelt (die Eisenzeit fehlt bis zur Ankunft der Spanier völlig) und kann so für die Herausbildung der Hochkulturen – ähnlich wie bei den großen Wasserbauten – nur eine eher schwache Triebkraft sein. Andererseits sieht es so aus, als wären die mittel- und südamerikanischen Hochkulturen auch nicht so stark ausdifferenziert wie die anderen Hochkulturen der Erde.

11 Das klassische Beispiel ist die Geschichte von den sieben fetten und den sieben mageren Jahren, die auch im Alten Testament erzählt wird: Der Israelit Joseph,

der in Ägypten lebt, erfährt diese Regelhaftigkeit von Gott und erzählt sie im Rahmen einer Traumdeutung dem Pharao. Dieser kann dadurch die Vorratshaltung in Ägypten optimieren und so die sieben mageren Jahre gut überstehen (1. Buch Mose 41).

12 Dieser Ausdruck stammt aus dem Alten Testament (Buch Daniel 2,1 ff.) und greift ein damals in Mesopotamien weitverbreitetes Bild auf. Es gibt weltweit nur zwei Hochkulturen, die deutlich länger als einige Jahrhunderte existieren, nämlich Ägypten (von 3200 v. Chr. bis zum Römischen Reich der Zeitenwende) und China (von 1800 v. Chr. bis 1912 n. Chr.); allerdings erleben beide Reiche im Verlauf ihrer Geschichte mehrere Zusammenbrüche und Neugründungen. In China gelangen dabei sogar Eroberer aus fremden Regionen auf den Kaiserthron, aber die traditionelle chinesische Kultur und Wirtschaft sind so stark, dass die fremden Herrscher jeweils schnell assimiliert werden.

13 Diese Diskussion beginnt in Europa bereits früh mit dem Monumentalwerk von Edward Gibbon, «Verfall und Untergang des Römischen Reiches» (1776–1789), sie erreicht zu Beginn des 20. Jahrhunderts einen ersten Höhepunkt (Oswald Spengler: «Der Untergang des Abendlandes» von 1918), und sie wird auch in der Gegenwart aktiv weitergeführt.

14 Die Position des Klimawandels als Ursache findet sich häufig in Wissenschaftsmagazinen für ein breiteres Publikum, die Position der ökologischen Übernutzung wird am prominentesten von Jared Diamond (2006) vertreten.

15 Der Titel des 5. Kapitels von Wittfogel 1977 lautet: «Totaler Terror – totale Unterwerfung – totale Einsamkeit» (S. 184–213).

16 So der Buchtitel von Scott 2009, der dies am Beispiel südostasiatischer Gebirgsräume, also der chinesischen Peripherie, darstellt.

4. Die Gleichwertigkeit von Land und Stadt im mittelalterlichen Europa

1 Zur ersten europäischen Revolution und zur europäischen Sonderentwicklung gibt es eine sehr umfangreiche und lange Diskussion. Ich beziehe mich hier auf Moore (2001) und Mitterauer (2009).

2 Dies ist das große Thema des Geschichtswissenschaftlers Peter Blickle, der als Erster die Gemeinsamkeiten dieser Bewegung in Land und Stadt herausgearbeitet hat. Er prägt dafür den Begriff «Kommunalismus» und sieht darin eine europäische Organisationsform (Blickle 2000). Das Zitat stammt aus Bd. 1, S. 88: «Gemeiner Nutzen» bezieht sich auf Allmende-Nutzungen im weiteren Sinn, «Hausnotdurft» bezeichnet den Vorrang der Selbstversorgung des Hofes vor herrschaftlichen Ansprüchen und vor Marktinteressen, «Friede» meint die gewaltfreie Lösung von Konflikten innerhalb der Genossenschaft, und «Gerechtigkeit und Freiheit» zielen auf die Abschaffung von Grundherrschaft und ständischer Ungleichheit (a. a. O., S. 87–130).

3 Der größte Machtkampf ist der deutsche «Bauernkrieg» von 1525, die damals sogenannte «Empörung des Gemeinen Mannes», die nach Blickle nicht nur von den Bauern, sondern auch von der städtischen Bevölkerung getragen wird (Blickle 2000, Bd. 1, S. 70).

4 Am Beispiel der Alpen habe ich diese Territorien («Passstaaten») beschrieben (Bätzing 2015, S. 127–128). Allgemein dazu Rösener 1985, S. 237–240.

5 Solche (arbeits-)extensiven Landnutzungsformen, die sehr große Flächen erfordern, haben sich in einigen peripheren Lagen (Mittelgebirge, Alpen) bis weit ins 20. Jahrhundert hinein erhalten (z. B. die «steirische Brandwirtschaft»). Siehe dazu Poschlod 2017, S. 72 ff.

6 Auf die Sonderstellung der europäischen Klöster und ihre Bedeutung für die wirtschaftliche Entwicklung hat bereits Max Weber hingewiesen. Siehe dazu auch Becker 1998, S. 241–245.

7 Zur Grundherrschaft mit ihren vielfältigen und sehr unterschiedlichen Ausprägungen in Europa gibt es eine umfangreiche Diskussion. Ich beziehe mich auf Rösener 1985, S. 23–30, Goetz 1986, S. 115–164 und Mitterauer 2009, S. 42–79. Den Unterschied zwischen Leibherrschaft und Grundherrschaft erläutert Heindl 1992, S. 8–9 sehr anschaulich.

8 Siehe dazu Blickle 2000.

9 Curry 2014 (mit Karte). Die meisten Menschen verfügen von Natur aus über eine Laktoseintoleranz, weshalb sie frische Milch nicht verdauen können und darauf mit Magenkrämpfen und Durchfällen reagieren. Nur die arbeitsaufwändige Umwandlung der Milch in Quark, Joghurt oder Käse macht aus der Milch für diese Menschen ein konsumierbares Nahrungsmittel.

10 Zu den Alpen und den dortigen Alt- und Jungsiedelräumen siehe Bätzing 2015, S. 60–68.

11 In Deutschland betrifft dies die sogenannte «deutsche Ostsiedlung», mit der der Raum östlich von Saale und Elbe besiedelt wird; die kleine slawische Bevölkerung, die sich zuvor in diesem Raum niedergelassen hatte, wird dabei kulturell und politisch überprägt und ist heute oft nur noch an bestimmten Orts-, Flur- und Familiennamen erkennbar (Rösener 1985, S. 48 ff.).

12 Borsdorf/Bender 2010, Lienau 1995, Niemeier 1977. Um diese Darstellung nicht unübersichtlich werden zu lassen, werden nur die wichtigsten Formen vorgestellt. Daneben gibt es weitere Formen sowie eine unendlich große Zahl von Zwischen- und Übergangsformen.

13 Das klassische Beispiel dafür ist die Freie Reichsstadt Nürnberg, in deren Norden ab dem 15. Jahrhundert das «Knoblauchsland» (spezialisierte Gemüseproduktion) entsteht, während die Wälder im Osten und Südosten früh als «Nürnberger Reichswald» gegen Rodung geschützt und für den Holzbedarf der Stadt genutzt werden. Weitere Beispiele sind die Bamberger Gärtner, die Versorgung Hamburgs mit Gemüse aus den Elbmarschen (Kießling u. a. 2016, S. 148–149) oder die holländischen Gemüsefarmen (Herrmann 1985, S. 118–119).

14 Kießling u. a. 2016, S. 150–151.

15 Kießling u. a. 2016, S. 152–153 nennt drei Gebiete, aus denen Schlachtochsen nach Mitteleuropa getrieben werden, nämlich Jütland, Weißrussland-Ukraine und Ungarn. Um 1500 waren es etwa 150 000 Tiere pro Jahr, um 1600 etwa 350 000 Tiere.

16 Künstliche Bewässerung wird nicht nur dort betrieben, wo zu wenig Regen fällt, sondern auch in Regionen mit ausreichendem Niederschlag, weil die

künstliche Bewässerung den Boden zusätzlich düngt und daher den Ertrag der Wiesen spürbar erhöht. Es gibt eine große Vielzahl unterschiedlichster Bewässerungstechniken und -formen in Europa, und sie werden zu Recht als «Kulturerbe Europas» bezeichnet. Siehe dazu die sehr materialreiche Übersichtsdarstellung von Leibundgut/Vonderstrass 2016 und die Internetseite www.intwater.uni-freiburg.de (15.02.2019).

17 Transhumanz bedeutet, dass die betreffenden Tiere – in diesem Fall Merino-Schafe – große Entfernungen (mehrere hundert Kilometer) zwischen den Sommerweiden im kantabrischen Gebirge und den Winterweiden in der Extremadura zurücklegen.

18 Kießling u. a. 2016, S. 123–130.

19 Siehe dazu grundsätzlich Cermann/Landsteiner 2010.

20 Dieser Begriff stammt von mir, weil es m. E. nicht angemessen ist, diese Strukturen schon als eine Art Marktwirtschaft zu bezeichnen, wie es immer wieder gemacht wird. Da die Basisstruktur nach wie vor die Selbstversorgung ist, die lediglich im Umfang reduziert wird und zu der man jederzeit zurückkehren kann, handelt es sich um eine Selbstversorgungswirtschaft, die sich auf flexible Weise ein Stück weit gegenüber dem Markt öffnet, die aber ihre Existenzgrundlage (Selbstversorgung) nicht aufgibt.

21 Ich spreche an dieser Stelle ganz bewusst von «gleichwertig» und nicht von «gleichberechtigt»: Der moderne, liberal geprägte Begriff der Gleichberechtigung geht von Menschen aus, die alle gleich (im Sinne von identisch) und deshalb gleichberechtigt sind. Auf einem traditionellen Bauernhof sind aber Bauer und Bäuerin unterschiedlich, und sie besitzen deshalb je unterschiedliche Arbeitsbereiche und Zuständigkeiten, die sich wechselseitig ergänzen, ohne dass dabei ein Bereich wichtiger als der andere ist. Es ist daher angemessener, diese Beziehung als «gleichwertig» und nicht als «gleich» oder «gleichberechtigt» zu bezeichnen. – Die Romane des Pfarrers Jeremias Gotthelf (1797–1854) spielen im Emmental (Schweiz), und sie beschreiben auf eine sehr anschauliche Weise die traditionelle bäuerliche Welt und das traditionelle Verhältnis zwischen den Geschlechtern, vor allem in den beiden Romanen «Uli der Knecht» und «Uli der Pächter» von 1846–1849.

22 Bätzing 2015, S. 71–75. Diese Innovation betrifft nur die Käseproduktion im Alpbereich. In seinem Roman «Die Käserei in der Vehfreude» (1850) beschreibt Jeremias Gotthelf, wie die gleiche Innovation ab 1830 mit der Entstehung der Talkäsereien die Landwirtschaft und das traditionelle Geschlechterverhältnis im Emmental fundamental verändert. Aus diesem faszinierenden Roman kann man mehr über Innovationen in der traditionellen Landwirtschaft lernen als aus zahllosen wissenschaftlichen Abhandlungen.

23 Mitterauer 2009, S. 22–23.

24 Das Albrecht-Dürer-Haus in Nürnberg, in dem Dürer von 1509 bis 1528 lebte und arbeitete und das heute Museum ist, stellt ein anschauliches Beispiel für diese Form des Handwerks dar.

25 Kriedte u. a. 1977.

26 Henkel 2004, S. 199–200. Zum Folgenden: Radkau 2000, S. 177.

27 Radkau 2000, S. 177.
28 Siehe dazu den Beitrag von Franklin Mendels «Landwirtschaft und bäuerliches Gewerbe in Flandern im 18. Jahrhundert» in Kriedte u. a. 1977, S. 325–349.
29 Radkau 2000, S. 227.
30 Siehe dazu Radkau 2000, S. 234–235.
31 Im Rückblick wird seit längerer Zeit die Position vertreten, dass um 1850 herum, also am Ende der traditionellen Landnutzung, die Artenvielfalt und die landschaftliche Vielfalt in Europa innerhalb der letzten zweitausend Jahre am größten gewesen seien und dass sie seitdem zurückgehen. Siehe dazu aus der Sicht der Vegetationsbiologie Ellenberg 1986, der Ökologie Haber 2014, der Geschichte Radkau 2000 (v. a. S. 172 und 220–221), der Agrarwirtschaft Hampicke 2018 und des Natur- und Landschaftsschutzes Ewald 1996. Der Geschichtswissenschaftler Rainer Beck hat diese Grundsatzfragen auf eine sehr anschauliche Weise an zwei exemplarischen Einzelfällen aufgearbeitet (Beck 2003 und 1993). Andererseits wird diese Bewertung heute immer wieder angezweifelt: Naturschützer können es sich oft nicht vorstellen, dass arbeitsintensive Nutzungsformen mit der Umwelt pfleglich umgehen können, und sie gehen davon aus, dass die Umwelt umso stärker belastet werde, je intensiver die Nutzungen ausfallen, was historisch jedoch nicht zutrifft.
32 Poschlod 2017, S. 116 ff., Radkau 2000, S. 168–172, v. a. S. 172, Hölzl 2010. Siehe dazu auch die unveröffentlichte Diplomarbeit von Janina Wirth «Niederwald – Renaissance einer historischen Waldnutzungsform. Grundlagen und Wege einer nachhaltigen Entwicklung», Institut für Geographie der Universität Erlangen-Nürnberg, Erlangen 2011, 194 S. (Analysen von Niederwaldnutzungen in der Fränkischen Schweiz, Betreuung durch den Vegetationsgeographen Achim Bräuning und durch mich).
33 Die «Bodenreinertragslehre» ist das Dogma der modernen Forstwirtschaft, bei dem der Wald allein der maximalen Holzproduktion dient und alle anderen Waldnutzungen, die für die traditionelle Landwirtschaft eine große Bedeutung besitzen, ausgeschlossen werden (Poschlod 2017, S. 117 f.).
34 Für die Bewohner und ihre Häuser gibt es keinen hochdeutschen Begriff, sondern nur Dialektausdrücke; diese Gebäude sind heute noch selbst nach Umbauten und Modernisierungen in den meisten Dörfern gut zu erkennen. Lienau 1995, S. 110, Troßbach/Zimmermann 2006, S. 42–43.
35 Lienau 1995, S. 174–176.
36 Siehe dazu Radkau 2000, S. 223–224. Bereits Karl Marx beschreibt im «Kapital» in Kapitel 24 diesen Prozess, der für ihn eine zentrale Voraussetzung für die «kapitalistische Produktionsweise» ist.

5. Die Auswirkungen der Industriellen Revolution auf das Landleben

1 Diese Zäsur ist in weltgeschichtlicher Perspektive nur noch mit der neolithischen Revolution vergleichbar, also mit der Ablösung von Wildbeuter- durch Bauerngesellschaften. Den großen Kontext, in dem diese Zäsur steht, habe ich

dargestellt in Hanzig-Bätzing/Bätzing 2005, S. 19–98, und ich werde ihn in meiner geplanten Mensch-Umwelt-Geschichte noch ausführlicher thematisieren.

2 James Watt hat die Dampfmaschine allerdings nicht erfunden, aber er hat ihren Wirkungsgrad so stark verbessert, dass sie erst dadurch universal einsetzbar wurde.

3 Siehe dazu Tabelle II in Ambrosius/Hubbard 1986, S. 61. Die industrielle Entwicklung läuft in den europäischen Staaten auf eine durchaus unterschiedliche Weise ab; siehe dazu Senghaas 1982.

4 Götschmann 2010, S. 19. Beim Ersatz der Steinkohle durch Erdöl erhöht sich diese energetische Konzentration noch einmal.

5 Dies stellt deshalb das zentrale Gliederungselement der Mensch-Umwelt-Geschichte von Sieferle 1997 dar.

6 Sieferle 1997, S. 145 und Sieferle u. a. 2006, S. 131 ff.

7 Sieferle 1997, S. 145 und v. a. Sieferle 1982.

8 Siehe dazu grundsätzlich Achilles 1993, Kapitel 2 und 4 und Hermann 1985, Kapitel 9–11.

9 Der einzige europäische Staat, in dem die traditionelle Dorfgenossenschaft nicht aufgelöst wurde und bis heute neben den politischen Gemeinden (Einwohnergemeinden) existiert, ist die Schweiz. Diese Genossenschaften heißen in Bern Burgergemeinde, in der französischen Schweiz Bourgeoisie und im Tessin Patriziato.

10 Der Düngeeffekt beruht darauf, dass Kleegräser Stickstoff im Boden binden. Zu den Kleegräsern siehe Poschlod 2017, S. 120–121.

11 Radkau 2000, S. 243 f.

12 Poschlod 2017, S. 126–153.

13 Küster 1998, S. 185 ff.

14 Henkel 2004, S. 201 ff. Zu den verschwindenden Handwerksberufen siehe Reith 2008.

15 Eine dieser Regionen ist das südliche Wiener Becken; siehe dazu Bätzing 2019.

16 Bähr 1997, S. 248 ff., Weigl 2012, S. 91 ff. Dieser Übergang verläuft in den Industriestaaten jeweils etwas unterschiedlich; siehe dazu Bähr 1997, S. 251 und Weigl 2012, S. 94 ff.

17 Dieses Phänomen ist bislang wenig untersucht und verstanden. Der Innsbrucker Geograph Prof. Dr. Franz Fliri (1918–2008), der mit der traditionellen Landwirtschaft praktisch wie theoretisch sehr vertraut war, nannte im persönlichen Gespräch als Ursache die stark steigende Arbeitsbelastung auf den Bauernhöfen nach der Aufhebung der Grundherrschaft. Dadurch habe die Bäuerin ihre Kinder nach der Geburt kaum noch stillen können, weshalb ein zentrales Element der traditionellen Geburtenregulierung, die sehr langen Stillzeiten, weggefallen sei.

18 Bähr 1997, S. 79. In diesem Zusammenhang ist auf die schwierige Datengrundlage und auf die unterschiedlichen Definitionen von «Stadt» zu verweisen (siehe Seite 16 f.), weshalb die Ergebnisse vieler Analysen nicht direkt vergleichbar sind und sich voneinander unterscheiden.

19 Die folgenden demographischen Ausführungen basieren auf meinen detaillierten demographischen Analysen, die ich in den Alpen (Bätzing 2015), in der Region Wiener Neustadt (Bätzing 2019) und in Franken bzw. Bayern (Literaturverweise in Bätzing 2014) meist auf Gemeindeebene durchgeführt habe.

20 Muntschik 2001.

21 Das klassische Beispiel dafür ist der Leonardiritt in Bad Tölz, der vom dortigen Pfarrer im Jahr 1856 in eine feste, verpflichtende Form gebracht wird «zum Entfernthalten von Exzessen und Gefahren»; siehe dazu Bätzing 2015, S. 290 ff.

22 Das Thema der Kompensation wird im folgenden Abschnitt noch einmal aufgegriffen und vertieft.

23 Der Begriff «Material» stammt vom Philosophen Martin Heidegger und kennzeichnet m. E. sehr treffend den Umgang mit Natur in den modernen Naturwissenschaften und im modernen Wirtschaften. Siehe dazu Bätzing in Hanzig-Bätzing/Bätzing 2005, S. 163–198.

24 Siehe dazu die Monographie von König 1996. Am Rande der Altstadt Bambergs kann man heute noch im «Hain» auf den Wegen der frühen Spaziergänger, unter ihnen E. T. A. Hoffmann, spazieren gehen.

25 Das traditionelle bäuerliche Verständnis von «schön» zeigt sich an zahlreichen Orts- und Flurnamen (Schönbühel, Schönberg, Schönau, Schönwies usw.); es bezieht sich stets auf begrenzte, gut nutzbare und ertragreiche Flurstücke und nie auf eine Landschaft insgesamt.

26 Siehe dazu Bätzing 2015, S. 13 ff.

27 Ein sehr anschauliches Beispiel dafür gibt der Philosoph G. W. F. Hegel, der sich in seinem «Tagebuch einer Reise in die Berner Oberalpen 1796» bereits über die Geschäftstüchtigkeit der Einheimischen beschwert.

28 Siedentop 1977 und 1984 listet weltweit 116 «Schweizen» auf, während Frei 2017 weltweit sogar 187 «Schweizen» zählt.

29 Siehe Andratschke 2016, der darüber einen sehr materialreichen Überblick gibt.

30 Ich habe dies am Beispiel des Belle-Epoque-Tourismus der Alpen dargestellt, siehe Bätzing 2015, S. 172 ff.

31 Die frühe Naturschutzdiskussion in Deutschland wird anschaulich (mit Originaltexten) bei Barthelmeß 1988 dargestellt, zum Heimatschutz siehe Bergmann 1970, S. 121 ff.; zur Schweizer Entwicklung siehe Walter 1996, S. 82 ff., der immer wieder auf die europäische Dimension dieser Entwicklung verweist.

32 Während die «schöne Landschaft» eine «Harmonie» der Mensch-Natur-Beziehung ausdrückt, die darauf gründet, dass «die Kulturlandschaft ein Werk des Menschen im Rahmen dessen, was die Natur erlaubt» ist (Schwind 1951, S. 21), werden Industriestädte und -gebiete als «hässlich» bezeichnet: «Dass von einer solchen Harmonie dort nicht die Rede sein kann, wo die Kultur die Natur landschaftlich völlig überwältigt, bedarf keiner besonderen Erwähnung; das Ruhrgebiet, das ‹Black Country› oder die Stadtlandschaft New Yorks sind Beispiele hierfür» (Schwind 1951, S. 24). Der absolute Gegensatz, der hier zwischen Natur und Kultur gesehen wird – *entweder* Unterordnung

unter Natur *oder* Dominanz über Natur – ist charakteristisch für diese antagonistische Sichtweise.

33 Beim Begriff «organisch» beziehe ich mich auf die «organische Entwicklung», bei «naturhaften Traditionen» auf die «naturhafte Ständegesellschaft», die «organisch» aus natürlichen Unterschieden heraus entsteht; diese Begriffe sowie «Widernatur» und «Übercivilisation» sind zentrale Begriffe bei Wilhelm Heinrich Riehl (1823–1897), dem Begründer von Agrarromantik und Großstadtfeindschaft; siehe dazu Bergmann 1970, S. 38 ff.

34 Bei der Interpretation dieses Phänomens beziehe ich mich auf die Kompensationstheorie von Odo Marquard; zum Kontext siehe Bätzing in Hanzig-Bätzing/Bätzing 2005, S. 163–198.

6. Die forcierte Modernisierung des Landlebens zwischen 1960 und 1980

1 Schulze 1997, S. 532. Gerhard Schulze nennt diese Epoche deshalb «Restauration der Industriegesellschaft», und sie dauert bei ihm von 1945 bis 1965.

2 Deshalb spitzen sich im Verlauf dieser Epoche die kulturellen Konflikte zwischen den herkömmlichen und den neuen Werten erheblich zu. Gerhard Schulze benennt darum die Zeit von der Mitte der 1960er Jahre bis zum Ende der 1970er Jahre als die Zeit des «Kulturkonflikts» (Schulze 1997, S. 535).

3 Für den ländlichen Raum der Bundesrepublik Deutschland ist dabei besonders wichtig, dass die zahlreichen Flüchtlinge und Vertriebenen, die von der alliierten Militärverwaltung 1945–46 auf dem Land untergebracht worden waren – nahezu jede ländliche Gemeinde zählt 1951 etwa 30 % mehr Einwohner als 1939 – im Jahr der Volkszählung 1961 das Land zum größten Teil wieder verlassen haben und in die Städte abgewandert sind (Bätzing 2014).

4 Gerhard Schulze setzt diesen Bruch mit «Ende der 1970er – Anfang der 1980er Jahre» an (Schulze 1997, S. 535 und 541), und er nennt die neue Phase «Erlebnisgesellschaft».

5 Siehe dazu Borcherdt 1996 und Sick 1993, sowie Mahlerwein 2016, Hermann 1985, S. 216 ff. und Uekötter 2010, S. 331 ff.

6 Rolf Peter Sieferle nennt dies den «negativen energetischen Erntefaktor», siehe Sieferle 1997, S. 145 und Sieferle u. a. 2006, S. 296 ff.

7 Poschlod 2017, S. 178 ff.

8 Einen exemplarischen Überblick über Flurbereinigungsmaßnahmen in Oberfranken gibt Hümmer 1986 in Tabelle 1 auf S. 289 (Länge der neu gebauten Wege und Vorflutgräben, betroffene Flächen), und am Beispiel der Gemarkung Siegritz (Fränkische Schweiz) wird die Parzellenstruktur vor und nach der Flurbereinigung in Flurkarten und im Luftbild mit Einzeichnung der durchgeführten Flächenplanierungen dargestellt (S. 296–299). In der Fränkischen Schweiz werden auf den Hochflächen die dort immer wieder anzutreffenden Felsen (im Dialekt: «Knock») im Rahmen der Flurbereinigung oft gesprengt, weil sie eine effiziente Bewirtschaftung verhindern würden.

9 Eine exemplarische und sehr detaillierte Analyse der Waldentwicklung und der Aufforstungen in einem Teilgebiet der Fränkischen Schweiz gibt Weisel

1971 (mit Kartendarstellungen). In diesem Gebiet hat sich der Waldanteil zwischen 1850 und 1969 fast verdoppelt, wobei die früheren Laubwälder in Kiefernwälder umgewandelt wurden. Siehe dazu auch Hümmer/Meyer 1998 und Schmitt 1998.

10 Siehe dazu grundsätzlich Buntzel/Marí 2016.

11 Die für das Jahr 1981 geplante Volkszählung in der Bundesrepublik Deutschland wurde aufgrund breiter Proteste (Angst vor staatlicher Überwachung) immer wieder verschoben und erst im Jahr 1987 durchgeführt. Daher liegen für das Jahr 1981 keine Volkszählungsdaten vor, und deshalb werden an dieser Stelle die Daten von 1987 verwendet.

12 Zur empirischen Grundlage der folgenden Aussagen siehe Anmerkung 19 in Kapitel 5.

13 Die «Charta von Athen» wurde zwar 1933 verabschiedet, aber erst 1943 in Paris und 1962 in Deutschland publiziert (Le Corbusier 1962).

14 So lautet These 95, also die allerletzte These. In der Begründung wird dies noch deutlicher ausgedrückt: «... (das Privatinteresse) bedarf der strengsten Einschränkungen. Es muss allenthalben dem Interesse der Gemeinschaft unterworfen werden» (Le Corbusier 1962, S. 130).

15 Zu den vier Schlüsselfunktionen siehe These 77, zur räumlichen Trennung in die verschiedenen Stadtviertel These 78, zum Verkehr These 81 (Le Corbusier 1962, S. 118–121).

16 Die Kritik von Le Corbusier war sowohl funktional als auch sozial begründet, und die schlechte Situation der Städte – er spricht in These 8 von «Chaos» – ist für ihn sowohl der Nutzungsdurchmischung als auch der ökonomischen Dominanz von Privatinteressen bei der Stadtentwicklung geschuldet. Die Umsetzung seiner Leitidee orientiert sich dann jedoch in erster Linie an der funktionalen Kritik, und die soziale Kritik spielt im Westen Deutschland nur eine sehr untergeordnete, aber im Osten Deutschlands eine zentrale Rolle.

17 Anschauliche Beispiele für besonders radikale Neugestaltungen von Stadtzentren sind Kassel und Berlin-Mitte.

18 These 82 betont das «Element der Höhe» für Wohnbauten (Le Corbusier 1962, S. 122). Bekannte Beispiele in der Bundesrepublik sind Nürnberg-Langwasser (ab 1957, 40 000 Einwohner), die Gropiusstadt (ab 1962, 55 000 Einwohner) und das Märkische Viertel (ab 1963, 50 000 Einwohner) in West-Berlin oder München-Neuperlach (ab 1967, 55 000 Einwohner). In der DDR wurde diese Idee sehr viel häufiger umgesetzt, und die größte dieser Wohnsiedlungen, Berlin-Marzahn (ab 1979), zählt gut 100 000 Einwohner. Auch in anderen europäischen Staaten werden in dieser Zeit vergleichbare Großwohnsiedlungen gebaut.

19 Siehe Henkel 2004, S. 302 ff. «Die Verlustrate (der dörflichen Bausubstanz) betrug nach amtlichen Schätzungen in den 1960er und in den frühen 1970er Jahren zwischen 5 und 10 % der Gebäude jährlich» (a. a. O., S. 303).

20 Zu diesem Wettbewerb siehe Strube 2013 und Henkel 2004, S. 298 ff.

21 Ich selbst habe in meinem ersten Schuljahr im Jahr 1956 noch eine solche Dorfschule erlebt, in der ein Lehrer die Klassen 1 bis 4 in einem großen Schulraum

gemeinsam unterrichtete und Mädchen aus der 4. Klasse oft die Erstklässler betreuten, damit sich der Lehrer auf eine andere Gruppe konzentrieren konnte.

22 Dieser Schätzwert gründet auf meinen Erfahrungen im Raum Nordhessen. Fenn 2012 berichtet, dass in Bayern aus den 7000 Volksschulen des Jahres 1966 bis zum Jahr 1980 weniger als 3000 Grund- und Hauptschulen werden; da in diesen Zahlen auch die städtischen Schulen enthalten sind, ist der Rückgang im ländlichen Raum deutlich stärker.

23 Für Bayern nennt Fenn 2012 folgende Zahlen: 1949 gab es in ganz Bayern 75 und 1974 bereits 307 Mittelschulen; 1955 gab es 300 und 1980 dann 395 Gymnasien.

24 An dieser Stelle ist daran zu erinnern, dass Kleinstädte zum ländlichen Raum zählen. Viele der neuen Schulzentren werden in einer Kleinstadt angesiedelt und nur selten in einem großen Dorf in zentraler Lage.

25 In Bayern wurden die Gemeinden durch die Reform des Grafen Montgelas zwischen 1808 und 1818 geschaffen. Er machte aus den mehr als 40 000 «Ortschaften» (Städte, Dörfer, Weiler plus die dazu gehörenden Gemarkungen, also die Landwirtschafts- und Waldflächen) gut 7300 Gemeinden, die nahezu 150 Jahre unverändert blieben (1966 gab es noch 7087 Gemeinden). Siehe dazu Bätzing 2013, S. 152.

26 Bätzing 2013, S. 152.

27 Henkel 2004, S. 369 mit einer Auflistung der Gemeindezahlen aller acht Flächenländer vor und nach der Gebietsreform.

28 Der heftigste Widerstand fand in der Gemeinde Ermershausen (Landkreis Hassberge/Bayern) statt, die sich geschlossen mit ihrem CSU-Bürgermeister gegen die Eingemeindung nach Maroldsweisach wehrte (zwischen beiden Gemeinden bestand eine 400-jährige Feindschaft). Deshalb wurde das Rathaus von Ermershausen in der Nacht des 19. Mai 1978 von 1800 Polizisten besetzt, die die Eingemeindung mit Gewalt vollzogen, wobei Gewaltausbrüche der Betroffenen nur mit Mühe verhindert werden konnten. Ermershausen widersetzte sich viele Jahre lang vehement dieser Zwangseingemeindung, klagte dagegen durch *alle* Instanzen und wurde am 1. Januar 1994 wieder erneut zur eigenständigen Gemeinde erhoben (Bätzing 2013, S. 156).

29 Henkel 2004, S. 369 ff. und Bätzing 2013, S. 153 ff. am Beispiel von Bayern.

30 Siehe Bätzing 2013, S. 160 und 164.

31 Ich habe in den Landkreisen Erlangen-Höchstadt, Nürnberg-Land, Forchheim, Neustadt/Aisch-Bad Windsheim und Bamberg zwischen 1996 und 2014 unzählige Gespräche mit dortigen Bewohnern geführt. In sehr vielen Gesprächen kam spontan stets die Gebietsreform zur Sprache, die selbst mehr als 20 Jahre danach immer noch als großes Problem wahrgenommen wurde.

32 Der Fachbegriff «Raumordnung» bedeutet, dass im Raum «Ordnung» herrschen solle, dass sich also verschiedene Nutzungen nicht wechselseitig stören und behindern sollen. Wie eine solche Ordnung aussehen soll, wird in «Leitbildern» festgelegt, die mittels der sogenannten «Raumordnungspolitik» umgesetzt werden. Da in Deutschland in den 1960er Jahren, als die Raumordnung entwickelt wird, die Angst vor einer zentralistischen Planung wie im

«Dritten Reich» sehr ausgeprägt ist, erhält der Bund dabei lediglich eine «Rahmenkompetenz» (z. B. die Leitidee für ein System Zentraler Orte zu entwickeln), und die Raumordnung gehört seither zur Kompetenz der Länder. Siehe dazu den Artikel «Raumordnung/Raumordnungspolitik» in ARL 2005, S. 863–872 und ARL 2011, S. 211 ff. (mit tabellarischer Übersicht über unterschiedliche Umsetzungen in den einzelnen Ländern).

33 Siehe dazu ARL 2011, S. 219 ff. und Gatzweiler 1979, S. 16.

34 Siehe dazu ARL 2005, S. 570 f. und ARL 2011, S. 221 ff. Das Problem bei diesem Begriff ist, dass er als zentraler Leitbildbegriff wenig konkret ist und vielfach interpretiert werden kann. Das Zitat stammt aus dem Raumordnungsgesetz 2008, § 2, Absatz 1, erster Satz.

35 Siehe dazu Gatzweiler 1979, S. 10. Dieser Aufsatz ist heute noch besonders aufschlussreich, weil er den damaligen Zeitgeist sehr gut widerspiegelt und weil der Autor in der damaligen BfLR und im späteren BBSR (siehe Anmerkung 9 in Kapitel 1) über Jahrzehnte eine wichtige Position innehatte.

36 Gatzweiler 1979, S. 10. Nach der deutschen Wiedervereinigung wird das System der Zentralen Orte auch auf Ostdeutschland übertragen, so dass sich die Zahl der Oberzentren auf über 100 erhöht. Diese Leitidee geht auf den Geographen Walter Christaller und seine Dissertation «Die zentralen Orte in Süddeutschland» aus dem Jahr 1933 zurück. Während Christaller darin eine deskriptive Theorie entwickelt, um die Regelhaftigkeiten bei der Verteilung der Städte im Raum zu erklären, nutzt die Raumordnung diese Theorie, um daraus ein normatives Konzept zu machen, also um zu begründen, wie eine zukünftige ideale Raumstruktur aussehen solle. Die ersten Ansätze in diese Richtung gibt es bereits im nationalsozialistischen Deutschland, und sie sollen die eroberten russischen Steppen als «deutsche Kulturlandschaft» völlig neu gestalten. Die spätere bundesrepublikanische Raumordnung greift auf diese Ansätze zurück und entwickelt sie weiter. In Europa entwirft nur Österreich ebenfalls ein System von Zentralen Orten, das aber mehr Stufen als das deutsche System besitzt und bei dem der Schwerpunkt stärker als in Deutschland auf den mittleren und unteren Stufen liegt. Andere Staaten entwickeln Ansätze in diese Richtung, aber kein flächendeckendes System solcher Zentren.

37 Aus diesem Grund spielt die Erreichbarkeit der Oberzentren in allen Raumordnungsberichten eine wichtige Rolle. Im ROB 2000 (BBSR 2000) zeigt Karte 29 auf S. 50, dass es in Deutschland kaum noch größere Gebiete gibt, die nicht innerhalb von 60 Minuten ein Oberzentrum erreichen können.

38 Die einzelnen Bundesländer setzen die Leitidee der Zentralen Orte jeweils auf etwas unterschiedliche Weise um. Darauf kann an dieser Stelle nicht eingegangen werden.

39 Diese Position wird z. B. von Konrad Meyer 1970, Sp. 1812 vertreten: «Die Neuordnung des ländlichen Raumes wird in Zukunft entscheidend davon abhängen, ob es gelingt, auf dem Raster der vielen kleinen und kleinsten Gemeinden (ca. 21 000 Gemeinden unter 2000 Einwohnern und 2200 Gemeinden zwischen 2000 und 5000 Einwohnern) neue regionale Zentren zu entwickeln und die Funktion dieser Siedlungskerne zu stärken.»

40 Siehe dazu die materialreichen Darstellungen von Heintel 1994 und 1998 und von Mose 1989 und 1993 sowie den kurzen, aber sehr anschaulichen Aufsatz von Heindl 1992. Zur Übertragung aus dem entwicklungspolitischen Kontext auf die Industriestaaten siehe Heintel 1998, S. 51 ff.

41 Die größte politische Bedeutung erhält die eigenständige Regionalentwicklung in Österreich, wo das Bundeskanzleramt im Jahr 1979 die «Förderungsaktion für Eigenständige Regionalentwicklung» ins Leben ruft, die viele Jahre lang aktiv ist. In Deutschland wird die eigenständige Regionalentwicklung nur in das «Ländliche Regionalprogramm» des Bundeslandes Hessen in den Jahren 1984–1987, also in der Zeit der rot-grünen Landesregierung aufgenommen (Heintel 1989, S. 160 ff.). Zu den wichtigen Erfahrungen, die damit in Deutschland gemacht wurden, siehe AbL 1997, zu denen im Alpenraum siehe das Buch von Hans Haid «Vom neuen Leben» (1989).

42 Ich selbst erinnere mich noch, dass im Jahr 1956 die amtlichen Bekanntmachungen der Gemeinde von einem Gemeindediener an mehreren Orten im Dorf mit lauter Stimme vorgelesen wurden. Dabei läutete er vorher mit einer Glocke, um die Aufmerksamkeit auf sich zu ziehen.

43 Eine ungemein faszinierende und dichte Darstellung dieses Wandels am Beispiel eines niederländischen Dorfes gibt der Journalist und Publizist Geert Mak 1999.

7. Die Postmoderne – eine neue Aufwertung oder das endgültige Verschwinden des Landlebens?

1 Die zeitliche Ansetzung der Zäsur zu Beginn der 1980er Jahre gründet auf meinen eigenen Erfahrungen im Alpenraum (Bätzing 2015, S. 295) und in Nordhessen sowie auf vielen Gesprächen mit Fachkollegen und Betroffenen im Raum Franken; auch die Periodisierung von Gerhard Schulze unterstützt diese Interpretation (Schulze 1997, S. 541). Bei dieser Zäsur handelt es sich übrigens um ein europäisches Phänomen, das keineswegs auf Deutschland begrenzt ist. Die neue Bewegung beginnt ansatzweise bereits in den 1970er Jahren, als im Gefolge der 1968er Bewegung die ersten Landkommunen und andere alternative Gruppen auf dem Land entstehen (siehe dazu Paulus 2018). Allerdings bleiben diese noch einige Jahre lang Fremdkörper im Landleben.

2 Siehe dazu das Stichwort in der französischen Wikipedia: https://fr.wikipedia.org/wiki/Néoruraux (05.05.2019).

3 Im Zuge der Gebietsreform waren mit den alten Landkreisen auch die alten Kfz-Kennzeichen verschwunden. Eine Untersuchung in über 200 ehemaligen Kreisstädten und Gemeinden, die ihre Kennzeichen verloren hatten, erbrachte im Jahr 2011 das Resultat, dass 74 % der Befragten für die Wiedereinführung ihrer alten Kennzeichen war. Daraufhin ermöglichte der Bundesverkehrsminister dies im Jahr 2012, und die alten Kennzeichen fanden rasch eine erhebliche Verbreitung. Dies ist besonders bemerkenswert, weil die Aufhebung der alten Landkreise inzwischen 40 Jahre zurückliegt.

4 Die erste Kritik daran stammt bereits aus dem Jahr 1965: «Die Unwirtlichkeit unserer Städte» von Alexander Mitscherlich. Es ist charakteristisch, dass Mit-

scherlich diese Kritik am Beispiel der Stadt entwickelt und dass ein vergleichbares Pamphlet am Beispiel des Landes fehlt.

5 Henkel 2004, S. 306 ff. (Dorferneuerung) und S. 181 f. (Flurbereinigung). Die gesetzlichen Grundlagen für diese Veränderungen werden bereits 1975/76 gelegt, aber es dauert bis zur Mitte der 1980er Jahre, bis ihre Umsetzung die Basis erreicht. In diesem Rahmen werden in Bayern die Flurbereinigungsämter im Jahr 1992 in «Ämter für ländliche Entwicklung» umbenannt.

6 Dafür zwei exemplarische Beispiele: Daimler-Benz wollte bei Boxberg im Main-Tauber-Kreis in den 1980er Jahren eine große Teststrecke für seine Fahrzeuge bauen und dafür Bauern enteignen. Als das Bundesverfassungsgericht dies 1987 untersagte, blühte «Pro Provincia – Informationsbüro Provinzarbeit» von Albert Herrenknecht auf und engagierte sich für die Aufwertung des ländlichen Raums (siehe dazu David Templin in Paulus 2018). In Feuchtwangen im Landkreis Ansbach wurde 1985 der Verein «Artenreiche Flur» zum Schutz des Rebhuhns gegründet; als man merkte, dass dies inhaltlich zu kurz greift, wird dieser Verein 1995 in den Verein «Artenreiches Land – lebenswerte Stadt/ALLES» umgewandelt, der unter seinem Sprecher Heiner Sindel das umweltverträgliche Wirtschaften im ländlichen Raum fördert und später den «Bundesverband der Regionalbewegung e. V.» aufbaut (Hock 2005, S. 133–135). Während es in ganz Deutschland im Jahr 1985 nur sechs Regionalinitiativen gibt, steigt ihre Zahl bis zum Jahr 1998 auf 156 an (Hock 2005, S. 130) und dürfte heute mehr als doppelt so hoch liegen. Am «Tag der Regionen», der von den Regionalinitiativen immer im Herbst durchgeführt wird, gibt es seit Jahren bundesweit jeweils mehr als eintausend Veranstaltungen: www.tag-der-regionen.de (08.05.2019).

7 Ich gebrauche die Begriffe Industriegesellschaft–Moderne und Dienstleistungsgesellschaft–Postmoderne als Synonyme, auch wenn sie aus unterschiedlichen Bereichen (Wirtschaft–Gesellschaft) stammen. Ich bin davon überzeugt, dass die wirtschaftlichen und gesellschaftlichen Veränderungen jeweils in die gleiche Richtung zielen und sich wechselseitig stärken.

8 Siehe Bätzing in Hanzig-Bätzing/Bätzing 2005, Kapitel 1, S. 19–98. Hier beschreibe ich diesen Wandel grundsätzlich und stelle ihn in den größeren historischen Kontext.

9 Zur Definition der Dienstleistungen siehe Hanzig-Bätzing/Bätzing 2005, S. 56–57.

10 Siehe dazu Hanzig-Bätzing/Bätzing, S. 58–63.

11 Das klassische Beispiel ist das Silicon Valley in den USA; in Europa gibt es mit dem Technologie- und Wissenschaftspark Sophia Antipolis bei Nizza eine ähnliche, aber deutlich kleinere Struktur.

12 Die große Vielfalt der Markenprodukte im Einzelhandel täuscht darüber hinweg, dass viele der angebotenen Lebensmittel inzwischen aus wenigen großen Betrieben der Lebensmittelindustrie stammen. Dies wird nur sichtbar, wenn Produkte wegen Fehlern oder Verunreinigungen zurückgerufen werden müssen. Siehe dazu den Artikel «Überall der gleiche Käse» von Silvia Liebrich in der «Süddeutschen Zeitung» vom 08.11.2013.

13 Die statistischen Angaben stammen aus folgenden Quellen: BMEL: «Daten und Fakten. Land-, Forst- und Ernährungswirtschaft mit Fischerei, Wein- und Gartenbau». Berlin 2016, 44 S. Statistisches Bundesamt: «Statistisches Jahrbuch 2018», Kapitel 19: «Land- und Forstwirtschaft». Wiesbaden 2018, S. 485–518. Bauernverband: «Situationsbericht 2018/19. Trends und Fakten zur Landwirtschaft». Berlin 2018, 235 S. Zum besseren Verständnis dieser Zahlenberge sind die Bände des jährlich erscheinenden «Kritischen Agrarberichts» (AgrarBündnis 2019) sehr hilfreich.

14 Siehe Ulm 2008, S. 87–89. Diese Veränderungen sind heute in Zeiten des Datenschutzes kaum noch empirisch aufzuarbeiten, weil dazu alle betroffenen Bauern einer Offenlegung ihrer Daten zustimmen müssten. Hermann Ulm konnte dies jedoch im Rahmen seiner von mir betreuten Dissertation sehr konkret untersuchen, weil er in seinem Heimatdorf Kunreuth (Oberfranken) jeden einzelnen Bauern persönlich kannte und persönlich befragen konnte.

15 Siehe dazu die drei Artikel von Hendrik Kafsack «Agrarsubventionen für die Industrie» in der FAZ vom 15.03.2006 (mit Liste der Lebensmittelkonzerne, die EU-Gelder erhalten), «Kommission fordert Offenlegung der Agrarhilfen – die EU-Subventionen nutzen vor allem den Großen» in der FAZ vom 09.05.2006 und «Die größten Bauern erhalten das meiste Geld» in der FAZ vom 24.01.2015 sowie den Artikel von Martin Kotynek «Große Summen für große Konzerne. Massenbetriebe erhalten in Deutschland die meisten EU-Agrarsubventionen, Kleinbauern und Familienhöfe profitieren kaum» in der Süddeutschen Zeitung vom 27.04.2010. Zur Vertiefung siehe AgrarBündnis 2015.

16 Einen tabellarischen Überblick über die Kriterien der Bio-Siegel gibt der Wikipedia-Artikel: https://de.wikipedia.org/wiki/Bio-Siegel (13.05.2019).

17 Diese Zahlen stammen aus dem Statistischen Jahrbuch 2018 (wie Anmerkung 13), S. 494.

18 Bei meiner Berufung an die Universität Erlangen-Nürnberg im Sommer 1995 entstanden in der Region Nürnberg gerade die ersten Ansätze für Regionalprodukte. Ich habe diese Entwicklung 20 Jahre lang wissenschaftlich begleitet (Bätzing 2014), woraus eine Dissertation (Ermann 2005) und über 40 Examensarbeiten entstanden sind (eine Liste aller Arbeiten steht auf meiner Internetseite, einen wichtigen Überblick über diese Arbeiten gibt Schwab 2010). Die folgenden Ausführungen gründen auf zahllosen Erfahrungen, die Studenten und ich in diesem Zusammenhang mit Regionalinitiativen, Produzenten, Direktvermarktern, Konsumenten und Politikern gemacht haben. Zur Vermarktung von Regionalprodukten siehe den «Praxisleitfaden» von Sindel/Betz 2017.

19 Zu den Regionalinitiativen siehe die Analyse von Hock 2005.

20 Beispiele dafür sind die regionalen Dachmarken «Original Regional aus der Metropolregion Nürnberg» (29 Regionalinitiativen mit 1500 Direktvermarktern in 22 Landkreisen und 11 kreisfreien Städten um Nürnberg herum) und «Unser Land» (300 Erzeugerbetriebe in 11 Landkreisen um München und Augsburg herum). Damit lebt in dieser Regionsstruktur die spätmittelalterliche Zusammenarbeit von Stadt und Land wieder auf (siehe Seite 82 ff.), die im Gefolge der Industriellen Revolution zerstört worden war.

21 Dies ist das Ergebnis einer repräsentativen Forsa-Umfrage vom November 2016. Siehe dazu den Artikel von Christian Endt «Ein Volk der Besseresser» in der «Süddeutschen Zeitung» vom 04.01.2017. Darin betont der Autor zu Recht, dass diese Umfrage nicht das tatsächliche, sondern das erwünschte Einkaufsverhalten erfasst.

22 Die offizielle Internetseite ist www.regionalfenster.de (16.05.2019). Siehe dazu die von mir betreute Masterarbeit von Florian Porst «Das neue ‹Regionalfenster› – glaubwürdige Regionalkennzeichnung oder verpasste Chance?», Institut für Geographie, Universität Erlangen-Nürnberg 2014, 98 S. (unveröffentlicht).

23 Die Angaben zur Zahl der forstwirtschaftlichen Betriebe stammen aus dem Statistischen Jahrbuch 2018, S. 496, die zu den Eigentumsstrukturen aus BMEL 2016, S. 35 (siehe Anmerkung 13).

24 Vonnahme/Graffenberger/Görmar/Lang 2018, S. 41.

25 Diese Hoffnung kann man im Raumordnungsbericht 2005 (BBSR 2005) auf S. 210–211 zwischen den Zeilen herauslesen.

26 Die Zahlen stammen aus der Pressemitteilung «Die letzten ihrer Art! – Rote Liste Nahversorger» des Bundesverbandes der Regionalbewegung e. V. (Feuchtwangen) vom 18.09.2019.

27 Siehe dazu die von mir betreute Magisterarbeit von Alexander Kaeding «Die Bedeutung von Breitbandinternet für Standortentscheidungen von Unternehmern im ländlichen Raum. Eine qualitative und quantitative Untersuchung im Landkreis Forchheim», Institut für Geographie, Universität Erlangen-Nürnberg 2011, 128 S. (unveröffentlicht); Kurzfassung: Kaeding 2012.

28 Die Schätzungen des Rückgangs der Arbeitsplätze basieren auf meinen Arbeiten in Franken und in den Alpen. Der Anteil der Arbeitsplätze im ländlichen Raum bezieht sich auf die Abgrenzung des ländlichen Raums gemäß den «siedlungsstrukturellen Kreistypen 2017» (siehe Seite 19), und die Daten stammen aus der «Laufenden Raumbeobachtung» des BBSR. Da ich keine Publikation gefunden habe, in der der Anteil der Arbeitsplätze aufgeführt wird, danke ich Antonia Milbert und Nadine Blätgen (BBSR Abt. 16) für die Übermittlung dieser Daten. Nach den siedlungsstrukturellen Kreistypen 2017 umfasst der ländliche Raum 70 % der Fläche Deutschlands, 32 % der Bevölkerung, 32 % der sozialversicherungspflichtig Beschäftigten am Wohnort und 28 % der sozialversicherungspflichtig Beschäftigten am Arbeitsort. Eine Analyse des Anteils der Arbeitsplätze nach sieben Stadt- und Gemeindetypen bringt ähnliche Ergebnisse (Milbert/Sturm/Krischausky 2019, S. 136).

29 Die folgenden Ausführungen basieren auf meinen langjährigen Erfahrungen mit Gemeindetypisierungen in den Alpen und in Bayern; siehe dazu exemplarisch Bätzing 2019.

30 Eine «Auspendlergemeinde» ist eine Gemeinde, aus der mehr als 50 % der in der Gemeinde wohnenden Erwerbstätigen zur Arbeit in eine andere Gemeinde fahren. Eine «Auseinpendlergemeinde» ist eine Auspendlergemeinde, in die zusätzlich eine größere Zahl von Einpendlern (mehr als 50 % der Auspendler) zur Arbeit einpendelt (Bätzing 2019).

31 Ich greife hier auf die Untergliederung des ländlichen Raumes aus Abschnitt 1.3, Seite 22 zurück.

32 Das Interview mit Horst Köhler erschien im «Focus» Nr. 38 vom 13.09.2004. Zu Bayern: Zukunftsrat der Bayerischen Staatsregierung: «Zukunftsfähige Gesellschaft – Bayern in der fortschreitenden Internationalisierung», Bayerische Staatskanzlei, München 2010, 99 Seiten. Um die Zahl der sieben Städte angemessen bewerten zu können, muss man wissen, dass es in Bayern 18 Oberzentren gibt – der Zukunftsrat hätte damit zu den Verhältnissen der 1960er Jahre zurückkehren wollen.

33 Diese neue Interpretation der gleichwertigen Lebensverhältnisse wird deutlich sichtbar im Raumordnungsbericht 2017 (BBSR 2017), der «ausschließlich dem fachlichen Aspekt der Sicherung der Daseinsvorsorge» gewidmet ist (a. a. O., S. 6). Die Zitate im Text stammen von Seite 6–7, die acht Bereiche der Daseinsvorsorge von Seite 28. Siehe dazu auch ARL 2016.

34 Im «Raumordnungspolitischen Orientierungsrahmen» der Ministerkonferenz für Raumordnung (MKRO) werden 1995 erstmals Metropolregionen erwähnt. 1997 werden sieben Metropolregionen konkret ausgewiesen (Berlin, Hamburg, München, Rhein-Ruhr, Rhein-Main, Stuttgart, Halle-Leipzig bzw. später Sachsendreieck), die 2005 um Nürnberg, Hannover, Bremen und Rhein-Neckar und 2017 um die Metropolregion Rheinland erweitert werden. Die Abgrenzung dieser Metropolregionen wird von den betroffenen Gebietskörperschaften selbst vorgenommen und ist sehr unterschiedlich. Manchmal werden sehr große, manchmal nur kleine ländliche Räume in die Metropolregionen einbezogen. Kartographische Darstellung in BBSR 2011, S. 211 sowie im Wikipedia-Artikel «Metropolregion» (21. 05. 2019).

35 Da ich mich in den Jahren 1992–93 im Rahmen meiner Habilitation an der Universität Bern (Schweiz) mit der Frage der Nachhaltigkeit am Beispiel des Alpenraumes beschäftigt habe, habe ich die frühen Diskussionen über diesen Begriff besonders intensiv verfolgt.

36 Dieser Wandel stellt für die Akteure der eigenständigen Regionalentwicklung eine relevante Entwertung dar; siehe dazu Herrenknecht/Wohlfahrt 1997.

37 Zur Wahl des Zeitpunktes 1987 siehe Anmerkung 11 in Kapitel 6. Die Bevölkerungsangaben stammen von der Internetseite des Statistischen Bundesamtes: www.destatis.de (15.05.2019).

38 Ein wichtiger Anstoß dafür war das Buch von Frank Schirrmacher «Das Methusalem-Komplott» (München 2004).

39 BBSR 2017, S. 11.

40 BBSR 2017, S. 12. Die sieben Städte sind Berlin, Hamburg, München, Köln, Frankfurt/M., Stuttgart und Düsseldorf.

41 Am stärksten ist diese Entwicklung im Großraum München ausgeprägt, dessen suburbaner Gürtel teilweise bis nach Ingolstadt, Regensburg, Landshut, Rosenheim und Augsburg reicht.

42 BBSR 2017, S. 12–13.

43 Der einzige größere ländliche Raum, der in Deutschland ein deutliches Bevölkerungswachstum verzeichnet, ist der Raum Emsland – Oldenburger Müns-

terland. Hier sorgen eine hohe Geburtenrate und wachsende Arbeitsplatzzahlen für ein Bevölkerungswachstum. Siehe dazu die Karte in BBSR 2017, S. 13. Zum Hintergrund: Kröhnert u. a. 2006, S. 60–62.

44 Siehe dazu BBSR 2015.

45 Kröhnert/Medicus/Klingholz 2006, S. 7 und S. 47. Trotz dieser normativ fragwürdigen Grundlage vermittelt dieses Buch einen detaillierten Überblick über die Situation der Landkreise und der kreisfreien Städte in Deutschland. Aktualisierung (mit anderer Methode): Prognos Zukunftsatlas 2019. Das Ranking für Deutschlands Regionen. Berlin 2019, 40 S.: www.prognos.com/zukunftsatlas (09.07.2019).

46 BBSR 2015 und: «Unterschiede zwischen Stadt und Land vergrößern sich»: www.bbsr.bund.de/BBSR/DE/Raumbeobachtung/InteraktiveAwendungen/WachsendSchrumpfend/topthema_node.html (22.05.2019). Dieses Ergebnis deckt sich mit meinen Analysen im Alpenraum, in dem heute zwei Drittel der Alpenbevölkerung in verstädterten Alpenregionen leben (Bätzing 2015, S. 214–215).

47 Ein gutes Beispiel für diese kreative Weiterentwicklung traditioneller Bauformen ist der Architekt Gion A. Caminada. Siehe dazu Caminada 2018.

48 Horst Gömann/Peter Weingarten im Artikel «Landnutzungswandel» in ARL 2019, S. 1335 ff.

49 Thomas Sieverts 1998. Der Autor nennt sein Buch im Untertitel programmatisch «zwischen Ort und Welt, Raum und Zeit, Stadt und Land».

50 Die Anfang der 1970er Jahre neu entwickelte Regionalplanung, die eigentlich diese Aufgabe erfüllen sollte, konnte sich bei der Siedlungsentwicklung nicht gegen die Gemeindeautonomie durchsetzen.

51 Die Aussage, dass sich die Identität der Menschen in der Zwischenstadt nur noch auf ihr eigenes Grundstück bezieht, formulierte ein Student spontan an einem solchen Ort im Rahmen eines von mir betreuten Geländepraktikums.

52 Thomas Sieverts thematisiert in seinem Buch den ländlichen Raum nicht explizit, aber sein Buch hat zahlreiche Diskussionen auch im ländlichen Raum angestoßen. Es gibt einige Versuche, die Konzeption der Zwischenstadt auf das Land zu übertragen (siehe Herrenknecht 2003). Der Begriff «Zwischenstadtland» wurde von mir geprägt.

53 Der Fachbegriff «Gentrifizierung» bezeichnet die gezielte Aufwertung innenstadtnaher Stadtviertel in Luxus-Wohngebiete mittels aufwendigen Renovierungen und Umstrukturierungen, wobei die traditionelle Wohnbevölkerung durch gut verdienende Singles und Kleinfamilien verdrängt wird (ARL 2005, S. 1061).

54 Kunzmann 2001, S. 219. Als Beispiele für diese Entwicklung nennt er das südliche Oberbayern, den Taunus und den Odenwald (S. 219).

55 Diese Angaben beziehen sich auf den Artikel «Landnutzungswandel» von Horst Gömann und Peter Weingarten (in: ARL 2019, S. 1335 ff.) und auf das Statistische Jahrbuch 2018, S. 488 (siehe Anmerkung 13).

56 Die Siedlungsfläche unterteilt sich im Jahr 2016 in 27 % Wohnbaufläche, 12 % Industrie- und Gewerbefläche, 10 % Sport-, Freizeit- und Erholungsfläche,

35 % Verkehrsfläche und 14 % sonstige Flächen (Statistisches Jahrbuch 2018, S. 488).

57 Solche meist bandförmig ausgeprägten Randstreifen oder Grenzsäume spielen als «Ökoton» eine wichtige Rolle für die Artenvielfalt.

58 Siehe dazu Poschlod 2017, S. 180. Zum Beispiel Halbtrockenrasen der Fränkischen Alb siehe Böhmer 1994 (mit sehr aussagekräftigen Vergleichsfotos).

59 Markante und eindrückliche «Baumindividuen» gibt es in Naturwäldern eher selten, und sie verdanken ihre Entstehung oft dem Menschen, der ihnen durch das Fällen der Nachbarbäume oder durch Waldweide genügend Platz zum Wachsen verschafft. Beispiele dafür sind der «Urwald» an der Sababurg in Nordhessen (die markanten Bäume sind «Hutebäume», die durch Waldweide entstanden sind), die Buchenwälder im Steigerwald oder die Eichenwälder im Spessart. Siehe dazu die von mir betreute Examensarbeit von Matthias Unglaub «Die Ausweisung eines Nationalparks Steigerwald – Vorteil oder Nachteil für die Region?» (Institut für Geographie, Universität Erlangen-Nürnberg 2010, 139 S., Kurzfassung: Unglaub 2012). Darin wird sehr konkret herausgearbeitet, dass die heute so schutzwürdigen Buchenwälder eng mit der traditionellen Nutzung durch die Würzburger Fürstbischöfe zusammenhängen. Dies betrifft besonders die sehr alten «Schaufelbuchen», deren Wachstum früher vom Menschen gezielt gefördert wurde, damit besonders hohe und dicke Bäume entstehen, aus denen man Getreideschaufeln aus einem Stück herstellen konnte.

60 Ich habe diesen Wandel, bei dem ich auch selbst als Akteur beteiligt war, in meinem «Alpen»-Buch beschrieben (Bätzing 2015, S. 237 ff.).

61 Die Naturparke dürfen nicht mit Nationalparken (strenger Naturschutz) verwechselt werden, weil bei ihnen Naturschutz und Naturnutzung gleichberechtigt nebeneinanderstehen. Zur neuen Aufgabe der Naturparke siehe die Analyse von Weber 2013; das aktuelle Leitbild «Naturparke 2030 – Wartburger Programm der Naturparke in Deutschland» wurde am 18.09.2018 beschlossen (www.naturparke.de 30.05.2019). Zur Vertiefung: Zeitschrift «Natur und Landschaft», Heft 9–10/2019 mit dem Schwerpunkt «Naturparke – Großschutzgebiete mit Entwicklungspotenzialen».

62 Die Ansätze dafür reichen bis in die 1990er Jahre zurück, aber erst seit 2005 erlangt diese Bewegung eine größere gesellschaftliche Relevanz. Siehe dazu Bätzing 2017, S. 75 ff.

63 Die im Jahr 2007 von der Bundesregierung beschlossene «Nationale Strategie zur biologischen Vielfalt» formuliert als Ziel, dass sich bis zum Jahr 2020 die Natur wieder auf 2 % der Landesfläche Deutschlands nach eigenen Gesetzmäßigkeiten entwickeln kann (Abschnitt B 1.3.1 Wildnisgebiete).

64 Diese Position vertritt Edward O. Wilson in seinem Buch «Die Hälfte der Erde. Ein Planet kämpft um sein Leben» (C.H.Beck, München 2016).

65 Meine Position zur Wolfsproblematik habe ich in einem Text für die Gemeinde Bad Hindelang dargelegt; siehe meine Internetseite «Publikationen – zeitlich geordnet», Nr. 332 (mit Download).

66 Ich beziehe mich hierbei auf das soziologische Konzept von Gerhard Schulze,

der dies in seinem Buch «Erlebnisgesellschaft» (1992, [7]1997) auf eine sehr materialreiche Weise entwickelt. Er nennt die Lebensstilgruppen «soziale Milieus» und erarbeitet für Deutschland fünf verschiedene soziale Milieus.

67 Zu dieser grundsätzlichen Bewertung der Dienstleistungsgesellschaft siehe Hanzig-Bätzing/Bätzing 2005, S. 72 ff.

68 Das Gegensatzpaar Gemeinschaft–Gesellschaft geht auf Ferdinand Tönnies und sein gleichnamiges Buch aus dem Jahr 1887 zurück. Diese Interpretation wird noch zugespitzt, wenn man die traditionell stark ausgeprägte soziale Kontrolle auf dem Land mit dem Begriff «Terror» belegt («Die Dorfgemeinschaft als Not- und Terrorzusammenhang» Jeggle/Ilien 1978, siehe auch Ilien/Jeggle 1978; dabei handelt es sich aber trotz der Verwendung des Begriffs «Terror» inhaltlich um die sehr eingefühlte Analyse eines Dorfes), so dass der Gegensatz zur heutigen Welt besonders extrem wird. Journalisten bedienen sich gern dieses klischeehaften Gegensatzes, wenn sie Stadt und Land gegenüberstellen.

69 Gerhard Henkel beschreibt diesen Wandel so: «Aus der engen und geschlossenen Interessen- und Solidargemeinschaft hat sich ein weitgehend offener und liberaler Sozialverband entwickelt.» (Henkel 2012, S. 146)

70 Siehe dazu die empirischen Untersuchungen von Hainz 1999 und BBSR 2010 und 2011a. Auf das einzigartige Forschungsprojekt «Ländliche Lebensverhältnisse im Wandel», das seit 1952 alle 20 Jahre in den gleichen zehn westdeutschen Dörfern und seit 1993 auch in vier ostdeutschen Dörfern durchgeführt wird (Projektleitung: Thünen-Institut, Bundesforschungsanstalt für Ländliche Räume, Wald und Fischerei), kann an dieser Stelle nur hingewiesen werden.

8. Welche Zukunft für das Landleben?

1 Dies ist der Grund, weshalb ich in Kapitel 1 die Bevölkerungsdichte als zentralen Indikator gewählt habe, um ländliche und städtische Räume voneinander zu unterscheiden.

2 Zum Begriff des Philosophen Martin Heidegger siehe Anmerkung 23 in Kapitel 5.

3 Ich beziehe mich hierbei auf die Arbeiten der Soziologin und Wirtschaftsgeographin Saskia Sassen («The Global City» 1991, [2]2001). Das Zitat «Die Global City ist ein brutaler Ort» ist die Überschrift eines Interviews von Franziska Meister mit Saskia Sassen in der Schweizer «Wochenzeitung/WOZ» vom 21.06.2012, Seite 15–17.

4 Siehe Hanzig-Bätzing/Bätzing 2005, S. 65.

5 Hierbei beziehe ich mich auf den Soziologen Walter Siebel, besonders auf seine Arbeiten zur Stadtsoziologie und auf seinen Artikel «Die Anziehungskraft der Stadt» in der «Neuen Zürcher Zeitung» vom 08.03.2016, Seite 17.

6 Näheres zur Szenariotechnik in Bätzing 2015, S. 363 f.

7 Das Szenario «Trend» wird als Bevölkerungs- oder Raumordnungsprognose in regelmäßigen Abständen vom BBSR neu berechnet. Da die jüngste Publikation (BBSR 2015a) jedoch das Jahr 2012 als Ausgangspunkt verwendet (Aktualisierung erst im November 2019, also nach Fertigstellung des Manuskriptes

für dieses Buch), wird darin die neue Situation der Zuwanderung aus dem Ausland nicht erfasst. Deshalb geht diese Prognose für die Zeit zwischen 2012 und 2035 noch von einem Bevölkerungsrückgang von gut 2 Millionen Menschen aus (BBSR 2015a, S. 7), was inzwischen überholt ist, da im Jahr 2018 82,9 Millionen Menschen in Deutschland leben (2,4 Mio. mehr als 2012).

8 Siehe die Karte im Raumordnungsbericht 2017 (BBSR 2017, S. 15).

9 Siehe dazu Anmerkung 42 in Kapitel 7.

10 Zu dieser Thematik gibt es eine umfangreiche Literatur im Bereich Architektur und Stadtplanung. Ich stütze mich hierbei vor allem auf Zeitungsberichte, die solche Projekte vorstellen. Matthias Daum: «Tomaten aus dem Wolkenkratzer» in: Neue Zürcher Zeitung vom 30.09.2009. Peter Burghardt: «Meine kleine Großstadtfarm» in: Süddeutsche Zeitung vom 17.02.2018.

11 So lautet der Titel eines Kommentars von Jan Grossarth in der Frankfurter Allgemeinen Zeitung vom 07.05.2016 auf Seite 1.

12 Im Koalitionsvertrag zwischen Union und SPD vom Jahr 2018 wurde dem Thema gleichwertige Lebensverhältnisse erstmals wieder ein größerer Stellenwert eingeräumt, und es wurde eine Kommission dazu eingesetzt, die im Juli 2019 inhaltlich nur sehr blasse Ergebnisse vorlegte. Parallel dazu erschien ein «Deutschlandatlas – Karten zu gleichwertigen Lebensverhältnissen» (Innen-/Landwirtschafts-/Familienministerium, Berlin 2019, 120 S.), der 54 Indikatoren in Kartenform auswertet und vorstellt.

13 Diesen Satz formulierte der niederländische Architekt Rem Koolhaas; er stammt aus dem Artikel von Gerhard Matzig: «Land in Sicht. Der weltweiten Urbanisierung zum Trotz – erlebt das Arbeiten und Leben im ländlichen Raum ein Comeback?» in: Süddeutsche Zeitung vom 21.10.2017. Siehe dazu: Rem Koolhaas: «Die Provinz ist die Zukunft» in: Süddeutsche Zeitung vom 16.12.2017. In die gleiche Richtung zielt der Titel der Ausstellung von Rem Koolhaas im Guggenheim-Museum in New York: «Countryside – future of the world» (Februar bis September 2020).

14 Ich greife dabei auf die Basiserfahrung der eigenständigen oder endogenen Regionalentwicklung zurück (siehe Seite 150 f.), siehe Heintel 1994, 1998 und Bätzing 2015, S. 378 ff.

15 Diese Aussagen gehen auf zahlreiche Erfahrungen zurück, die im Alpenraum mit der eigenständigen Regionalentwicklung gemacht wurden; siehe dazu Haid 1989.

16 Siehe dazu Henkel 2016, S. 139 ff.

17 Henkel 2016, S. 141.

18 Zur «ausgewogenen Doppelnutzung» am Beispiel der Alpen siehe Bätzing 2015, S. 386 ff.

19 Siehe dazu www.manufactum.de (30.06.2019).

20 Es gibt inzwischen eine Reihe von Architekten, die auf diese Weise arbeiten. Siehe dazu Anmerkung 46 in Kapitel 7 und Caminada 2018.

21 Ich habe mich immer wieder für den Aufbau solcher Tourismusformen engagiert: Die «Spurensuche Kunreuth» und der «Kulturweg Egloffstein» sind Kulturwege, die aus Projektseminaren heraus entstanden und die heute noch An-

gebote für Einheimische und Besucher darstellen. In den Alpen engagiere ich mich seit 1985 für den Weitwanderweg «Grande Traversata delle Alpi/GTA» als einem regional angepassten, sozial- und umweltverträglichen Tourismusprojekt in einer sich entsiedelnden Alpenregion (dazu mein zweibändiges Wanderbuch im Rotpunktverlag Zürich, 8. Auflage 2018) sowie für den Aufbau eines Wandertourismus, der das dezentrale Leben und Wirtschaften in ausgewählten Alpenregionen stärken soll (dazu habe ich zusammen mit Michael Kleider und Hannes Hoffert-Hösl sechs Wanderbücher im Rotpunktverlag Zürich publiziert).

22 Auf die Thematik eines «Regionalgeldes» kann an dieser Stelle wegen der großen theoretischen und praktischen Schwierigkeiten nur verwiesen werden. Während es zwischen den Jahren 2000 und 2015 dazu zahlreiche Modellprojekte und Initiativen gab, ist es derzeit darum deutlich ruhiger geworden. Trotzdem könnte dies eine gute Möglichkeit sein, ein regionales Wirtschaften zu stärken.

23 Gerhard Henkel 2016, S. 51 nennt für einen solchen Laden eine Mindestzahl von 800 bis 1000 Einwohnern pro Dorf. Er schreibt, dass in den letzten Jahren über 200 bürgerschaftlich getragene Dorfläden in Deutschland eröffnet wurden und dass es seit 2016 eine «Bundesvereinigung multifunktionaler Dorfläden (BmD)» gibt; siehe dazu www.dorfladen-netzwerk.de (30.06.2019).

24 Die folgenden Überlegungen bauen auf den Ergebnissen des Lehrforschungsprojektes «Gesundheitsversorgung in der Fränkischen Schweiz» auf, das von Felix Heit, Philipp Köppe, Marcus Kratschke und Simon Reichenwallner im Studienjahr 2010/11 am Institut für Geographie der Universität Erlangen-Nürnberg unter meiner Leitung erarbeitet wurde (Abschlussbericht: Erlangen 2012, 111 S., unveröffentlicht).

25 EVA ist die Abkürzung von «Entlastende Versorgungsassistentin», VerAH von «Versorgungsassistentin des Hausarztes», AGnES von «arztentlastende, gemeindenahe, E-Health-gestützte systemische Intervention». Siehe dazu: S. Wilm/V. Kalitzkus/I. Schluckebier: «AGnES, EVA, VerAH und Co – wer kann den Hausarzt unterstützen und wie?» In: Zeitschrift für Allgemeinmedizin 10/2009, doi: 10.3238/zfa.2009.0403 (30.06.2019).

26 Ansätze dazu gibt es bereits, siehe Henkel 2016, S. 50. In Deutschland liegen die Mindestschülerzahlen pro Grundschule bei 13 (Bayern) und 20 (Bremen); in Österreich und Italien sind es dagegen lediglich 5 Schüler, um dezentrale Schulstandorte bewusst erhalten zu können.

27 Dazu gibt es in den Lehrplänen der Grundschulen der Länder bereits heute einige Möglichkeiten, die jedoch relativ limitiert sind. Wie mir Markus Pingold (Didaktik der Geographie an der Universität Würzburg und externer Referent für Geographie an Realschulen am Institut für Schulqualität und Bildungsforschung in München, das im Auftrag des bayerischen Kultusministeriums tätig ist) mitteilte, gibt es im Rahmen der bayerischen Fachdidaktik derzeit keinerlei Diskussionen oder gar Projekte, den Unterricht wohnortnäher zu gestalten oder Zwergschulen aufzuwerten.

28 Die folgenden Überlegungen basieren auf meinen langjährigen Erfahrungen im

Alpenraum und hier besonders mit der Alpenkonvention und der EUSALP-Strategie der EU (Bätzing 2015, S. 390 ff.) sowie auf meinen Erfahrungen im ländlichen Raum der Region Nürnberg; siehe dazu Bätzing 2013 und 2014 sowie die sehr materialreiche, von mir betreute Magisterarbeit von Frank Sonderhaus (Kurzfassung: Sondershaus 2008).

29 Siehe dazu Sondershaus 2008, S. 42 mit aufschlussreichen Beispielen.

30 Siehe dazu Seite 203 mit Anmerkung 60 und die von mir betreute Dissertation von Friedericke Weber 2013.

31 Siehe dazu ARL 2005, S. 575–579.

32 Ich habe diese Überlegungen am Beispiel der Alpen weiter ausgeführt; siehe dazu Bätzing 2015, S. 385.

33 Die Raumordnungspolitik unterteilt ihre Ziele und Strategien in ordnungs- und entwicklungspolitische Ziele; siehe dazu den Artikel «Raumordnung/Raumordnungspolitik» in ARL 2005, S. 863–872, besonders S. 865.

34 Siehe dazu Kapitel 1, Anmerkung 24.

Literaturverzeichnis

AbL (1997): Leitfaden zur Regionalentwicklung. Mit Beiträgen aus Landwirtschaft, Verarbeitung und Vermarktung. Arbeitsgemeinschaft bäuerliche Landwirtschaft, Rheda-Wiedenbrück.

Achilles, Walter (1993): Deutsche Agrargeschichte im Zeitalter der Reformen und der Industrialisierung. Ulmer, Stuttgart.

AgrarBündnis (2019): Der kritische Agrarbericht 2019. Schwerpunkt Landwirtschaft für Europa. AbL-Bauernblatt-Verlag, Hamm.

AgrarBündnis (2016): Der kritische Agrarbericht 2016. Schwerpunkt Wachstum. ABL-Bauernblatt-Verlag, Hamm.

AgrarBündnis (2015): Der kritische Agrarbericht 2015. Schwerpunkt Agrarindustrie. ABL-Bauernblatt-Verlag, Hamm.

AgrarBündnis (2007): Der kritische Agrarbericht 2007. Schwerpunkt Agro-Gentechnik. ABL-Bauernblatt-Verlag, Hamm.

Ambrosius, Gerold/Hubbard, William H. (1986): Sozial- und Wirtschaftsgeschichte Europas im 20. Jahrhundert. C.H.Beck, München.

Andratschke, Thomas, Hrsg. (2016): Mythos Heimat. Worpswede und die europäischen Künstlerkolonien. Ausstellungskatalog. Sandstein-Verlag, Dresden.

ARL (2019): Handwörterbuch der Stadt- und Raumentwicklung. Verlag der Akademie für Raumforschung und Landesplanung, Hannover.

ARL (2016): Daseinsvorsorge und gleichwertige Lebensverhältnisse neu denken. Perspektiven und Handlungsfelder. Hannover (Positionspapier Nr. 108).

ARL (2011): Grundriss der Raumordnung und Raumentwicklung. Verlag der Akademie für Raumforschung und Landesplanung, Hannover.

ARL (2005): Handwörterbuch der Raumordnung. Verlag der Akademie für Raumforschung und Landesplanung, Hannover.

Bähr, Jürgen (³1997): Bevölkerungsgeographie. Ulmer, Stuttgart (UTB 1249).

Bätzing, Werner (2019): Welche Zukunft hat die Region Wiener Neustadt-Neunkirchen? Der Strukturwandel seit 1869, die aktuelle Situation und die Perspektiven für die Zukunft. In: Bätzing, Werner/Fasching, Gerhard/Schwarz, Wolfgang: Zur Geographie der Großregion Wiener Neustadt. Österreichische Geographische Gesellschaft, Wien, S. 85–158.

Bätzing, Werner (²2017): Zwischen Wildnis und Freizeitpark. Eine Streitschrift zur Zukunft der Alpen. Rotpunktverlag, Zürich.

Bätzing, Werner (2015): Die Alpen. Entstehung und Gefährdung einer europäischen Kulturlandschaft. C.H.Beck, München (4. Fassung nach 1984, 1991 und 2003).

Bätzing, Werner (2014): Der ländliche Raum in Franken und seine Veränderungen im Zeitraum 1995–2014. Eine persönliche Bilanz auf dem Hintergrund von 20 Jahren engagierter Wissenschaft in Erlangen. In: Mitteilungen der Fränkischen Geographischen Gesellschaft Bd. 60, S. 77–89.

Bätzing, Werner (2013): Die territoriale Neugliederung Bayerns durch die Gebietsreform der 1970er Jahre als Antwort auf die Herausforderungen der Moderne. Eine grundsätzliche Bewertung dieser säkularen Reform und ihre Bedeutung für die heutigen Herausforderungen am Beispiel des Landkreises Neumarkt in der Oberpfalz. In: Mitteilungen der Fränkischen Geographischen Gesellschaft Bd. 59, S. 151–164.

Bätzing, Werner (2011): «Neue Kulturgeographie» und Regionale Geographie. Können die Ansätze der «Neuen Kulturgeographie» auf die Regionale Geographie übertragen werden? Eine kritische Bewertung vor dem Hintergrund von 30 Jahren Alpenforschung. In: Mitteilungen der Österreichischen Geographischen Gesellschaft Bd. 153, S. 101–128.

Bätzing, Werner (2007): Das Dorf als Ort guten Lebens zwischen Inszenierung und Verschwinden. Geographisch-humanökologisch-planerische Reflexionen zur Bedeutung des Dorfes in Vormoderne, Moderne und Postmoderne. In: Hans-Peter Ecker (Hrsg.): Orte des guten Lebens – Entwürfe humaner Lebensräume. Königshausen & Neumann, Würzburg, S. 103–114.

Barthelmeß, Alfred (1988): Landschaft – Lebensraum des Menschen. Probleme von Landschaftsschutz und Landschaftspflege geschichtlich dargestellt und dokumentiert. Karl Alber, Freiburg/München.

BBSR (2017): Raumordnungsbericht 2017. Bonn.

BBSR (2015): Wachsen oder schrumpfen? BBSR-Typisierung als Beitrag für die wissenschaftliche und politische Debatte. Bonn (BBSR-Analysen Kompakt 12/2015).

BBSR (2015a): Die Raumordnungsprognose 2035 nach dem Zensus. Bonn (BBSR-Analyse Kompakt 05/2015).

BBSR (2011): Raumordnungsbericht 2011. Bonn.

BBSR (2011a): Lebensqualität in kleinen Städten und Landgemeinden. Bonn (BBSR-Berichte Kompakt 05/2011).

BBSR (2010): Landleben – Landlust. Wie Menschen in Kleinstädten und Landgemeinden über ihr Lebensumfeld urteilen. Bonn (BBSR-Berichte Kompakt 10/2010).

BBSR (2005): Raumordnungsbericht 2005. Bonn.

BBSR (2000): Raumordnungsbericht 2000. Bonn.

Beck, Rainer (2003): Ebersberg oder das Ende der Wildnis. Eine Landschaftsgeschichte. C.H.Beck, München.

Beck, Rainer (1993): Unterfinning. Ländliche Welt vor Anbruch der Moderne. C.H.Beck, München.

Becker, Hans (1998): Allgemeine Historische Agrargeographie. Teubner, Stuttgart.

Beetz, Stephan/Brauer, Kai/Neu, Claudia, Hrsg. (2005): Handwörterbuch zur ländlichen Gesellschaft in Deutschland. VS-Verlag, Wiesbaden.

Bellwood, Peter (2008): Die erste reiche Ernte. Die Entstehung und Verbreitung der Landwirtschaft. In: James Robinson/Klaus Wiegandt (Hrsg.): Die Ursprünge der modernen Welt. Geschichte im wissenschaftlichen Vergleich. Fischer, Frankfurt a. M., S. 166–213.

Berger, John (2000): SauErde. Geschichten vom Lande. Fischer, Frankfurt a. M. (FiBu 14295).

Bergmann, Klaus (1970): Agrarromantik und Großstadtfeindschaft. Anton Hain, Meisenheim.

Blickle, Peter (2000): Kommunalismus. Skizzen einer gesellschaftlichen Organisationsform. Bd. 1: Oberdeutschland, Bd. 2: Europa. Oldenbourg, München.

Böhmer, Hans Jürgen (1994): Die Halbtrockenrasen der Fränkischen Alb – Strukturen, Prozesse, Erhaltung. In: Mitteilungen der Fränkischen Geographischen Gesellschaft Bd. 41, S. 323–343.

Borcherdt, Christoph (1996): Agrargeographie. Teubner, Stuttgart.

Borsdorf, Axel/Bender, Oliver (2010): Allgemeine Siedlungsgeographie. Böhlau, Wien/Köln/Weimar (UTB 3396).

Brill, Klaus (2009): Deutsche Eiche made in China. Die Globalisierung eines deutschen Dorfes. Karl Blessing Verlag, München.

Buntzel, Rudolf/Marí, Francisco (2016): Gutes Essen – arme Erzeuger. Wie die Agrarwirtschaft mit Standards die Nahrungsmittelmärkte beherrscht. Oekom Verlag, München.

Caminada, Gion (2018): Unterwegs zum Bauen. Ein Gespräch über Architektur mit Florian Aicher. Birkhäuser, Basel.

Campbell, Bernard (1985): Ökologie des Menschen. Unsere Stellung in der Natur von der Vorzeit bis heute. Harnack Verlag, München.

Cermann, Markus/Landsteiner, Erich, Hrsg. (2010): Zwischen Land und Stadt. Wirtschaftsverflechtungen von ländlichen und städtischen Räumen in Europa 1300–1600. StudienVerlag, Innsbruck/Wien/Bozen (Jahrbuch für Geschichte des ländlichen Raumes).

Curry, Andrew (2014): Die Milchrevolution. In: Spektrum der Wissenschaft Nr. 4, S. 70–74.

Diamond, Jared (2006): Kollaps. Warum Gesellschaften überleben oder untergehen. Fischer, Frankfurt a. M. (Fischer 16730).

Ellenberg, Heinz ([4]1986): Vegetation Mitteleuropas mit den Alpen in ökologischer Sicht. Eugen Ulmer, Stuttgart.

Ermann, Ulrich (2005): Regionalprodukte. Vernetzungen und Grenzziehungen bei der Regionalisierung von Nahrungsmitteln. Franz Steiner, Wiesbaden.

Ewald, Klaus Christoph (1996): Traditionelle Kulturlandschaften – Elemente und Bedeutung. In: Werner Konold (Hrsg.): Naturlandschaft – Kulturlandschaft. Die Veränderung der Landschaften nach der Nutzbarmachung durch den Menschen. Ecomed, Landsberg, S. 99–119.

Fels, Edwin ([2]1967): Der wirtschaftende Mensch als Gestalter der Erde. Franckh, Stuttgart.

Fenn, Monika (2012): Schulwesen (nach 1945). In: Historisches Lexikon Bayerns, https://www.historisches-lexikon-bayerns.de (22.04.2019).

Frei, Philippe (2017): Transferprozesse der Moderne. Die Nachbenennungen «Alpen» und «Schweiz» im 18. bis 20. Jahrhundert. Peter Lang, Frankfurt a. M.

Gatzweiler, Hans-Peter (1979): Der ländliche Raum – benachteiligt für alle Zeiten? In: Geographische Rundschau Bd. 31, Heft 1.

Gehrke, Hans-Joachim, Hrsg. (2017): Die Welt vor 600. Frühe Zivilisationen. C.H.Beck, München (Geschichte der Welt Bd. 1).

Götschmann, Dirk (2010): Wirtschaftsgeschichte Bayerns. 19. und 20. Jahrhundert. Friedrich Pustet, Regensburg.

Goetz, Hans-Werner (²1986): Leben im Mittelalter vom 7. bis zum 13. Jahrhundert. C.H.Beck, München.

Haber, Wolfgang (2014): Landwirtschaft und Naturschutz. Wiley-VCH, Weinheim.

Haid, Hans (1989): Vom neuen Leben. Alternative Wirtschafts- und Lebensformen in den Alpen. Haymon-Verlag, Innsbruck.

Hainz, Michael (1999): Dörfliches Sozialleben im Spannungsfeld der Individualisierung. Forschungsgesellschaft Agrarpolitik und Agrarsoziologie, Bonn.

Hambloch, Hermann (1966): Der Höhengrenzsaum der Ökumene. Münster (Westfälische Geographische Studien Bd. 18).

Hampicke, Ulrich (2018): Kulturlandschaft. Äcker, Wiesen, Wälder und ihre Produkte. Ein Lesebuch für Städter. Springer-Verlag, Berlin/Heidelberg.

Hanzig-Bätzing, Evelyn/Bätzing, Werner (2005): Entgrenzte Welten. Die Verdrängung des Menschen durch Globalisierung von Fortschritt und Freiheit. Rotpunktverlag, Zürich.

Hardin, Garrett (1973): Die Tragik der Allmende. In: Michael Lohmann (Hrsg.): Gefährdete Zukunft. Prognosen amerikanischer Wissenschaftler. dtv, München, S. 29–46 (dtv 920).

Heindl, Bernhard (1992): Keine Kultur ohne Agrikultur, keine Agrikultur ohne Kultur. Notizen zum Ursprung der bäuerlichen Landwirtschaft im Hochmittelalter. In: PRO REGIO – Zeitschrift für Eigenständige Regionalentwicklung, Jahrgang 4, Heft 11, S. 4–9.

Heintel, Martin (2005): Regionalmanagement in Österreich. Professionalisierung und Lernorientierung. Institut für Geographie und Regionalforschung der Universität Wien, Wien.

Heintel, Martin (1998): Einmal Peripherie – immer Peripherie? Szenarien regionaler Entwicklung anhand ausgewählter Fallbeispiele. Institut für Geographie der Universität Wien, Wien.

Heintel, Martin (1994): Endogene Regionalentwicklung. Eine wirtschaftspolitische Alternative für struktur- und entwicklungsschwache Regionen? Arbeitskreis für Regionalforschung, Wien.

Henkel, Gerhard (2016): Rettet das Dorf! Was jetzt zu tun ist. dtv, München.

Henkel, Gerhard (2012): Das Dorf. Landleben in Deutschland – gestern und heute. Theiss, Stuttgart.

Henkel, Gerhard (⁴2004): Der Ländliche Raum. Gegenwart und Wandlungsprozesse seit dem 19. Jahrhundert in Deutschland. Bornträger, Berlin/Stuttgart.

Herrenknecht, Albert, Hrsg. (2003): Zwischenland. Die neuen Zwischen-Welten zwischen Dorf und Stadt. PRO-REGIO-ONLINE – Zeitschrift für den Ländlichen Raum Nr. 1: www.pro-regio-online.de (25.05.2019).

Herrenknecht, Albert/Wohlfahrt, Jürgen (1997): Auf dem Weg ins «Nachhaltigkeits-Land»? Was hat der ländliche Raum von der Nachhaltigkeitsdebatte zu erwarten? In: PRO REGIO – Zeitschrift für Eigenständige Regionalentwicklung Nr. 20–21, S. 5–35.

Herrmann, Klaus (1985): Pflügen, Säen, Ernten. Landarbeit und Landtechnik in der Geschichte. Rowohlt, Reinbek bei Hamburg (rororo 7722).

Hock, Sonja (2005): Engagement für die Region. Initiativen der Regionalbewegung in der Region Nürnberg. Ziele, Strategien und Kooperationsmöglichkeiten. Fränkische Geographische Gesellschaft, Erlangen (Erlanger Geographische Arbeiten, Sonderband 31).

Hölzl, Richard (2010): Umkämpfte Wälder. Die Geschichte einer ökologischen Reform in Deutschland 1760–1860. Campus, Frankfurt a. M.

Hümmer, Philipp/Meyer, Thomas (1998): Wächst unsere Kulturlandschaft zu? Erstaufforstungen am Beispiel des Regierungsbezirks Oberfranken. In: Mitteilungen der Fränkischen Geographischen Gesellschaft Bd. 45, S. 151–164.

Hümmer, Philipp (1986): Flurbereinigungsverfahren in Franken. Fallbeispiele im Vergleich. In: Hans Hopfinger (Hrsg.): Franken – Planung für eine bessere Zukunft? Ein Führer zu Projekten der Raumplanung. Verlag Hans Carl, Nürnberg, S. 285–310.

Ilien, Albert/Jeggle, Utz (1978): Leben auf dem Dorf. Zur Sozialgeschichte des Dorfes und zur Sozialpsychologie seiner Bewohner. Westdeutscher Verlag, Opladen.

Jeggle, Utz/Ilien, Albert (1978): Die Dorfgemeinschaft als Not- und Terrorzusammenhang. In: Hans-Georg Wehling (Hrsg.): Dorfpolitik. Sozialwissenschaftliche Analysen und didaktische Hilfen. Leske & Budrich, Opladen, S. 38–53.

Jockenhövel, Albrecht, Hrsg. (2009): WBG-Weltgeschichte Band I: Grundlagen der globalen Welt vom Beginn bis 1200 v. Chr. Wissenschaftliche Buchgesellschaft, Darmstadt.

Kaeding, Alexander (2012): Die Bedeutung von Breitbandinternet für Standortentscheidungen von Unternehmen im ländlichen Raum. In: Mitteilungen der Fränkischen Geographischen Gesellschaft Bd. 58, S. 185–202.

Kaschuba, Wolfgang ([4]2012): Einführung in die Europäische Ethnologie. C.H.Beck, München.

Kießling, Rolf/Konersmann, Frank/Troßbach, Werner (2016): Grundzüge der Agrargeschichte, Bd. 1: Vom Spätmittelalter bis zum Dreißigjährigen Krieg (1350–1650). Böhlau, Köln/Weimar/Wien.

König, Gudrun (1996): Eine Kulturgeschichte des Spazierganges. Spuren einer bürgerlichen Praktik 1780–1850. Böhlau, Wien/Köln/Weimar.

Kremer, Bruno (2015): Kulturlandschaften lesen. Vielfältige Lebensräume kennen und verstehen. Haupt, Bern.

Kriedte, Peter/Medick, Hans/Schlumbohm, Jürgen (1977): Industrialisierung vor der Industrialisierung. Gewerbliche Warenproduktion auf dem Land in der Formationsphase des Kapitalismus. Vandenhoeck & Ruprecht, Göttingen.

Kröhnert, Steffen/Medicus, Franziska/Klingholz, Reiner (2006): Die demographische Lage der Nation. Wie zukunftsfähig sind Deutschlands Regionen? Hrsg.: Berlin-Institut für Bevölkerung und Entwicklung. dtv, München (dtv 34296).

Küster, Hansjörg (2013): Geschichte der Landschaft in Mitteleuropa. Von der Eiszeit bis zur Gegenwart. C.H.Beck, München.

Küster, Hansjörg (1998): Geschichte des Waldes. Von der Urzeit bis zur Gegenwart. C.H.Beck, München.

Kunzmann, Klaus (2001): Welche Zukunft für Suburbia? Acht Inseln im Archipel der Stadtregion. In: Brake, Klaus/Dangschat, Jens/Herfert, Günter (Hrsg.): Suburbanisierung in Deutschland. Aktuelle Tendenzen. Leske + Budrich, Opladen, S. 213–221.

Le Corbusier (1962): An die Studenten. Die ‹Charte d'Athènes›. Rowohlt, Reinbeck bei Hamburg (rde 141).

Lehmann, Gustav Adolf/Schmidt-Glintzer, Helwig, Hrsg. (2009): WBG-Weltgeschichte Band II: Antike Welten und neue Reiche 1200 v. Chr. bis 600 n. Chr. Wissenschaftliche Buchgesellschaft, Darmstadt.

Le Roy Ladurie, Emmanuel (1980): Montaillou. Ein Dorf vor dem Inquisitor 1294 bis 1324. Propyläen, Frankfurt a. M./Berlin/Wien.

Leibundgut, Christian/Vonderstrass, Ingeborg (2016): Traditionelle Bewässerung – ein Kulturerbe Europas. Merkur Druck, Langenthal, 2 Bände.

Lienau, Cay (^{2}1995): Die Siedlungen des ländlichen Raumes. Westermann, Braunschweig.

Mahlerwein, Gunter (2016): Grundzüge der Agrargeschichte, Bd. 3: Die Moderne (1880–2010). Böhlau, Köln/Weimar/Wien.

Mak, Geert (1999): Wie Gott verschwand aus Jorwerd. Der Untergang des Dorfes in Europa. Siedler, Berlin.

Meyer, Konrad (1970): Ländlicher Raum. In: ARL (Hrsg.): Handwörterbuch der Raumforschung und Raumordnung. Gebrüder Jänecke, Hannover, Bd. 2, Spalte 1802–1815.

Milbert, Antonia/Sturm, Gabriele/Krischausky, Gesine (2019): Raumabgrenzungen und Raumtypen. In: Regionale Standards – Ausgabe 2019. Leipzig-Institut für Sozialwissenschaften, Köln, S. 126–156 (GESIS-Schriftenreihe 23).

Mitterauer, Michael (^{5}2009): Warum Europa? Mittelalterliche Grundlagen eines Sonderweges. C.H.Beck, München.

Moore, Robert (2001): Die erste europäische Revolution. Gesellschaft und Kultur im Hochmittelalter. C.H.Beck.

Mose, Ingo (1993): Eigenständige Regionalentwicklung – neue Chancen für die ländliche Peripherie? Vechta (Vechtaer Studien zur Angewandten Geographie und Regionalwissenschaft Bd. 8).

Mose Ingo (1989): Eigenständige Regionalentwicklung – Chance für den peripheren ländlichen Raum? In: Geographische Zeitschrift Jg. 77, S. 154–167.

Mumford, Lewis (1963): Die Stadt. Geschichte und Ausblick. Kiepenheuer & Witsch, Köln/Berlin.

Muntschick, Thomas (2001): Wenn die Welt ins Dorf kommt. Die mediale Binnenmodernisierung des Dorfes. In: PRO REGIO Nr. 26–27, S. 12–23.

Nell, Werner/Weiland, Marc, Hrsg. (2019): Dorf – ein interdisziplinäres Handbuch. Metzler, Stuttgart.

Niemeier, Georg (^{4}1977): Siedlungsgeographie. Westermann, Braunschweig.

OECD (2006): The New Rural Paradigm – Policies and Governance. Paris.

OECD (1996): Better Policies for Rural Development. Paris.

OECD (1994): Creating rural indicators for shaping territorial policy. Paris.

OECD (1993): Welche Zukunft für unsere ländlichen Räume? Eine Politik der ländlichen Entwicklung. Paris.

Ostrom, Elinor (1999): Die Verfassung der Allmende. Jenseits von Staat und Markt. Mohr Siebeck, Tübingen.

Parzinger, Hermann (2014): Die Kinder des Prometheus. Eine Geschichte der Menschheit vor der Erfindung der Schrift. C.H.Beck, München.

Paulus, Julia, Hrsg. (2018): «Bewegte Dörfer». Neue soziale Bewegungen in der Provinz 1970–1990. Schöningh, Paderborn.

Poschlod, Peter (²2017): Geschichte der Kulturlandschaft. Entstehungsursachen und Steuerungsfaktoren der Entwicklung der Kulturlandschaft, Lebensraum- und Artenvielfalt in Mitteleuropa. Eugen Ulmer, Stuttgart.

Prass, Reiner (2016): Grundzüge der Agrargeschichte, Bd. 2: Vom Dreißigjährigen Krieg bis zum Beginn der Moderne (1650–1880). Böhlau, Köln/Weimar/Wien.

Radkau, Joachim (2000): Natur und Macht. Eine Weltgeschichte der Umwelt. C.H.Beck, München.

Rathjens, Carl (1979): Die Formung der Erdoberfläche unter dem Einfluss des Menschen. Grundzüge einer Anthropogenetischen Geomorphologie. Teubner, Stuttgart.

Reinhard, Wolfgang (2004): Lebensformen Europas. Eine historische Kulturanthropologie. C.H.Beck, München.

Reith, Reinhold, Hrsg. (2008): Das alte Handwerk. Von Bader bis Zinngießer. C.H.Beck, München.

Rösener, Werner (1985): Bauern im Mittelalter. C.H.Beck, München.

Sailer, Ulrike (2010): Geographie des ländlichen Raumes. Schöningh, Paderborn.

Schmidt, Klaus (2008): Sie bauten die ersten Tempel. Das rätselhafte Heiligtum der Steinzeitjäger. dtv, München (dtv 34490).

Schmitt, Roswitha (1998): Wird die Fränkische Schweiz zum Fränkischen Wald? In: Mitteilungen der Fränkischen Geographischen Gesellschaft Bd. 45, S. 165–176.

Schulze, Gerhard (⁷1997): Die Erlebnisgesellschaft. Kultursoziologie der Gegenwart. Campus, Frankfurt a. M./New York.

Schwab, Daniela (2010): Regionalprodukte haben's schwer – aber in sich! Hemmnisse und Potenziale von Regionalprodukten in der Metropolregion Nürnberg. In: Mitteilungen der Fränkischen Geographischen Gesellschaft Bd. 57, S. 17–30.

Schwarz, Gabriele (⁴1989): Allgemeine Siedlungsgeographie. Walter de Gruyter, Berlin, 2 Bde.

Schwind, Moritz (1951): Kulturlandschaft als objektivierter Geist. In: Schriften der Wittheit zu Bremen – Deutsche Geographische Blätter Bd. 46, Heft 1, S. 5–28.

Scott, James C. (2009): The Art of Not Being Governed. An Anarchist History of Upland Southeast Asia. Yale University Press, New Haven/London.

Senghaas, Dieter (1982): Von Europa lernen. Entwicklungsgeschichtliche Betrachtungen. Suhrkamp, Frankfurt a. M. (es 1134).

Sick, Wolf-Dieter (²1993): Agrargeographie. Westermann, Braunschweig.
Siedentop, Irmfried (1984): Die Schweizen – eine fremdenverkehrsgeographische Dokumentation. In: Zeitschrift für Wirtschaftsgeographie Bd. 28, Heft 2, S. 126–130.
Siedentop, Irmfried (1977): Die geographische Verbreitung der Schweizen. In: Geographica Helvetica Bd. 32, Nr. 1, S. 33–43.
Sieferle, Rolf Peter/Krausmann, Fridolin/Schandl, Heinz/Winiwarter, Verena (2006): Das Ende der Fläche. Zum gesellschaftlichen Stoffwechsel der Industrialisierung. Böhlau, Köln/Weimar/Wien.
Sieferle, Rolf Peter (1997): Rückblick auf die Natur. Eine Geschichte des Menschen und seiner Umwelt. Luchterhand, München.
Sieferle, Rolf Peter (1992): Der unterirdische Wald. Energiekrise und Industrielle Revolution. C.H.Beck, München.
Sieverts, Thomas (²1998): Zwischenstadt – zwischen Ort und Welt, Raum und Zeit, Stadt und Land. Vieweg, Braunschweig/Wiesbaden.
Sindel, Ilonka/Betz, Jana, Red. (2017): Handbuch zur Regionalvermarktung. Praxisleitfaden für Regionalinitiativen: Strategien und Konzepte zur Vermarktung regionaler Lebensmittel. Bundesverband der Regionalbewegung, Feuchtwangen.
Sondershaus, Frank (2008): Eigenständige Regionalentwicklung und nachhaltige Entwicklungsräume. Überlegungen zum Raumbezug eigenständiger Entwicklungskonzepte vor dem Beispiel des administrativ geteilten Raumes Fränkische Schweiz. In: Mitteilungen der Fränkischen Geographischen Gesellschaft Bd. 55, S. 15–47.
Strube, Sebastian (2013): Euer Dorf soll schöner werden. Ländlicher Wandel, staatliche Planung und Demokratisierung in der Bundesrepublik Deutschland. Vandenhoeck & Ruprecht, Göttingen.
Troßbach, Werner/Zimmermann, Clemens (2006): Die Geschichte des Dorfes. Von den Anfängen im Frankenreich zur bundesdeutschen Gegenwart. Ulmer, Stuttgart (UTB-Geschichte 8324).
Uekötter, Frank (2010): Die Wahrheit ist auf dem Feld. Eine Wissensgeschichte der deutschen Landwirtschaft. Vandenhoeck & Ruprecht, Göttingen.
Ulm, Hermann (2008): Kunreuth. Vergangenheit, Gegenwart und Zukunft eines Dorfes im stadtnahen ländlichen Raum. Wandlungsprozesse und Perspektiven für eine nachhaltige dörfliche Entwicklung. Fränkische Geographische Gesellschaft, Erlangen (Erlanger Geographische Arbeiten, Sonderband 37).
Unglaub, Matthias (2012): Die Ausweisung eines Nationalparks Steigerwald – Vorteil oder Nachteil für die Region? In: Mitteilungen der Fränkischen Geographischen Gesellschaft, Bd. 58, S. 115–136.
Vonnahme, Lukas/Graffenberger, Martin/Görmar, Franziska/Lang, Thilo (2018): Kaum beachtet, gemeinsam stark. Versteckte Potenziale von Kleinstädten mit Hidden Champions. In: Informationen zur Raumentwicklung, Heft 6, S. 38–49.
Walter, Francois (1996): Bedrohliche und bedrohte Natur. Umweltgeschichte der Schweiz seit 1800. Chronos, Zürich.
Weber, Friedericke (2013): Naturparke als Manager einer nachhaltigen Regional-

entwicklung. Probleme, Potenziale und Lösungsansätze. Springer VS, Wiesbaden.

Weigl, Andreas (2012): Bevölkerungsgeschichte Europas. Von den Anfängen bis in die Gegenwart. Böhlau, Wien/Köln/Weimar (UTB 3756).

Weisel, Hans (1971): Die Bewaldung der nördlichen Frankenalb. Ihre Veränderungen seit der Mitte des 19. Jahrhunderts. Fränkische Geographische Gesellschaft, Erlangen (Erlanger Geographische Arbeiten 28).

Wittfogel, Karl (1977): Die Orientalische Despotie. Eine vergleichende Untersuchung totaler Macht. Ullstein, Frankfurt a. M./Berlin/Wien (Ullstein Buch 35148).

Abbildungsverzeichnis

Karte 1: Siedlungsstruktureller Kreistyp. © Bundesinstitut für Bau-, Stadt- und Raumforschung (BBSR), Bonn 2019.

Karte 2: Entstehungs- und Ausbreitungsregionen der Landwirtschaft. Aus: Peter Bellwood, Die erste reiche Ernte, in: James Robinson/Klaus Wiegandt (Hrsg.), Die Ursprünge der modernen Welt, Frankfurt a. M. 2008, S. 172; leicht modifiziert von W. Bätzing, umgezeichnet durch S. Adler, Institut für Geographie der Universität Erlangen-Nürnberg, Erlangen 2019.

Karte 3: Die Regionen mit den ältesten Stadtstaaten und Hochkulturen. Aus: Chris Scarre (Hrsg.): Times Atlas der Archäologie. München, 1990, S. 122–123 und 213–214; modifiziert von W. Bätzing, umgezeichnet durch S. Adler, Institut für Geographie der Universität Erlangen-Nürnberg, Erlangen 2019.

Cartoon S. 149: © Werner «Tiki» Küstenmacher.

Abb. 1: Dieses Foto repräsentiert das weitverbreitete Bild des Landes: Natur (hier Wirtschaftswald), Landwirtschaftsflächen und Dörfer (das Dorf Densberg im Kellerwald/Nordhessen). © W. Bätzing 2019.

Abb. 2:. Kleinstädte zählen auf Grund ihrer geringen Bevölkerungsdichte zum ländlichen Raum (die Kleinstadt Fritzlar in Nordhessen). © mauritius images/HTH photo/Alamy.

Abb. 3: Zahllose Burgen verweisen noch heute in Europa auf die mittelalterliche Grundherrschaft: Die Burg Egloffstein in der Fränkischen Schweiz ist bis heute der Sitz der Freiherren von und zu Egloffstein. Ihr Herrschaftsgebiet bestand im Mittelalter nur aus vier Dörfern. © W. Bätzing 2019.

Abb. 4: Das Kartäuser-Kloster Certosa di Pesio (Piemont/Italien) wurde in einer «Waldwildnis» gegründet, um sie in Kulturland umzuwandeln. Das Netz des Kartäuserordens umfasste im Mittelalter mehr als 250 Klöster in vielen Regionen Europas. © Archivio Parco Naturale Alta Valle Pesio e Tanaro.

Abb. 5: Monatsbild «April» aus dem Zyklus der Monate im Torre Aquila des Castello del Buonconsiglio in Trient/Italien (um 1400). Dargestellt sind (von oben nach unten): Bär im Wald (Wildnis); Dorf mit strohgedeckten Häusern, Kirche und Brunnen; Eggen und Säen des Sommergetreides; oberschlächtige Wassermühle; Transport mit Ochsenkarren (unvollständig); Säen und Wässern im Kräutergarten; Fruchtbäume und Pilze; Wendepflug auf Rädern mit zwei Ochsen und einem Pferd und sehr langen Furchen; Baumgarten. Die Gärten und die Felder sind mit geflochtenen Zäunen gegenüber der Flur abgegrenzt, um Tiere fernzuhalten. © akg-images/Pietro Baguzzi.

Abb. 6: Das Dorf Effeltrich (der Name bedeutet «Apfel-reich») mit seiner tausendjährigen Linde am Rande der Fränkischen Schweiz (Oberfranken) spezialisiert sich bereits im Mittelalter auf die Obstbaumveredelung und baut dafür eine überregionale Absatzstruktur auf. Die Linde besitzt eine flach-oval gestaltete Krone,

was auf die Bastgewinnung für die Obstbaumzucht zurückzuführen ist. Das Foto stammt aus dem Jahr 1910. © mauritius images/The History Collection/Alamy.

Abb. 7: Der Schornstein des ehemaligen Eisenhammers im kleinen Dorf Schönstein (Gemeinde Gilserberg) ist das letzte Relikt der früheren Eisenverarbeitung, die hier erst im Jahr 1884 eingestellt wurde. Der Kellerwald war das Zentrum der protoindustriellen Eisenproduktion der kleinen Landgrafschaft Hessen-Kassel. Heute ist die Region ein National- und ein Naturpark, und Besucher können sich kaum vorstellen, dass diese Landschaft früher stark durch die Protoindustrialisierung geprägt wurde. © W. Bätzing 2019.

Abb. 8: Johann Georg von Dillis: «Eichenhain», frühes 19. Jahrhundert. Zahlreiche historische Stiche und Zeichnungen dokumentieren die starke Auflichtung der Wälder durch die traditionelle Waldweide (Allmendnutzung) und die enge Verzahnung von Wald und Weide. Die absolutistische Forstwirtschaft bewertet dies als Waldzerstörung, weil der Wald ausschließlich der Holzproduktion (und der herrschaftlichen Jagd) zu dienen habe. Aus: Rainer Beck, Ebersberg oder das Ende der Wildnis, München 2003, S. 37.

Abb. 9: In Niederwäldern, die alle zehn bis 15 Jahre geschnitten werden, verjüngen sich die Laubbäume durch Stockausschlag (mehrere Stämme wachsen aus einer Wurzel). Hier ein langsam verwachsender Niederwald bei Langensendelbach in Oberfranken. © W. Bätzing 2019.

Abb. 10: Dieses weitverbreitete Bild stammt aus «Hölzels Wandbilder für den Anschauungs- und Sprachunterricht», Blatt 2: «Der Sommer», von Marie und Sophie Görlich, 1885. Dargestellt sind Getreideschnitt, Heuernte, weidende Tiere, Badevergnügen von Kindern, städtische Ausflügler (Bildmitte) und ein aufziehendes Gewitter. © Verlag Ed. Hölzel, Wien 1886.

Abb. 11: Der Maler Adolf Lins (1856–1927), genannt «der Gänselins», hielt sich zwischen 1874 und 1908 jeden Sommer in der Malerkolonie Willingshausen (Schwalm) auf. Ländliche Motive stehen im Zentrum seiner Bilder. © Verlag Dirk Ordemann, Schwalmstadt-Ziegenhain.

Abb. 12: Die Lüneburger Heide ist eine Kulturlandschaft. Wenn die traditionelle Nutzung (Plaggengewinnung und Schafweide) eingestellt wird, verschwinden die Heiden und Wacholder, die eigentlich vom Naturschutz geschützt werden sollen, wieder im Wald, und die Landschaft verliert ihre charakteristische Prägung. Historische Postkarte (ohne Jahr).

Abb. 13: An die Stelle der traditionellen kleinparzellierten Flur (siehe dazu Abbildung 15) sind heute relativ große Parzellen getreten. Diese werden entweder durch die Flurbereinigung geschaffen, oder sie entstehen – so wie hier – auf Grund der Nutzung vieler Pachtflächen durch einen einzigen landwirtschaftlichen Betrieb. In dieser Flur (zwischen den Dörfern Kunreuth und Weingarts in Oberfranken) sorgen die sehr groß gewordenen Baumreihen entlang der Bäche noch für eine gewisse Landschaftsgliederung. © W. Bätzing 2019.

Abb. 14: Das kleine Schulzentrum des Marktes Egloffstein (Fränkische Schweiz) wurde zu Beginn der 1970er Jahre erbaut, kürzlich renoviert und beherbergte ursprünglich eine Haupt- und eine Grundschule. Heute gibt es hier nur noch eine Grundschule. © W. Bätzing 2019.

Abb. 15: Der Fotograf Ferdinand Ludwig hatte sein Fotoatelier in der Großstadt Kassel, wurde im Zweiten Weltkrieg dort ausgebombt und lebte dann für längere Zeit im Dorf Istha (Nordhessen). Dadurch besaß dieses Dorf in der Nachkriegszeit einen Fotografen, was damals ungewöhnlich war. Das Bild zeigt das Dorf Istha (heute ein Stadtteil der Kleinstadt Wolfhagen) im Jahr 1955 mit der sehr kleinparzellierten Flur. Das damalige Dorfleben war dem mittelalterlichen Dorfleben sehr viel ähnlicher als dem heutigen Landleben. © Ferdinand Ludwig 1955.

Abb. 16: Das Gewerbegebiet «Industriegebiet Grünauer Stadtwald I und II» der Mittelstadt Neuburg an der Donau (Oberbayern) liegt im ländlichen Raum und beherbergt unter anderem mehrere Baustoff-, Automobilzuliefer- und Logistik-Betriebe, die einen sehr großen Platzbedarf besitzen. Fast alle Gewerbebauten sind Flachbauten, und zwischen ihnen gibt es sehr große Parkflächen. © Jörg Bodenbender/Bildagentur Bodenbender, Schwaigen-Grafenaschau.

Abb. 17: Ein Windpark in der Nähe des Dorfes Istha (Nordhessen). Der Ausbau der Windkraft führt häufig zu Problemen mit Anwohnern, Umweltschutz, Landschaftsbild und Tourismus. © W. Bätzing 2019.

Abb. 18: Die Kleinstadt Eichstätt im Altmühltal (Oberbayern) mit der Willibaldsburg (Bildmitte rechts). Der alte Ortskern (Bildmitte links) ist relativ klein und dicht bebaut, während die Neubaugebiete, die sich bandförmig am Rande des Altmühltals erstrecken, sehr viel Platz benötigen. Auffällig auch die verbuschten Hänge, deren helles Grün sich deutlich vom Wald mit seinem dunklen Grün unterscheidet. © Jörg Bodenbender/Bildagentur Bodenbender, Schwaigen-Grafenaschau.

Abb. 19: Moderne Straßen beanspruchen nicht nur viel Platz, sie zerschneiden auch die Landschaft (Barrieren für Pflanzen, Tiere und Menschen) und isolieren viele Flächen von ihrer Umgebung (Verinselung), was zur ökologischen Verarmung führt. Auffällig sind auch die großflächigen, geometrischen Parzellen neben den Straßen (Kreuzung von Autobahn A 96 und Bundesstraße B 17 westlich von Landsberg am Lech/Oberbayern). © Jörg Bodenbender/Bildagentur Bodenbender, Schwaigen-Grafenaschau.

Abb. 20: Auf steileren Hängen mit wenig Humus waren früher Kalkmagerrasen weit verbreitet, die der Schafweide dienten. Solche Flächen sind heute oft vollständig verbuscht wie hier am Rodenstein am Westrand der Fränkischen Schweiz. © W. Bätzing 1999.

Abb. 21: Da diese Weide auch heute noch auf herkömmliche Weise genutzt wird (keine Düngung, Beweidung mit einer limitierten Zahl von Rindern), hat sich hier die traditionelle Artenvielfalt erhalten. Diese Artenvielfalt verschwindet, wenn die Nutzung intensiviert oder eingestellt wird. © W. Bätzing 2015.

Abb. 22: Die Konzentration der Landwirtschaft auf die günstigsten Flächen führt zur langsamen Verwaldung der Landschaft (Gilsa-Tal im Kellerwald/Nordhessen). Die Landwirtschaft nimmt zuerst die weit vom Dorf entfernten Parzellen aus der Nutzung (hinten). Weiterhin werden die früher kleinen Busch- und Baumreihen entlang der Bäche sehr groß (Bildmitte vorn), und die 1972 aufgelassene Trasse der Kellerwaldbahn ist heute nur noch durch ein besonders großes und dichtes Band hoher Bäume erkennbar (Bildmitte links). © W. Bätzing 2019.

Abb. 23: Die «Schaufelbuchen» im Steigerwald sind ein Relikt der traditionellen Waldwirtschaft, die das Wachstum sehr großer und dicker Buchen gezielt förderte, um daraus Getreideschaufeln aus einem Stück herzustellen. Die Forstwirtschaft hat diese Waldstruktur hier zufälligerweise nicht modernisiert. © Thomas Stephan, Munderkingen

Abb. 24: Auch heute gibt es – meist in den Randbereichen der intensiveren landwirtschaftlichen Nutzungen – noch kleinräumige und vielfältige Kulturlandschaften. Diese stellen ein großes Potenzial für Regional- und Bio-Produkte, Umweltschutz, kulturelle Identität und für eine dezentrale Vielfalt dar (Gemarkung Regensberg in der Gemeinde Kunreuth/Fränkischen Schweiz). © W. Bätzing 1999.

Abb. 25: Streuobstwiesen sind ein sehr wichtiger Lebensraum für viele Insekten- und Vogelarten. Sie können aber heute nur noch wirtschaftlich genutzt werden, wenn hier regionale Qualitätsprodukte erzeugt werden (Deggenhausertal, Bodenseekreis). © mauritius images/Westend61/Martin Siepmann.

Abb. 26: Dieses Bild zeigt den Nutzungs- und Landschaftswandel am Rand der Fränkischen Schweiz im Überblick (von oben nach unten): Ganz oben Wälder, die immer dichter und größer werden; in der Bildmitte die Talaue der Wiesent in der Nähe von Forchheim, die landwirtschaftlich intensiv genutzt wird; darunter auf dem Hang eine kleinräumige Kulturlandschaft, die immer extensiver genutzt wird und allmählich verbuscht; anschließend verbuschte Flächen, die bereits vollständig aus der Nutzung gefallen sind; und ganz unten ehemalige Schafweiden am Walberla, die vom Naturpark Fränkische Schweiz im Rahmen der Landschaftspflege entbuscht wurden und heute wieder als Schafweide genutzt werden. © W. Bätzing 1999.

Sachregister